mark

這個系列標記的是一些人、一些事件與活動。

mark 193

吃飯沒？

探訪全球中餐館，關於移民、飲食與文化認同的故事

Have You Eaten Yet?
Stories from Chinese Restaurants Around the World

作者：關卓中（Cheuk Kwan）

譯者：張茂芸

編輯：林盈志

編輯協力：陳燕柔

封面設計：簡廷昇

內頁排版：江宜蔚

校對：呂佳真

出版者：大塊文化出版股份有限公司

105022 台北市松山區南京東路四段 25 號 11 樓

電子信箱：www.locuspublishing.com

服務專線：0800-006689

TEL：(02)87123898　FAX：(02)87123897

郵撥帳號：18955675　戶名：大塊文化出版股份有限公司

印務統籌：大製造股份有限公司

法律顧問：董安丹律師、顧慕堯律師

總經銷：大和書報圖書股份有限公司

地址：新北市新莊區五工五路 2 號

TEL：(02) 89902588　FAX：(02) 22901658

初版一刷：2024 年 5 月

定價：新台幣 550 元

ISBN: 978-626-7388-91-4

Printed in Taiwan.

關卓中
Cheuk Kwan ── 著
張茂芸 ─ 譯

Have You Eaten Yet?
Stories from Chinese Restaurants Around the World

吃飯沒？

探訪全球中餐館，
關於移民、飲食與文化認同的故事

印度大吉嶺「國園旅館」的廚房，鍋中冒出熊熊烈焰。

路易斯‧陽在利馬的「有線特快台」錄「原民女力」主持的《生活大小事》，示範秘魯式中國菜的作法。

夸拍攝《生活大小事》的錄影現場。

珂蕾特·李在模里西斯的「曼努奧之家」做番茄煮魚。

周同皖（左）和「大聲公吉姆」（右）在加拿大沙省的「新展望咖啡館」並肩而坐。中間看向鏡頭的是這裡的新老闆李紅玉。

我與宋德貞和她的友人一起參加千里達的嘉年華。

我（右一）在古巴哈瓦那的華人墓園訪問路易．鍾。持收音麥克風桿的是馬克．瓦利諾（左）；攝影機前半蹲的是夸；毛範麗（右二）負責口譯。

二〇〇〇年千里達及托巴哥首都西班牙港的嘉年華。

（由左至右）夸、阿傑．諾朗哈、我、郭偉雄在汎美公路（Pan-American Highway）秘魯段旁的太平洋海岸沙灘留影。

巴西聖保羅的廣式蛋撻和燒乳豬。

印度孟買廚房中的新鮮螃蟹。

在以色列台拉維夫訪問王清然之後，她查看自己上鏡的樣子。

夸在印度加爾各答拍一個追蹤鏡頭。

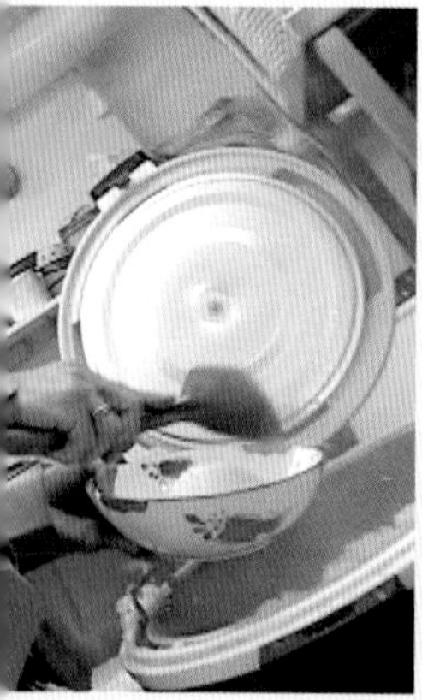

我在以色列耶路撒冷「雅法門飯店」（Jaffa Gate Hotel）的屋頂小憩，遠眺圓頂清真寺（Dome of the Rock）。

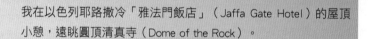

在挪威特羅姆瑟「福滿樓」餐廳的一天：鍾叔掌勺，王志福盛飯，琪內・奈隆上菜

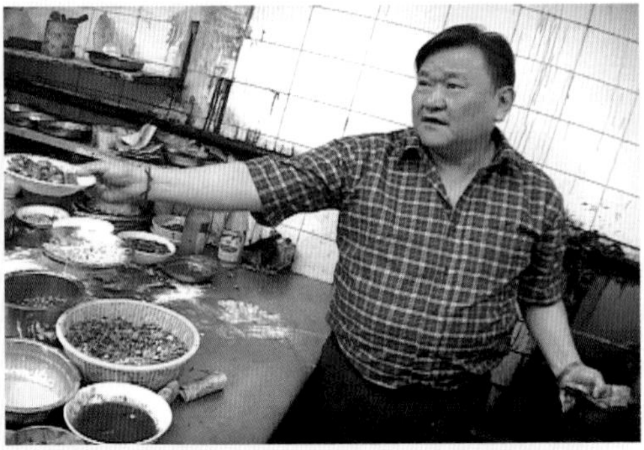

葉廣盛在加爾各答的「國賓餐廳」廚房做印度式客家菜。

我們在阿根廷布宜諾斯艾利斯的博卡區拍攝前，查看日照的情況。

斯紹華在特羅姆瑟等著午夜的陽光露臉。

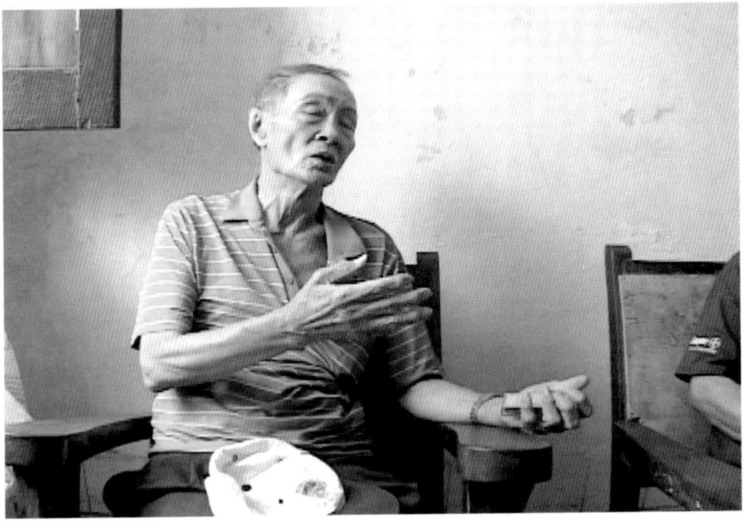

許悦仁在哈瓦那吟唱〈中國夢想〉。

馬昌玉在「中國飯店」窗邊。窗外可見土耳其伊斯坦堡的聖索菲亞大教堂。

塔馬塔夫華文學校的學生寫得一手好字。

劉榮業在馬達加斯加塔馬塔夫的「劉記」雜貨店賣私釀酒。

尼尼・林在孟買沙遜碼頭的魚市場採購。

孟買「林閣酒家」的親善大使強尼・池。

孫華傑在巴西瑪瑙斯的中央市場和魚販交談。

王章建在台拉維夫講道，背景遠方是雅法舊城區。

葉添盛在大吉嶺的「國園旅館」屋頂。雲霧完全遮住了世界第三高的干城章嘉峰。

路易斯·李（右，藍衣）和渡邊潤（左，戴巴西黃綠色帽）在聖保羅一同歡慶巴西贏得世界盃足球賽冠軍。

林梅麗與林安瑾母女在南非最南端的開普角。

在阿根廷傳統烤肉餐廳繼續暢飲馬爾貝克紅酒。從左至右繞著桌子：江嘉音與江福清父女、我、夸、露茲・艾爾格蘭提、莎拉妲・拉馬薩山。阿傑・諾朗哈負責拍照。

阿傑．諾朗哈在加爾各答掌鏡。

在阿根廷布宜諾斯艾利斯的博卡區訪問江福清。夸掌鏡，阿傑收音，露茲．艾爾格蘭提負責口譯。

在布宜諾斯艾利斯的聖特爾莫區的最後一晚，向江福清道別。

紀念　陳善昌（Tony Chan）與朱藹信（Jim Wong-Chu）

目錄

推薦序

很難得見到有作者能把社會史、族群遷移與離散、區域政治學等領域統整起來，更厲害的是還加上美食，融合為一本兼具廣度與深度的好書。關卓中正是這樣的作者。

我透過這本書，跟隨關卓中和他的攝影團隊完成了一趟漫長的探索之旅——從加拿大到以色列、肯亞、秘魯、模里西斯、挪威、土耳其、南非、阿根廷、馬達加斯加、古巴、印度、巴西，到千里達。一路上真是樂趣無窮。

本書的精采之處，在於關卓中對每個地區都有引人入勝的見解——從他的筆下可以看到海外華人如何衝擊當地飲食文化，又如何深受該地區影響。他不僅把這些觀察融入歷史脈絡，更生動描述中國菜在時空變遷下怎麼因地制宜，化為另一種風貌。

我這個華裔廚師，因為英國國家廣播電視臺（BBC）的電視烹飪節目暢銷全球而享譽國際，而始終想進一步了解中國菜以何種方式影響世界。關卓中這本獨特、深刻而有趣的書，讓我一償所願，為此要特別感謝他。

這本書裡的故事不僅動人，更是妙趣橫生，有時還滿鬧的，讓人看得欲罷不能。但別把我講的照單全收。請各位自己看下去，我相信你會有同感。繫上安全帶吧，一段美好的閱讀之旅即將開始。

譚榮輝（Ken Hom）
大英帝國官佐勳章得主（OBE）
廚師、作家、電視節目主持人

臺灣版序

我在香港出生，但才十個月大，就因父親工作的緣故，一家人搭乘螺旋槳飛機搬去新加坡，當時我還在祖母懷裡。重返香港是我十二歲那年，這次搭的是噴射客機。兩年後我們全家再次移居國外，目的地是日本，搭的是郵輪。

我至今仍記得郵輪在午夜駛離維多利亞港的那一幕。有些朋友特地來為我送行。十四歲的我，不知這輩子何時才能與他們重逢。市區的燈火在黑夜中漸行漸淡，我對他們的思念卻愈來愈深。

郵輪在橫濱靠岸，我只覺忐忑不安。我到了一個陌生的國家，既沒有親友，也不懂他們的語言和文化，突然間好似空降，進了一間講英語的國際學校，完全不知等在眼前的是怎樣的未來。

套個粵語的形容詞——我就在那時變成一名「正牌」的海外華人。

四年過去，我前往太平洋彼岸的美國念大學。畢業後在美國工作了幾年，又搬到加拿大，成為「已登陸報到移民」（landed immigrant，加國對「永久居民」的舊稱）。

熱愛攝影的我，曾走遍天涯海角尋訪具有「異國特色」之地，記錄當地的居民與文化。任職於資訊科技領域的那些年，也曾在奈及利亞、法國、沙烏地阿拉伯、日本、澳洲、香港工作與生活。

我的故事，正是海外華人離鄉背井，跨越地理、文化、社會與政治界線的故事，但我始終以某種方式保有自己的中華文化和語言。

❖

中文是我的母語。

我在家說的是粵語，但在新加坡讀華文小學時，學校教的是中文（當時稱為國語）。那時新加坡剛成為英國的自治領，朝獨立邁出第一步。當地的華裔人口來自中國各個地區，包括福建、潮州、廣東、海南、客家，每種族群說的方言都不一樣。政府將中文列為官方語言之一、讓學校教中文，某種程度可說是為了在如此多樣的華裔族群間，努力建立一種新的國家認同。

到香港上初中時，這種情況倒了過來——學校教中文和中國史，但用的是粵語。我儘管在粵語環境中如魚得水，但要用粵語朗誦中文寫的文章就舌頭打結。幸好老師很體諒，讓我用中文朗讀。

後來我去了日本念高中，我的中文教育也就到此為止。

也正因此，這本書的繁體中文版對我而言，在很多方面是「語言上的歸鄉」。

原書是我以英文寫成，向西方讀者說明中國菜與中華文化的許多面向，及海外華人的特性，這就是一種文化翻譯。本書的繁體中文版則是把英文「回譯」為中文，也解釋了散見原書各處的西方文化語彙。

名字的意義是什麼？

我採訪的對象之中，並不是人人都有中文名字，好比許多移民的後裔，出生時並未另取中文名字，就算有，他們也不會以中文名字自稱。

舉例來說，「Jessica」因為沒有中文名，而音譯為「潔西卡」。又如利馬的「山海樓」老闆姓氏「Yong」並不是常見的「楊」，而是極少見的「陽」。布宜諾斯艾利斯的「中國之家」老闆江福清來自臺灣，姓氏的羅馬拼音是「Chiang」；他的姪女來自中國，姓氏的拼音則是「Jiang」。

這不禁讓我們思考身分認同的問題——假如你沒有中文名，還能自認是中國人或臺灣人嗎？又或者，你原本就覺得自己是中國人或臺灣人嗎？套句加拿大的「大聲公吉姆」說的話：「算了，反正只是個名字嘛……我就是我，我就是做自己。」

菜名的意義又是什麼？

香港的「蛋撻」在臺灣稱為「蛋塔」。「油浸」這種烹調法換個地方也可能叫「油淋」。臺灣的吳郭魚就是香港的多利魚。

接著再講到「正宗」的問題。

紅辣椒和腰果都不是中國原產，而是來自南美洲。這是否代表用了紅辣椒的川菜都不是正宗川菜？「腰果雞丁」不是真正的粵菜？「正宗」的中國菜其實是集各個地區菜餚之大成，中國少數民族當然也包括在內。

「臺灣菜」源自臺灣原住民和來自福建與日本的早期移民，加上外省移民帶進的粵菜、川菜、江浙菜、北方菜等菜系，經過消化吸收，反而自成一派。比方說，「桃源街牛肉麵」是從成都的紅湯牛肉演變而來；士林夜市賣的蚵仔煎是閩南小吃；鼎泰豐聞名全球的小籠包是上海點心，但這些菜都是正宗的「臺灣菜」。

❖

臺灣在我筆下這些流徙天涯的華人故事中，占有相當的分量。

巴西的孫華傑和阿根廷的江福清，都是一九六〇年代末從臺灣移居異鄉。在國民政府時期出任新疆省民政廳廳長的回教徒王增善，於國民政府撤退至臺灣期間舉家逃離新疆，翻越喜馬拉雅山到了土耳其，之後成為中華民國政府僑居海外的立法委員。他把兩個女兒送到臺灣讀大學；以色列的王章建也是有個女兒在臺灣讀高中。我的攝影團隊還有個臺灣來的成員，就是二機攝影師斯紹華。

二十年前，他們在我的《中餐館》系列紀錄片首次亮相——這一系列影片尋訪了南至亞馬遜、北至北極圈、範圍遍及五大洲，由家族經營的中餐館。

二十年後，我希望著眼於社會、文化、歷史、政治等脈絡，更深入探究這些種族離散的故事。

在周遊各國的這四年間，我常反覆自問：我是誰？我是新加坡人？香港人？日本人？美國人？還是加拿大人？

從印度、巴西，到千里達及托巴哥，許多像我這樣的人也在探尋自我的身分認同。我們講的語言或許不盡相同，卻有一個共同點——我們內心深處都有中華文化的根，也都熱愛中國菜。

我們也因此總會想到：什麼是「家」？什麼是「歸屬感」？

我總覺得和土耳其的王家第二代之間有種情感上的連結，對他們的際遇很能感同身受，包括在異鄉成長歲月中必須面對和承受的種種，與一開始的格格不入。但我們這樣的人又能迅速找到自己的歸屬感——不是對一個國家，而是對這個世界。

我們散居多國，受多元文化薰陶，有各種身分認同。人或許在香港或土耳其定了下來，但情感上與臺灣和中國分不開。這樣的生活要保有中華文化傳統並不容易——尤其講到愛與婚姻，國家或文化的界線便不存在。

然而，走過千山萬水，我們在此相逢。我很欣慰在探索美食、身分認同及歸屬感的環球之旅中，這本書在臺灣找到了家。

前言

雨下得好大。

這裡是馬達加斯加的首都安塔那那利弗（Antananarivo）。我在市區近郊的某間酒吧慢慢喝著酒。有個華裔男子進來坐在我旁邊，小個頭，黑皮膚，和我有一搭沒一搭用中文閒聊。從什麼地方來呀？打算上哪去？叫什麼名字？這時我已明白他是廣東人，便改用我們都熟悉的粵語和他交談。

「那你叫什麼名字？」

「叫我阿王吧。」他說。「阿」在中文口語中是關係親近的表示，像我朋友都叫我「阿關」。王是中國的大姓，全世界姓王的人可有好幾千萬。

「那你怎麼會到這裡來？」換我問他了。

「就到山區四處看看，探勘嘛。」

「找金礦嗎？」我好奇起來。馬達加斯加的中央高地（Central Highlands）富含珍貴的礦床。

「噢，說來話長。我已經待了四個月，馬上就要走了。」阿王並沒有回答我的問題。

那，他來這裡到底要幹麼？香港警匪片我看多了，很熟悉這種顧左右而言他的對話。我覺得他可能根本不姓王。

我幾小時前才從約翰尼斯堡飛到這裡，那時夜還未深，來接我的是保羅・李（Paul Lee Sin Cheong）[1]。我們開在鄉間道路上，窗外一片漆黑，雨大到什麼也看不清。感覺開了好久好久，才來到這間酒吧。

保羅是華裔模里西斯人，已經在馬達加斯加住了二十年，和人合夥經營一間餐廳兼民宿（他說「只是做著好玩」），也就是我今晚下榻的地方。

「我們吃點東西吧。」保羅提議。

那天我從開普敦出發，花了一整天橫越非洲大陸，此刻真的是餓扁了。晚餐令人食指大動。我們點的菜有模里西斯式炒飯，和克里奧（Creole）菜最經典的「蔬菜燉牛肉」（rougail de boeuf）——也就是把煎過的牛肉和番茄同煮，熬成濃濃的燉菜，配料則有洋蔥、大蒜、數種辣椒、薑、百里香、芫荽等等。

正餐吃完，保羅又點了「中國湯」（soupe chinoise）。

「試試看，這是馬達加斯加的國菜。」他邊說邊指著那碗熱騰騰的餛飩湯。「這個國家從中國引進了兩大文化產物。第一是這個湯，第二就是人力車，你之後去的地方就看得到。」

我覺得地球上最不可能有華人定居的地方，其中一個就是馬達加斯加。此刻我卻發現，原來這

「大島」[2]豐富而多元的文化中，餛飩湯和人力車也占了一席之地。

❖

「吃飯沒？」

這句招呼語在中文相當於「你好嗎？」。在民以食為天的文化中，問候他人吃飯了沒，是關懷的表現。中國早年因戰亂、飢荒、貧困、糧食短缺，老百姓始終吃不飽。或許正因如此，這短短幾字成了關切他人過得好不好的一種表達方式。

然而這句話也隨著時代演變，如今世界各地的華裔族群間，同樣聽得到大家彼此這樣招呼。我們也確實分布在世界各個角落，正如廣東話有句諺語說的：「一鍋走天涯」。

無論去哪裡，都找得到中餐館。

中國菜也已經入境隨俗，化身為美式、古巴式、牙買加式、秘魯式等等，悉聽尊便。就像住在

---

1 譯註：據作者說明，海外華人因日常生活慣用外文姓名，中文姓名或少用、或不可考，也可能原本就沒有。保羅即屬此種情況，故此處以翻譯「Paul」處理。另，依據模里西斯命名傳統，姓氏為最早遷移至該國的祖先全名，故保羅的姓氏為「Lee Sin Cheong」，作者建議可簡稱為「李」。

2 譯註：Big Island，馬達加斯加別稱。另見第七章第137頁。

加爾各答的葉森盛（Samson Yeh）和我聊起印度式中國菜時說的：「是我們去適應新環境，不是環境來適應我們。」

他說的或許也是海外華人的處境。

我是貨真價實的海外華人。我在香港出生（那時香港還是英國殖民地，尚未交還中國），成年之前分別住過新加坡、香港和日本。後來到美國念過不同的大學，移民到加拿大，也曾在歐洲、中東、非洲、亞洲等地工作。我會說三種語言，外加兩種中國方言。

我於一九七六年從舊金山出發，一路向西環遊世界，以多倫多為終點，也就是我日後的僑居地。正是在這趟旅程中，我首度在伊斯坦堡的「中國飯店」（China Restaurant）用餐。根據我那本《Let's Go 旅遊指南歐洲篇》（*Let's Go Europe*）所說，這間餐廳的老闆是一路「從中國走來」的。那次用餐給了我拍攝《中餐館》（*Chinese Restaurants*）系列紀錄片[3]的靈感，也讓我在首次造訪的二十五年後又回到了同一間餐廳。拍片的四年間，我走遍世界，在海外華人圈中尋覓美食與動人的故事。最終成就了一段南至亞馬遜、北至北極圈，總長超過二十萬公里的探索之旅。

家族經營的中餐館代表全球皆知的三大含義：移民、社群、美食。世界的每個角落都找得到中餐館——它們是勇敢上路的旅人在異鄉的文化據點，供應港式點心、北京烤鴨，和各種各樣出人意表的混合菜式。初來乍到的華裔移民，融入當地社會最快的方式就是經營中餐館。這是其他國家移民難以匹敵的獨門生意，也為新移民提供就業機會（無論合法與否），協助他們安身立命。

但美食只不過是個起點。

只要往中餐館廚房裡看一眼，不難發現文化遷移與世界政治交織成錯綜複雜的歷史。從非洲到南美洲，許多大城小鎮都有的「翠園」（Jade Garden）、「金龍」（Golden Dragon）中餐館，與社會上各種分裂現象及政治運動密不可分。也正是這樣的分歧與一波波的政治運動，推動世界走向現代。

這個全球性的故事，是許多人生經歷的結晶，來自遍布六大洲的中餐館內，各形各色的創業家、勞動者、夢想家。他們在社會、文化、政治這幾股力量影響下，各有不同的生命際遇。

海外華人如今已超過四千萬人，能在這世上意想不到之處相逢，都是難得的機緣。我行遍天下，結識散居各地的海外華人之餘，總會想到一個問題：定義我們的是國籍？還是種族？國籍是法律所定，別人可以輕易給我們國籍，也能輕易奪走它。種族則始終和我們綁在一起，是我們與生俱來的。

儘管我有好幾本不同的護照，經過不同文化的洗禮，但心底很清楚自己的種族是華人。一路走來，我始終以某種方式保有中華文化的特質。華裔加拿大記者南西．伍（Nancy Ing-Ward，音譯）是華僑第二代，她曾對我說：「我們或許再也不講中文，也不照著中華文化的方式生活，但我們無形中始終背負著老祖宗留下的包袱。」

她舉了個再明顯不過的例子：「好比說我們就是非吃米飯不可。」

---

3 譯註：本系列紀錄片官方網站https://chineserestaurants.tv/category/episodes/
全系列影片均可在YouTube上觀看：https://www.youtube.com/@cheukkwan/videos

有一回，在當年稱作列寧格勒（Leningrad）的那個城市，我遇見一個華裔老人。我們當時在橫跨涅瓦河（Neva River）的橋上，他走在我對面那側的人行道。我們朝對方頷首致意後，我刻意過馬路去跟他聊聊，他就請我去他家坐。他住在一間蘇聯時期興建的公寓。我也見到他的妻女——女兒已成年；妻子是俄裔，兩人結婚已四十年。大家一起晚餐後，他講起自己怎麼會離家千萬里，來到鄰近波羅的海的這個城市定居，也聊到他與妻子這樣的跨種族婚姻，在蘇聯面臨的種種試煉與煎熬。

如此的偶遇，是我們生命歷程中珍貴的時刻。我們在許多方面似乎跨越了地理、歷史、政治的模糊界線，彼此相繫。然而儘管我們如此不同，方言和語言這麼多種，差別又這麼大，卻有一套共同的價值觀——我們同樣重視家庭關係、中華文化和教育。更重要的是，我們對中國菜的愛至死不渝。

意思就是，好吃的話，就吃。

第一章

大聲公吉姆

加拿大．沙士卡其灣省．展望鎮

「嘿喲，查克，我是大聲公啦。欸，什麼時候才能看到你那部片——子啊？你知道的嘛，就那部我領—銜—主—演——的呀。」

我開車前往沙士卡其灣省（Saskatchewan）展望鎮（Outlook）的路上，想起話筒那端傳來的嗓音。我最記得「大聲公吉姆」講話有種特殊的風格——既容易和人打成一片，又散發獨特的個人魅力。他的英語有台山口音，習慣把母音拖得特別長。

「你什麼時候再來看我，啊？我的『台山仔』（Toisan doy）好不好啊？」

吉姆總會問候他的「台山仔」，也就是我這一系列紀錄片的攝影指導甄國健（Kwok Gin）。他與切．格瓦拉（Che）和雪兒（Cher）一樣，只用一個字當代號行走江湖，他用的單名是夸（Kwoi）。

我當初在找能和我一起跑遍全球的攝影師時，有個朋友李豔蓮（Daisy Lee）跟我提起夸。他幫她拍過一些影片。她是這麼形容的：「拍片找他就對了。不用在意他的外表就好。」

我們頭一次開會，夸穿了一身黑，皮帶掛著好幾個鑰匙圈，頭戴牛仔帽，鼻上架著白邊鏡框，趿雙涼鞋。個子不高，皮膚很黑，一把鬍子，很愛說他總是被誤認為原住民。起先我擔心他會在拍片時太引人注目——不管我們拍什麼，我都希望我的組員能像變色龍順利融入環境，不要成為目光焦點。

我的導演風格可以套李小龍的名言來形容——「化為水」，也就是順勢而為。夸完全理解，也很快成為我的得力助手。他在廚房裡運鏡自如，再怎麼窄小的空間，他也能靈活移動，偶爾還會冒出一句很玄的格言，像是「和每個人的能量與心流一同律動，就會產生和諧的瘋狂狀態，讓你免於意外」。

我還真是找對人了。

「大聲公吉姆」和夸講的都是台山話，源自廣東省珠江三角洲的四邑地區。十九世紀末前往加拿大的中國移民，大多數都來自廣東省。

現在是二〇〇一年十一月。「大聲公吉姆」在四天前過世。

前一天下午我接到電話，得知他的告別式——時間不多，我連忙抓了Sony相機，趕搭能盡快離開多倫多的班機。在沙士卡通（Saskatoon）機場附近過了一夜後，就開車往南南西方向，踏上我和夸兩年前駛過的那條路，也正是我們為了探索海外華人的境況，展開五大洲十五國之旅的起點。

我從一九七六年移民加拿大以來，一直想探究比我更早來到加國的華僑移民史。要講海外華人的故事，最好的辦法莫過於介紹中餐館老闆的故事。全加拿大再怎麼小的小鎮，也找得到中餐館。

我最初是聽陳善昌講起「大聲公吉姆」這號人物。

我和陳善昌是一同倡議「亞裔加人」身分認同的戰友。我們在一九七八年共同創辦《亞裔加人》（*The Asianadian*），這是一本走在前端的雜誌，旨在介紹、推廣亞裔加人的藝術、文化與政治。我們講到要把加國中餐館的故事分享給大眾，講了好多年，結果他率先達成目標。一九八五年，他拍了電視紀錄片《沙省鄉間的中餐館》（*Chinese Cafes in Rural Saskatchewan*）。

「大聲公吉姆」在那部片中「領銜主演」。

十二年後，我和影像藝術家黃柏武（Paul Wong）穿過加國草原三省（Canadian Prairies），在冷湖（Cold Lake）、斯維夫特克倫特（Swift Current）、瓦爾肯（Vulcan）等地拍攝小鎮的中餐館和餐館老闆，也來到「新展望咖啡館」（New Outlook Café）。吉姆本人果然和善昌那部片中一樣，既風趣又有活力——不僅很會說故事，態度也很真誠。那年他七十五歲。再過幾年，像他這樣老一輩的中餐館老闆應該都會離開人間，沒法講自己的故事了。

我答應「大聲公吉姆」我會回來，再次讓他成為大明星。

三年後，我和夸回到展望鎮，開拍《中餐館》系列紀錄片。拍完回家後，我的剪接師卻說我這一集拍的片長不足。這是新手常犯的錯——畢竟我是頭一次拍片。

之後的幾年，吉姆不時會打電話給我，看我過得好不好，或只是打個招呼。我一個月前才打給他，他家人說他住院了，病得很重。以當時的情況，我大概也來不及回去看他了。

我在告別式前一小時左右抵達展望鎮，似曾相識的感覺頓時襲來——這個靜謐的老城依舊是我與夸近兩年前造訪時的模樣。快中午了，主街空無一人。咖啡館面街的窗貼了張公告，說今日因治喪暫停營業。這或許是這間餐館開業四十年來唯一的公休日。

❖

二〇〇〇年某個凍死人的一月天，溫度計指著零下三十度。我和夸從沙士卡通出發，開兩個小時的車前往展望鎮。這裡位於加拿大草原三省深處——放眼望去只見遼闊而平坦的鄉間景致，上有無垠青空，下是無盡麥田。向晚的陽光把這幅風景畫染成金黃，平交道和穀倉塔散見其中，畫布上縱橫交錯的線條，則是空蕩蕩的馬路和冷清清的鐵軌。

這景象既蕭瑟，又異常美麗。

距展望鎮五公里處的一個T字路口，南沙士卡其灣河在下方流過，有個路牌指向左方，寫著「展望鎮，人口一千二百人」。太陽快下山了。我倆就像約翰·福特（John Ford）導演的西部片中的神槍手，在暮色中策馬進城。

開了大約半條沙士卡其灣大道，「新展望咖啡館」就在某個街角，對面是車商。這是展望鎮的主街，卻沒有紅綠燈。餐館的招牌正好裝在街角處，在半空中以四十五度角指向大街，想不注意都不行。

餐館內有三長排卡座，共可坐五十人，桌位從店門口一路延伸至最裡面的廚房。工作區還設了餐檯座位，正對著可口可樂的冰櫃、放各種甜點的不鏽鋼架，和所有餐館都看得到的咖啡機。

店內另一端牆上有塊招牌，寫著「大聲公吉姆的自製蘋果派」。

吉姆一邊幫客人續杯咖啡，一邊和他們閒聊，完全樂在其中，舉手投足間流露身為中餐館老闆的自豪。

唔，話也不能完全這麼說。

吉姆七年前退休，把餐館生意賣給了李紅玉（Ruby Lee）和陳釗強（Ken Chan）這對移民夫妻。他們的老家和吉姆一樣，是廣東省開平縣同一個村。不過吉姆還是照著一九五九年以來的習慣，每天清晨六點準時出現，幫老主顧倒咖啡。

「我每天早上四點就醒了。」吉姆的嗓音有點沙啞：「他們工作時間那麼長，實在很累，我既然起得早，就幫他們先來開門。反正我也沒別的事，那何不幫幫別人的忙，唔？」

「這麼做，對你有什麼好處？」我問。

「他們說要給我錢，但我從來沒拿，因為只要我拿了錢，就不能隨自己的意思了。」他的大嗓門在屋內迴盪。「我不拿錢，想什麼時候來、什麼時候走都可以。我也不喜歡欠人家情。我喜歡的是我幫你忙，你再去幫別人忙。這樣我比較開心。我這人就是這樣。」

吉姆店裡有個三十年的老主顧，洛伊德．史密斯（Lloyd Smith），他說吉姆就是改不掉老習慣。「他居然還會把店裡的咖啡帶回家耶。他喝不慣家裡的咖啡。」「新展望咖啡館」在附近的鎮上有郵政信箱，洛伊德有郵箱的鑰匙，會去幫店裡拿信。吉姆還是照樣拆信、全部看過，才把信交給新店主。

「這個鎮的人不泡酒吧，泡咖啡館。」洛伊德對我強調：「我們鎮上的社交活動都在咖啡館進行，大家到這邊來碰面、聚會，反正比在自己家裡看電視有趣得多。」

這間中式咖啡館不僅是吃飯的地方，也是草原三省城鎮之中的公眾服務站——它是社區中心，也是家家戶戶互相扶持成長的地方。吉姆和顧客之間的交情好到養成了多年的默契——他把店裡的鑰匙交給客人，萬一清晨客人上門他還沒到，客人可以自己開門進去、自己煮咖啡，甚至可以進廚房自己做早餐。吃喝完離去時，把錢放在櫃檯的小木盒裡就好。

這間餐館的忠實顧客不僅涵蓋當地好幾代的居民，也包含各行各業的人——農人天剛亮就來喝一天的第一杯咖啡；校車司機每天早晨收班就過來坐坐；母女檔一起來吃午餐聊天；退休的長輩在店裡吃完早餐，下午還會再過來轉轉。

莉莎．庫柏（Lisa Cooper）是加拿大皇家騎警，每天都到吉姆的店吃午餐，因為「要回家太遠了，在這裡就可以吃到很好的家常菜」。

我趁夸在廚房拍攝，到內場和三名男性顧客聊起來，他們大約都三十來歲。戴著「強鹿牌曳引機」棒球帽的傑瑞米說，有段時間他們在這裡一坐就是六小時以上。「就是坐著喝喝咖啡，吃吃東西，打打牌。」

傑瑞米的好友強則戴著多倫多藍鳥隊的棒球帽，說他頭一次到這間餐館是和爸媽一起來，那年他才七歲。「那次之後我就愛上了中國菜，一試成主顧啦。」

第三位是科提斯，他發現只要他們一進店，「吉姆就知道我們要點什麼——起司、薯條、肉汁。」

草原三省的這類咖啡館不算是真的中餐館，供應的餐點也和中國菜完全沾不上邊。這種小館提供給大家的，是早晨那杯香醇的咖啡和培根蛋，大塊豬排配薯泥和肉汁的午餐，或許還有晚餐後的咖啡與甜點。

「而且這裡的咖啡只要一塊錢就能喝到飽……餐點也比麥當勞好。」強說。

我問吉姆他都供應怎樣的餐點。

「加拿大式的……中國菜吧。哎呀，也不算真的中國菜啦，就是你們說的美式中國菜吧。炸春捲啦、炒麵啦、雜碎之類的。和中國人吃的完全是兩回事，對吧？」

雜碎自然是美式中國菜，或者借用旅美華裔記者李競（Jennifer 8. Lee）在《幸運籤餅紀事》（*The Fortune Cookie Chronicles*）一書中說的：雜碎是一種文化對另一種文化用烹飪開的大玩笑。粵語中的「雜碎」指的是「沒價值的各種零散小物」，也可說是剩下來的東西。雜碎主要是用肉類與蔬菜同炒，再用醬油、麻油、醋調成的醬汁加上太白粉勾芡。豆芽因為便宜，是雜碎中常見的食材。

雜碎的由來眾說紛紜，但一般公認的說法是：這道菜是十九世紀末至二十世紀初，由定居加州的華裔移民（很可能是鐵路完工後失業的工人）發明的。雜碎別出心裁之處，就在於無論用什麼食材都能做。

用剩餘食材發揮創意不是早期華人移工的專利，高級廚師也會這麼做。就像加拿大的華裔名廚李國緯（Susur Lee），他擅長中西合璧，尤以別具巧思的中法融合創意菜，令多倫多的饕客趨之若鶩。我有一回旁聽他討論菜單的早會，只見他問員工的第一句就是：我們的冰箱和儲藏室裡有什麼？

❖

一八五八年，華裔移民初次踏上現在稱之為加拿大的土地，一來為了淘金，二來也到卑詩省的菲莎河谷（Fraser Valley），在淘金者家裡幫傭。這些移民很多是在加州淘金熱結束後北上到加拿大。他們通常把三藩市稱為「舊金山」，溫哥華是「新金山」。

一八八一至一八八四年間，加拿大從廣東省招募了超過一萬七千名華人，赴加國建造橫跨大陸的「加拿大太平洋鐵路」（Canadian Pacific Railway）。由於華人身手矯健又吃苦耐勞，炸山這種極度危險的差事，往往落到他們頭上。

許多人因此喪命。據說這條鐵路的每一哩，都有華人為此犧牲。

一八八五年鐵路完工，西段與中段終於在卑詩省的山區連接起來。竣工典禮的照片記錄了釘下

「最後一根鐵道釘」[1]的那一幕。照片中面對鏡頭的人都是白人，完全沒有華人在場。他們的辛勞、犧牲、煎熬，在這筆歷史紀錄中全被抹煞。

鐵路既已完工，華裔移工隨即成為不受歡迎的族群，即使他們領的工資只有其他工人的三分之一，根本負擔不了回家的旅費，只得在當地找工作。那時開放給華人做的工作並不多，大概就是洗衣、燒飯、打掃等所謂「女人的工作」。

加拿大政府自一八八五年起徵收人頭稅，華人要移民至加拿大更為艱難——金額一開始是五十加幣，最後竟高達五百加幣。一九二三年加拿大政府更通過《排華法案》（Chinese Exclusion Act），徹底斷絕了華人移民之路。

《排華法案》直到一九四七年才廢除，但在這之前的二十四年間，華工再也無法進入加國。不過還是有人會設法找到管道，例如頂替已故的加拿大居民身分，成為「紙兒子」（paper son）。吉姆在一九三九年來到加拿大，用的就是一個華裔男生的身分證明，那人名叫周家谷（Chow Jim Kook）。

「那個時候大家都在賣身分證明。只要找到和你差不多年紀的死人，弄到能證明他身分的文件，你就繼續用那個人的身分、名字，只要和他有關的全都算。」

---

1 譯註：The last spike。一八八五年十一月七日，竣工典禮上釘下的最後一根鐵道釘，象徵加拿大有了第一條橫貫東西的鐵路，故有重大歷史意義。

吉姆的父親有個朋友在加拿大，之前碰上財務困難，所幸吉姆的父親幫了忙。他後來返鄉探親，到吉姆家住的那個村，把兩個已故男孩的身分證明文件給了吉姆的父親。吉姆頂替了其中一個男孩的身分。他記不得這是他幾歲的事，大概十二、十四歲吧——但總之他用了那個男孩出生證明上的生日，也必須了解關於那男孩的大小事：爸媽是誰、幾個兄弟姊妹、住哪個鎮、上哪所學校等等。

「你去香港的移民局辦手續，他們會問你很多問題。等到了加拿大，同樣的問題他們又會問一次。我非得把這些事都搞清楚，才能給他們正確答案嘛，對吧？」

我自己的父親也算是某種「紙兒子」。多年來我一直納悶，為什麼我家的親戚朋友是用另一個名字稱呼他。後來我才明白，原來父親的出生證明在戰亂時弄丟了。後來他為了出國必須申請護照，便頂替了他哥哥的身分。哥哥在小時候就夭折了。

吉姆還記得從香港搭乘加拿大太平洋航運公司的「俄羅斯女皇號」（Empress of Russia）到溫哥華的經過。時間是一九三九年九月。他們那艘客輪在火奴魯魯停泊期間，加拿大對德國宣戰。照吉姆的說法，太平洋上有兩艘德國潛水艇對他們的客輪緊追不捨。

吉姆講起這段際遇時，提到與他同行的還有弟弟和姊姊。姊姊之前已經定居加拿大，旅途中教了他最基本的英文。但吉姆沒有明說自己和這兩人之間到底是什麼關係。這個姊姊是吉姆的「紙父親」的女兒嗎？這個弟弟是吉姆那個村子的另一個「紙兒子」嗎？還是吉姆的親弟弟？這些吉姆都不願意提，也許連他自己也不確定吧。

吉姆抵達溫哥華後，搭了火車去穆斯喬（Moose Jaw），再到展望鎮，走的正是六十年前華人移工協助建造的那條鐵路。他一路不敢多作停留，因為他是非法入境，用的是假身分，又頂替別人的名字。

「要是我們在哪兒停下來休息，有人知道了，欸，就有可能跟政府檢舉我們。我們可不希望別人發現。」

❖

吉姆的「紙父親」名叫周瑞濯（Chow Yuen）（綽號「胖師傅」），一九一一年來到加拿大，付了五百加幣的人頭稅——由於他是清朝時期的人，這「人頭」上還留著長辮子。他先在溫哥華某個醫生家裡幫傭，月薪四元。

「這在那個時候可是一大筆錢。」吉姆特別強調：「攢個三年下來，可以在中國買好幾畝地呢。」

一九二九年，周瑞濯和幾個人合夥開了「展望咖啡館」（Outlook Café）。吉姆剛到加拿大的時候就在那邊工作。幾年後他去了卑詩省的道森溪市（Dawson Creek），幫忙建造阿拉斯加公路（Alaska Highway）。二戰後才又回到展望鎮。

一九四七年，加拿大廢止《排華法案》後，周瑞濯要吉姆陪他回中國老家一趟。

「你知道為什麼要回中國嗎？」我問。

「我父親沒跟我說，但我心裡有數。你知道，中國人嘛，父親說去就得去。」吉姆回道：「我們那個年代把父母看得最重，跟現在不一樣了。」

「那他幹麼要你一起去？」

「找老婆。」他有點不好意思地看了我一眼。

「他要你回中國去找老婆？」我裝出難以置信的表情。

「是啊，他帶我一起回去，我當然知道接下來會怎樣。我們人都已經在加拿大了，可是我那幾個叔伯和堂兄弟還是回中國找老婆，欸。」

「你自己想不想去？」

「沒很想，但我還是去了。」

「那你找到老婆了嗎？」

「我不曉得你說的『找老婆』是什麼意思，不過我從那時候起就失去自由啦。」他臉上閃過一抹淘氣的笑。

吉姆那時大概二十四、二十六歲左右。婚事靠媒妁之言，從沒見過新娘的面。但一年後他回加拿大時，新婚妻子黃美雪（May Wong）並未同行。「我沒辦法同時帶太太來。我得先回來，去沙士卡通的移民局申請讓她過來。」

黃美雪三年後才飛到加拿大與他團聚，同行的還有吉姆的堂弟周同皖（Chow Fong）。他和吉姆一樣是「紙兒子」，在展望鎮附近的羅斯鎮（Rosetown）一間中餐館幫「父親」做事。

那晚吉姆夫婦加上周同皖和妻子關美意（Mae Yee Quan）（他一九五五年回中國結的婚），四人一起在店裡打麻將。我趁這機會問黃美雪，當年是否出於自願跟著吉姆到「金山」來。

「她哪有選擇啊。」吉姆替太太回答：「她既然說了『我願意』，就得願意呀。」說著又回我一個調皮的眼神。

❖

吉姆常跟人說他有「幸運七」，五個女兒，兩個兒子。他的孩子全部在西岸出生。他們夫妻一九五二年搬到西岸，先在溫哥華市中心的固蘭湖街（Granville Street）開了一間雜貨店。後來競爭對手太多，他們便沿太平洋海岸北上一千五百公里，在魯珀特王子港（Prince Rupert）落腳，經營「代將咖啡館」（Commodore Cafe）。

七年後，吉姆帶著年幼的孩子們回到展望鎮，先跟著周同皖在他新開的「現代咖啡館」（Modern Cafe）做了一陣子。一年後吉姆自己開了「新展望咖啡館」，和周同皖的餐館只有兩店之隔。

吉姆先前曾到附近的羅斯鎮進修，準備取得業餘無線電執照。他想當廣播員。他原本也有可能成為查稅員、會計師，或卑詩省的森林護管員，應用他學到的摩斯密碼通報林地狀況。然而父親卻要他留在餐廳，因為那些工作都不是華人做的。（那個年代很多職業禁止華裔加人從事。）

「我原本還有其他發展的可能。」吉姆講來不免帶著一絲遺憾：「我其實有很多機會。」

他不希望讓孩子最後像他一樣成天「在廚房洗洗切切」。「他們自己也不想。太辛苦了，工時長，錢又少。真要把我們所有工作的時間都算進去，一小時能拿五十分錢就不錯嘍。」

「你的孩子肯定覺得有這樣的爸爸很光榮。」我說。

「他們這樣想也是應該的。我把他們養得這麼大，讓他們受好的教育。」他得意地咧嘴笑。「他們也會來店裡幫忙，打掃、洗碗啦，雖然不是每次過來幫忙都拿得到錢。」

我在展望鎮停留的期間，也跑了沙士卡通一趟，和吉姆家的老五和老六碰面。老五是葛蘭特・周（Grant Kook）；老六是芭芭拉・拉森（Barbara Larson）。葛蘭特開玩笑說，他們幾個小孩在爸媽的店裡都是廉價勞工。他記得自己要洗堆積如山的碗盤；裝玻璃飲料瓶的木箱太重搬不動，只能用拖的；還得顧收銀臺。

芭芭拉則回顧在餐館環境的成長歲月。「我想我們怨恨的事情還滿多的。我們已經融入社區，和這個鎮上的人都成了朋友。可是我們得在餐館幫忙，沒什麼自己的時間。不過現在長大了，回想起來，我們明白爸媽當年吃了多少苦，他們為我們放棄了很多。」

「我小時候不懂，但我爸總是幫鎮上的活動募款。」葛蘭特回憶道：「他默默幫助這裡有困難的家庭，不管是財務方面或其他方面。」

吉姆退休時，鎮上的大夥兒幫他辦了一個派對。他的幾個孩子都很感動，竟然有這麼多人出席為他打氣。吉姆總是對孩子說：家庭與社群優先。他也始終身體力行。

❖

吉姆和周同皖是堂兄弟，表現得卻像雙胞胎。我特別指出他們倆頂替的人和他們一樣都姓周。吉姆的真名是周同光（Chow Hung Kong），文件上的名字是周家谷。華人都把姓放前面，名字在後，但移民到國外後，當地人常把他們的姓名順序顛倒。

「我們村子裡很多姓周的。」周同皖說。

「對，而且同一村裡姓周的都有血緣關係。」吉姆說。在中國，祖先到某一村生根落戶、生兒育女並不稀奇。同姓的村民若追溯起來，常會發現他們是首名在此落腳之人的後裔。

我在香港出生，當時香港還是英國殖民地。我祖父來自南海縣九江鎮的村落，離廣州不遠。據說關家在九江定居的第一批人，是在大約七百五十年前的南宋時期，從中原遷過來的。據村內宗祠的族譜記載，關家最早可追溯至二十代前的一位先祖。（可惜的是只有兒子列入族譜，後代只會記錄前一代的長子。）

中國發展出各式各樣的方言，即使源自同一種語言（好比粵語），彼此間也可能天差地別——不同地區的人，語言就不通。有時就連只隔一條河的兩個村，講的語言也不同。老百姓在同一地住下後不常遷移，也缺乏社會流動，就可能導致這種現象。我老家村子的人講的是九江方言，其他地方的人幾乎完全聽不懂。吉姆講起台山話，我就得靠夸翻譯。

「谷」是吉姆名字的第二個字，在加拿大卻變成他的姓氏。我問他失去本姓「周」，會不會覺得也失去了身分認同。

「這麼多年來，大家都吉姆吉姆的叫，我也就算了，反正只是個名字嘛。隨便你選哪個名字，要它代表什麼意義都行。我是無所謂啦，只要他們不叫我傻子之類的就好。」

那為什麼叫他「大聲公」？

「你看不出來嗎？他吵死人了。」會去幫吉姆拿郵件的老主顧洛伊德轉過身來對我說：「我印象中他嗓門一直都是這樣，大得要命。」

「是他自己取的綽號啦。他打電話的時候會跟別人說：『我是大聲公。』」坐在洛伊德隔壁的退休農人克萊倫斯邊說邊比劃，彷彿接電話的是他自己。

「有時候才早上呢，吉姆就扯開大嗓門，進進出出弄得乒乒乓乓的，吵到我們都聽不見自己講話了。」芬蘭裔老太太維娜跟著補上一刀。一九二〇年代有許多芬蘭人和挪威人來到加拿大，現在他們的鄰居則來自希臘、越南、伊拉克。

「華裔移民想待在這裡，想闖出一番成績，讓自己能抬頭挺胸。」克萊倫斯這麼說。「他們是用全力去拚。和許多國家移民到這裡的心態完全不同。」

我問吉姆覺得自己是華人還是加拿大人。

「我說自己是華裔加拿大人。再說，我的身分證明文件都寫我在加拿大出生，對吧？」他眨眨眼。「我就是做自己。我就是我。加拿大人、華人、日本人、義大利人，無所謂。我就是我。」

沿著加拿大太平洋鐵路定居的華裔鐵路移工，儘管面臨當地民眾各種偏見與歧視，還是成為模範公民。但吉姆也將此視為他人生中的特別使命：「我們是來服務大眾的。你必須敞開心胸接納那個社群的人。服務是你的職責，也是義務。」

他也覺得小型社區的人比較和善。「住大城市，往往連鄰居是誰都不知道。」吉姆店裡的客人幫了他不少忙。客人之間不僅彼此關照，也照顧這間餐館。咖啡壺空了，客人會去幫忙再煮一壺。幫自己續杯的時候，也會幫店裡其他的客人續杯。

吉姆對展望鎮始終關愛有加。這間餐館成了他幫當地高中冰球隊募款的最佳管道。要是有選手買不起冰球裝備，吉姆就幫他們買二手的。他也幫忙募款，替冰球場裝設人造冰地面，為選手搭乘的巴士提供充足油料，好讓球隊能到別的城鎮比賽。

很多人都希望他競選鎮長，但吉姆覺得太麻煩了。

洛伊德聽我提到這件事，哈哈笑了起來。「那對他不是好事。他不是不碰政治，只是他一定會搞昏頭啦。他連自己是哪個黨的都不會記得。搞不好只是發表一下意見，就搞得天下大亂。」

不管當不當鎮長，吉姆都是展望鎮的同義詞，他自己也有同感。「我在這兒六十多年了。我是開路先鋒。所以說展望鎮是我的地盤，我是這兒的主人。」

❖

我們有天去穆斯喬一日遊，去吉姆的「紙父親」長眠的墓園，距展望鎮大約兩小時車程。路兩側毫無屏障，任憑風狂掃路面。車窗外除了一片雪白別無他物。吉姆和周同皖在後座不斷互開玩笑，兩人都戴著毛茸茸的遮耳帽，我說他們的模樣很滑稽。

穆斯喬是加拿大西部數一數二的化外之鎮。鎮上的主街之下有一整個地道網絡，修鐵路的華工曾有多年就住在這裡。這地道的源頭要說回一九〇八年左右，白人認為華人來搶就業機會，看到華裔鐵路工就痛毆。加拿大西部對「黃禍」有如驚弓之鳥，華工只得朝地下發展，在華僑經營的店鋪地底下挖掘祕道，在局勢好轉前暫時作為棲身之處。

一九二〇年代禁酒令時期，芝加哥黑幫為躲避聯邦調查局追緝，利用這些地道經營賭場、妓院、存放私酒，甚至雇用華人協助走私，或僅是做燒飯洗衣之類的雜務。據傳黑幫老大卡彭（Al Capone）曾躲在這裡。有個叫南西．葛雷的穆斯喬居民向當地報社記者表示，她父親曾被找去地道幫卡彭理髮。如今這些地道成了觀光景點。「卡彭藏身處汽車旅館」（Capone's Hideaway Motel）就在火車站旁。

羅斯戴爾墓園（Rosedale Cemetery）的地面積了非常厚實的雪。周同皖過了好一陣子才找到周瑞濯的墓碑。吉姆走在我們前面，不願到墓碑這邊來。

「對啦，那是他沒錯。」他終於改變主意走回來，只說了這麼一句。

「那你母親的墓呢？」

「那邊。」他手一指，但沒走過去。

「你之後想埋在這裡嗎？」我常問別人這個問題。老一輩的華裔移民深信落葉歸根，死後就算只剩骨灰，仍想回到中國。

「別講這種事好不好。中國人不喜歡談這個。」吉姆說著走開了，在雪中吃力挪動腳步。夸也是，連攝影機都拿不穩。

「哇，跑這一趟真讓我開了眼界。」夸在我們回到車上之後開了口。氣溫已經低到連麥克風線都結凍，攝影機的鏡頭內層也蒙上點點濕氣，很難去除，我們只好先回車上讓器材暖一暖。

夸的父親在一九四八年（中國共產黨執政前一年）成為「紙兒子」，離開台山，到加拿大與「紙父親」團聚。夸的這位「紙祖父」在二十世紀初就付了人頭稅，已先在加拿大定居。父親到加國七年後，攢了足夠的錢返鄉探親，只是這時他的家人已經從中國逃到香港。父親這一待就是一年，所幸正好可以親眼看到長子出生，也就是夸。夸九歲時到加拿大和父親同住，只是他從沒和父親相處過，對他一無所知。

夸和吉姆的際遇相似得令人發毛，正足以證明「我們原來都是同一村」的那種連結。我看得出這趟墓園之旅，觸動夸和吉姆許多深埋心底的情緒。

回程路上，我們在主街上的「國家咖啡館」（National Cafe）歇歇腳，隔壁就是參觀祕密地道的售票亭。這間咖啡館有五十五年歷史，現在的店主是關榮楫（Tap Quan），和周同皖的太太關美意是親戚。這裡店面比「新展望」和「現代」都大，占地兩層樓，可坐一百八十人。

吉姆和周同皖喝著咖啡，回憶起華裔移民共有的拓荒精神與家庭價值觀，一如周同皖說的：「大夥兒無論各自是什麼家庭背景，就像一家人一塊兒工作。」

「你知道嗎？我有東西用光了，可以隨時跟他借。」吉姆指指周同皖。「有天早上他的咖啡桶壞了，他就到我這裡來裝了些咖啡回去。」

「我們不競爭，我們是一家人。」周同皖講得很肯定。「大家工作都很辛苦。我們說這叫『苦日子就是好日子』。」

「工作辛苦一點死不了人，對吧。」先前不太講話的吉姆終於慢慢打開了話匣子。「只要喜歡自己的工作，薪水多少無所謂。就算大公司付你高薪，要做的麻煩事也不會少，萬一你又不喜歡……就等著胃潰瘍吧。」

「你相信上帝嗎？」我不知怎的天外飛來這一問。

周同皖輕笑了兩聲。

吉姆忽地一臉正色。「我不知道。有時候信，有時候不信。不過我相信有靈。真正在講話的是誰？是你的靈魂。我覺得身體就像車子。讓車子跑的是誰？是汽油？還是開車的人？誰讓你會走？會思考？就是你的靈魂，你的靈。」

❖

吉姆的告別式在展望鎮民眾活動中心（Outlook Civic Center）舉行，感覺全鎮的人都來了，還有吉姆遠在多倫多和溫哥華的親戚。有六名抬棺人和十二名扶柩人。冰球隊全體隊員也出席，為葬禮擔任護旗。

吉姆家的友人約翰・瓦弗拉（John Vavra）上台致悼辭，字字真摯動人：「我們鎮有很多人在離開二十五年之後回來這邊，走進吉姆的店，他不但會跟他們打招呼，還叫得出大家的名字，問說你是不是要點某某菜。他們說：『你怎麼會這麼問？』吉姆說：『你二十五年前總是點這個啊。』會記得別人這些事情的人，代表他對人相當重視。我認為吉姆用這種既親切又老粗的表達方式，讓我們明白服務的真諦。」

中國的傳統習俗是在安葬前抬棺繞家三圈。吉姆的靈車要去哪裡繞這三圈，不言自明。「大聲公吉姆」繞了「新展望咖啡館」所在的街區三圈，做最後的道別。

近沙士卡通市郊的伍德朗墓園（Woodlawn Cemetery）占地寬廣，格局規畫整齊。有一大區都是華人的墓碑，每塊墓碑上都清楚刻著草原三省常見的姓氏：余（Yee）、麥（Mak）、周、馬（Ma）。

棺木緩緩下降之際，美雪由葛蘭特和史帝夫兩個兒子攙扶著，止不住嚎啕大哭。

葬禮結束，眾人轉往鎮上一間中餐廳進行餐會。大夥兒離去後，我獨自站在吉姆的墓前。兩年前我為了探究海外華人的故事，展開踏遍全球的旅程，我的第一站就是展望鎮。以這裡為起點，真是再合適也不過了。

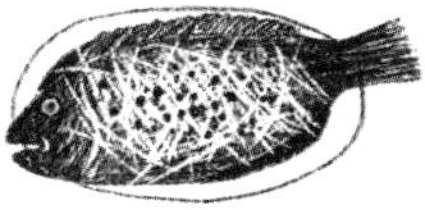

第二章

避風港

以色列・海法

一九七八年十二月的某個月黑之夜，住在胡志明市（即西貢）唐人街堤岸區（Cholon）的王章建（Kien Wong）和妻子黃玉鳳（Mei Wong），帶著二至十五歲不等的四個女兒從家裡出發，由朋友開車載他們，來到湄公河畔。

他們一家人先躲在養雞場，到了半夜才搭上載滿難民的漁船，駛向大海。之後他們要轉搭香港籍的「東安號」貨輪。王章建為了舉家離開越南，已支付價值相當於四千美元的黃金。

接下來的十六天，「東安號」載著兩千七百名難民繞南中國海航行，找尋願意收容他們的國家。泰國、馬來西亞、汶萊等國都拒絕。最後「東安號」停在馬尼拉灣，但菲律賓同樣不准船上的難民上岸。

截至此時，船上已經死了二十名孩童。

「東安號」在馬尼拉灣停留的兩週期間，船上的人全靠國際人道救援組織提供的食物、飲水、醫藥補給，才勉強撐了過來。就在菲律賓政府準備把這艘船拖回國際水域之際，有十三國宣布願意接收這批難民，協助他們定居。

有很多越南難民想去澳洲、美國、加拿大，王章建原本也可能會選擇這些國家，加上因為自己會一點法文，甚至考慮過法國。然而他卻是最先自願與以色列官員面談的人。

「我是靠上帝的雙手引領。」王章建和我頭一次碰面時說。他在越南時是一間福音教會的兼職傳道人，既然能有機會去聖地傳福音，他欣然接受。

❖

我、夸和斯紹華（David Szu）在二月抵達本・古里安國際機場（Ben Gurion Airport），當地時間的下午已大約過了一半，但說是半夜也不為過。陰森森的烏雲壓得低低的，籠罩整片區域的上空。暴風雨來勢洶洶，毫無停歇跡象。我們開到台拉維夫的環狀道路時正值尖峰，只能緩緩前進，狂風還不斷把我們的車身掃偏。

「我們到了諾亞方舟的地盤了。」夸故作一本正經貌。

我這兩個旅伴還真是天差地別。

夸儘管打扮花稍，常戴白色牛仔帽和滾白邊的粗框眼鏡，卻也有相當低調、耍黑色幽默的時候。他一直想去以色列國防軍（Israel Defense Forces, IDF）的軍事用品店（假如真有這種店）買迷彩服。

紹華則是個乾乾淨淨的臺灣男生，剛在多倫多讀完大學，正在當地的電影學校進修，也就是夸任教的地方。紹華就這樣被找來當我們的二機攝影師兼現場收音——我們都明白夸沒辦法一個人做所有的事。

三小時後烏雲散去，地中海上西沉的夕陽露了臉。通往台拉維夫的濱海公路沿著迦密山（Mount Carmel）轉來繞去，終於把我們帶到了以色列第三大城海法（Haifa）。

海法是阿拉伯人與猶太人和平共存的典範，約有七成人口是信奉基督教的阿拉伯人，集中在下海法（Lower Haifa）。由於一戰結束後，國際聯盟（League of Nations）委託英國管轄此一地區，英國在這片「巴勒斯坦託管地」（Mandate for Palestine）投注大量資源，把這個城市轉化為中東原油的中心港口，也成為移民的匯集處。

八點了，我們身在阿拉伯區，這裡有賣衣服的、賣香料的、修車的、賣烤肉串的。方才的暴雨攻勢已經結束，街道閃著粼粼水光。夜裡這時候街上沒什麼人，只有幾輛車閃著昏暗的頭燈駛過。

「飛機誤點了嗎？」我走進哈梅吉尼街（Ha'meginim Street）上的「欣欣飯店」（Yan Yan Restaurant）時，王章建問我。我就跟他說了路上那場諾亞方舟級的暴風雨，他回以大笑。

王章建中等個子但滿結實，一張臉曬得黝黑，身穿白色套頭衫，笑容可掬。他不久前才歡度六十大壽，妹妹王章菊（Kuk Wong）想給他驚喜，沒先通知就從越南飛過來為他慶生。兄妹倆自從他二十多年前逃離越南後就沒見過面。這次王章菊的兩個兒子也從加拿大來為他祝壽。

這間餐廳大約只能坐三十人，顧客大多是精打細算的觀光客，加上這條街再往下一直走就是港口，很多海員下了船會過來用餐。我們進去時，店裡有一桌是蒙特婁來的加拿大人，有一對母女檔和女兒的以色列男友。王章建和這男友用希伯來語輕鬆閒聊，還跟他們講起自己去香港和加拿大的趣事，他說兩邊的移民官都很好奇，一個中國人怎麼會持以色列護照旅遊。

「好吃。味道真好。」隔桌的男人發出讚歎。他是美國路易斯安納州來的船員，長得很像影星約翰・屈伏塔（John Travolta）。「想不到在以色列居然吃得到中國菜。」

服務生朝我們這桌走來，我發現她是日本人，就在她遞上菜單時用日語向她招呼。她十分意外，說她老家在橫濱，先生是以色列人。我則說我以前在橫濱讀高中。

「別看菜單啦。」王章建過來幫我們點菜時說：「今天晚上的特餐是一早從加利利海（Sea of Galilee）現釣的聖彼得魚（St. Peter's fish）。」

我從來沒聽過有人把羅非魚（tilapia，即臺灣的吳郭魚）叫作聖彼得魚，但隨即想到法國人叫這種魚「聖皮耶魚」（St. Pierre）；英國人則稱之為「約翰・多利魚」（John Dory）；香港有時就照音譯叫「多利魚」。

王章建趁我們等菜上桌的空檔，過來和我們一起坐。「我本來沒想過要開餐館，我知道做餐館很辛苦，我又沒手藝。」很多華人難民後來都到中餐館工作，但他選擇了拿撒勒（Nazareth）的福特汽車工廠。

「很多以色列朋友叫我幫忙當廚師。」他話起當年：「他們說，『我們長得就不是中國人的樣，但你是，應該由你來當廚師。』」

這時我們的聖彼得魚上了桌。作法是整條魚先裹上薄薄一層麵粉，把魚快速浸油煎到酥脆，再淋上薑、蔥、米酒、醬油調成的醬汁（這時盤中會嗤嗤作響），即可上桌。這是傳統粵菜作法，是清蒸全魚之外的另一種選擇。

「想不到在以色列居然吃得到這——麼好的中國菜！」我對身邊的兩個組員說，和剛剛那個神似約翰．屈伏塔的老兄講的一樣。

我們這三人小組的成員各自在香港與臺灣長大。兩地都是民以食為天的文化背景，新鮮食材唾手可得，所以我們在一般情況下都算是懂吃的人。

這條聖彼得魚真是好吃到極點了。

抵達以色列的越南難民一開始先定居在阿富拉（Afula），由政府提供住處。王章建一家在那邊住了十年後，他很想試試餐飲業。由於四個女兒那時都要讀大學了，他必須多賺點錢。

「我實在不想搬家。阿富拉的草原好大，有時在鄉下還看得到牧羊人和羊群，真的很美。」他形容的正是我讀過的「流奶與蜜之地」——我小時候上的是天主教學校，對聖經再熟悉不過。他一開始在納哈里亞（Nahariya）、海法、台拉維夫的中餐廳都做過（他說「我在台拉維夫一間很有名的餐廳當廚師」），學會了自己開業必須具備的技能。

「其實開中餐館很簡單。只要會做杏仁雞、青椒牛肉、咕咾肉，有春捲、有沙拉，就可以開門做生意了。」他一一點名中餐廳最受歡迎的幾道菜。「以色列人就只吃這幾道，要他們吃別的，他們還不願意呢。」

「欣欣飯店」並未嚴格遵守猶太教潔淨飲食的規定，但也入境隨俗，把咕咾肉慣用的豬肉換成雞肉。王章建後來還開了一間販售亞洲食材的雜貨店，取名「雅法街上的中國城」（Chinatown on Jaffa Street），也把豆腐、乾干貝、香菇等食材放進菜單，介紹給來用餐的顧客。我們此行下榻的「港口旅社」（Port Inn），就在他的雜貨店隔壁。

我當初在尋覓以色列中餐館的過程中發現，要找到由華人經營的中餐館真是一大挑戰。當地大多數的中餐館老闆是以色列人，華人則擔任廚師或店經理。很多中餐館請的是泰國廚師，他們做的以色列式中國菜因此帶有獨特的泰國風味，菜單上還可常見冬蔭功湯（Tom yum kung）。

就在我沮喪得快放棄的時候，發現了「欣欣」。餐廳面街的窗貼著「聖誕快樂」、「恭賀新禧」的字樣，還是規規矩矩的中國書法字，這代表餐館老闆很可能是華人。

王章建又過來幫我們收碗盤。他幾週前才退休，把餐館生意交給長女王清詩（Cee Wong）和女婿馮兆熙（Vinh Hei Fung），但自己還是會來幫忙。要是女婿準備外帶單子忙不過來，他就進廚房支援。我發現在這喧鬧但亂中有序的廚房（這是華人廚房的特色）一角，王章建的妻子黃玉鳳正忙著包春捲。

王家人搬到海法時，王清詩才十五歲。身為長女的她決定輟學幫忙家裡的生意，但她並不後悔自己的抉擇。她想協助父親，讓幾個妹妹有更好的生活。馮兆熙同樣是一九七九年那批從馬尼拉到以色列的越南難民，一開始也是在中餐館工作。夫妻倆都認為孩子最後會繼承家業。他們已經非常適應以色列的環境。畢竟兩人的背景都是流亡的越南僑民，他們覺得以色列也好，澳洲也好，美國也好，哪裡都可以是歸屬。

但有一個問題。

「以色列人不會把你當自己人。」馮兆熙特別對我強調：「比較敏感的事，他們不會交給你。」王清詩原本想加入以色列國防軍，卻遭拒絕。

❖

一九七七年十月，以色列籍貨輪「尤瓦利號」（Yuvali）在南中國海救起六十六名越南「船民」。在這之前有四艘不同國籍的船駛過這些落難的人，卻無動於衷。依照國際公約，在海上獲救的難民，必須由該船的船籍國接收。

以色列總理貝金（Menachem Begin）更進一步，比照適用於猶太人的《回歸法》（Law of Return），立刻給予這些難民公民身分。他認為這些難民的困境，正如當年猶太人逃離納粹歐洲：「我們永遠忘不了二戰前夕那幾週，搭乘『聖路易斯號』（St. Louis）逃離德國的那九百名猶太人……駛過一個又一個港口，一國又一國，懇求有人能收容他們，卻一再被拒絕……因此在以色列的國土上，讓這些人有安全的棲身之處，是很自然的事。」

與此同時，加拿大也面臨良知的召喚。儘管滯留東南亞難民營中的越南船民多達數十萬人，僅有九千人於一九七五年至一九七八年間定居加拿大。

我自己是新移民，十分認可加拿大多元文化蘊含的價值，也希望我的僑居國能敞開大門，為緩解人道危機盡一己之力。我加入了多倫多華裔社運人士組成的行動團體，幾乎每個週末都有連署、集會、遊行等活動。不同的社福機構、勞工組織之間也形成聯盟關係。

加拿大政府在民眾強烈抗議下，在一九七九至一九八〇年間終於收容了六萬名難民。參與這波抗議行動，也成了我個人實踐社區行動主義的起點。

安置東南亞難民成了西方民主國家的常態。以色列在之後的兩年間接收了三批越南船民，共三百六十人。王章建全家於一九七九年一月抵達以國，是其中的第二批，共二百人，幾乎全是華裔。

王章建講起這段往事：「以色列政府在機場用好大的排場歡迎我們，有很多人揮著越南國旗和以色列國旗。我們不覺得自己是難民，簡直就是貴賓。」

「我們來自世界各地。」席蒙．李普西茲（Shimon Lipschitz）也加入我們這桌的談話。他開的修車廠就在「欣欣」附近，晚上店打烊了就過來坐坐。

李普西茲的父母都是德裔猶太人，二戰後移民至以色列，因此對於王家被迫逃難的遭遇很能感同身受，甚至還稱王章建是他的拜把兄弟。他滔滔不絕背出一長串歐洲、中東、前蘇聯的國家，說這些國家的猶太人都移民到了以色列。

「還有從亞洲來的呢。」他說。「把亞洲老婆也帶來了。」

這正是典型的種族離散現象。以我幾次環遊世界的經驗，我一直認為猶太人、印度人、華人是流徙各地的三大民族——地球上無論哪個角落都找得到他們。

他提到亞洲來的猶太人，勾起了我的興致，就跟他說二十世紀的頭五十年間，曾有一波接一波的猶太人到上海定居（上海當時對外國人無簽證規定）。早在十九世紀中葉，就有巴格達迪猶太人（Baghdadi Jews）經由英屬印度抵達中國。一九一七年俄國革命之際，也有些俄羅斯猶太人逃到中國。還有納粹掌權之初就逃出來的歐洲猶太人。

「兩萬名歐洲猶太人從南法出海，經過蘇伊士運河到了亞洲，卻被英屬印度擋在門外。」我說：「日軍占領的上海，是全世界少數還能接納他們的地方。」

其實猶太人移居中國的歷史，早在幾百年前就開始了。賽法迪猶太人（Sephardic Jews）在八世紀唐朝時期經絲路到中國。到了十世紀的宋朝，有個叫作「開封猶太人」的部落，定居在中國當時的首都開封。猶太人早已同化，和漢人打成一片，但他們在中國仍算是個特別的存在。十四世紀的明朝皇帝特別賜了七個姓氏給這些定居中國的猶太人，包括「金」和「石」。

我很好奇王章建自己融入當地的程度。「王先生的希伯來語怎麼樣？」我問。

「很好啊。」李普席茲回道：「你講英語，在這裡生活應該都還過得去，但要是講希伯來語，在這裡就可以稱王啦，不管你原本從哪裡來。」

❖

隔天早晨居然出了大太陽。王章建包了一輛巴士，帶一群華僑和他們的家眷前往台拉維夫，出席中國大使官邸的農曆新年慶祝會。這群僑民中不乏在此做博士後研究的物理學家、海洋學家、分子遺傳學家等專業人士。

車上氣氛相當歡樂。巴士在地中海沿岸奔馳之餘，車上的華語歌曲也放得震天價響。窗外是成排的棕櫚樹、藍天與豔陽，還真有到了熱帶天堂的錯覺——但今年以色列的冬天其實反常的冷，內格夫沙漠（Negev Desert）甚至是五十年來第一次降雪。

慶祝會現場大約有四百多人，有些人還遠從最南邊緊鄰阿卡巴灣（Gulf of Aqaba）的埃拉特（Eilat）來。大夥兒整個下午談笑吃喝，孩童用希伯來語交談，在花園中奔跑玩耍，拿自助餐檯上的蒸肉包來吃。空氣中滿是茅台酒的濃郁氣味。大使上臺致歡迎詞，要大家心懷祖國。之後大家舉杯祝賀國泰民安。

回程巴士開到雅法已近傍晚。雅法是台拉維夫南邊的古老港都，已併入大台拉維夫的範圍。車上的團員都去修復後的舊城區觀光購物，王章建則帶我走上高處的展望臺。上面風很大，但台拉維夫的海濱全景一覽無遺。他對我說起高中時改信基督教，也談到自己成年後把家族事業做得有聲有色，同時兼職做傳道人。

「但共產黨來了以後，局勢愈來愈糟。」他說：「那也就是上帝叫我離開的時候。」那年他三十九歲。

真正的考驗到了以色列之後才開始，他不禁懷疑自己是否做對了選擇。儘管很想傳教，卻不會說希伯來語，唯一能傳教的對象只有華語人士——但華人船員從不在此久留。到了八〇年代，連他的同胞也紛紛移民到加拿大和美國。

他講起約拿和大魚的故事。約拿從雅法出海，卻在暴風雨中被大魚吞下，在魚腹中三日三夜。他的口吻好似布道：「約拿耐心不夠，上帝這麼做是為了試驗他。我從這個故事學到，我們應該服從上帝的意旨。他要我們有耐心，照他的意思去做。」

他在以色列住了十三年後，上帝終於回應了他的禱告。

中國和以色列於一九九二年建交後，開啟文化與學術交流之門，來到以色列的華僑人數也漸漸多起來。然後是移工，包括建築工人和採收蘋果的工人。「那時我才明白上帝要我留在這裡，是為了幫這些新來的中國人建立一個新家。」

❖

我想更了解王章建一家人融入當地社會的程度，便決定去拜訪他的二女、三女和么女，她們各自住在國內不同的城市。

老三王清陶（Dao Wong）是第一個加入以色列陸軍的華裔移民（她說：「我想回饋我的僑居國。」），也是以色列航空公司（El Al）首名本土華裔空服員。

她退役後進入外交部服務，迅速晉升並獲外派，為她與眾不同的經歷再添一筆。她帶著得意的微笑對我說，她在華盛頓特區協商武器條約，美國國務院的同仁知道她是越南出生的華人，又持以色列護照，對她都很有好感。

妹妹王清然（Mai Wong）追隨她的腳步，成為加入以色列海軍的首位華人，目前也是以色列航空的空服員。姊妹倆在以色列國內和周邊國家都很出名，報章雜誌曾報導她們的事蹟。

王清陶目前在耶路撒冷一間銀行上班。她的丈夫阿密特．洛荷瓦格（Amit Rochvarger）是波蘭裔以色列人。夫妻倆住在莫迪因（Modi'in），是利用「台拉維夫—耶路撒冷高速公路」旁一片光禿禿的平緩小丘開發的新住宅區。十年前他們都還是耶路撒冷大學的學生，阿密特那時就喜歡上王清陶。

「我過了一陣子才明白她不是中國留學生，是幾乎和我一樣土生土長的以色列人。」他用的詞是希伯來文的「sabra」，指的是在以色列出生的猶太人。「我知道這件事之後，就找藉口和她說話。我們那時候修同一堂課，我就問她可不可以讓我抄她的作業。」

洛荷瓦格第一次去王家，就通過了「筷子測驗」，也發現「中國和波蘭形容媽媽的玩笑話是一樣的」。我和他談話的同時，夫妻倆的兒子祖爾（Tzur，希伯來文「岩石」之意）正靠在他大腿上熟睡。王清陶則忙著準備午餐，廚房裡滿是中國食材和調味料，還有每個華人家庭必備的電鍋。

洛荷瓦格是典型的六日戰爭（Six-Day War，以色列於一九六七年與埃及、約旦、敘利亞等鄰國間的戰爭）後出生的猶太人。年輕、對未來充滿希望、不過度拘泥於宗教教義。他對於自己的國家有許多見解，也有不少批評。他眼中的以色列沒有那麼強烈的錫安主義復國色彩，而是把重點放在「一個現代中東國家努力在亂中求存」。

「在以色列沒有國籍這回事，因為國籍就等於猶太教。這裡沒有所謂的『以色列國民』——假如你是阿拉伯人或基督徒，就只能當公民。」對他這樣來自左翼家庭，又深信以色列式的社會主義（好比集體農場〔kibbutz，又稱「奇布茲」〕、兵役、平等）的人而言，「這根本就是瘋了。」

在以色列若不是猶太人，出生與結婚都會碰上公家機關的各種刁難。由於以色列不承認猶太人與非猶太人通婚，他們只好去賽浦勒斯結婚。「但以色列十個人裡面有九個人不會和外國人結婚，除非對方改信猶太教。所以要住在這裡還是會有問題。」他說。

我提到國安的問題，跟他說我還是不太能接受這裡的軍人連放假時也帶著烏茲衝鋒槍上酒吧和俱樂部。「只要不是以色列人，看到這個都覺得很不舒服。」他說：「這在以色列很正常。不過以色列本來就不是正常國家。你只能學著接受。」

對洛荷瓦格而言，「猶太」兩字在國籍上的意義大於宗教意義。他當年之所以會由未來的岳父讓他改信基督教，純粹是因為這樣才結得成婚。擁有兩種信仰的生活，對他來說就像平日住在市區，又在鄉下有間別墅——他可以在不同宗教規範的行為之間切換自如，就像週末去鄉下住個兩天那麼自然。

「以色列人很大的問題是不願意接納外國人，把他們當成社會上的一分子。這算是猶太人的個性。這對我們夫妻都沒什麼影響，我們知道自己的立場。」他一邊強調這點，一邊輕撫兒子的髮絲。

「不過這孩子以後還是得面對這個問題。他成長的環境混合了猶太教、基督教，還有中國的各種傳統信仰。等他長大了，總會有必須選邊站的一天。我只希望他學到的都是好的，因為只要你為人正直，信奉哪種神都無所謂。」

我們收拾東西準備告辭之際，王清陶私下對我說了個祕密——洛荷瓦格的父親幾個月前去世，那之後他有一度失去了信仰。她認為丈夫終究會找到自己心中的那個神。至於他最後會選擇猶太教還是基督教，她也說不準。

❖

隔天我和王清然約在台拉維夫的海灘，到一間由集體農場經營的餐廳共進午餐。她講起小時候：「我最早的記憶是我們家在阿富拉的公寓，我在陽台看著我媽從外面回來。看到她我就好高興。我那時候都一個人在家。」

她一身黑色套頭高領衫配牛仔褲（這天是休假日，她隔天一早就要飛了），渾身散發近乎童稚的純真氣質，和三個姊姊很不一樣。母親抱著她從馬尼拉搭機飛抵以色列時，她才兩歲。

王清然徹頭徹尾是個以色列人——最拿手的語言是希伯來文；朋友圈都是猶太人；也沒有去其他地方生活的念頭。我們下榻的「港口旅社」老闆瑞秋．席拉斯（Rachel Silas）是王家人的朋友。她跟我說王清然是王家四千金之中最「以色列」的。

「她有以色列人的脾氣。每次和她爸吵架，她還得把自己想說的希伯來文譯成中文。」瑞秋呵呵笑道：「我就像她的猶太媽媽，因為她自己的爸媽不會懂她這些心情。」

王清然邊吃沙拉邊對我說她男友從事以色列情報工作。是以色列軍情局？特務機構莫薩德？還是國安局？她沒說，也不願透露男友的姓名。

「妳爸會反對妳嫁給他嗎？」

她遲疑了一會兒才答道：「我想他不會反對。嗯，他不會說妳可以或不可以嫁給他……他在意的應該是……是……我嫁的人是不是基督徒……噢，這在以色列不是那麼簡單的事。」她愈講愈小聲。

以色列四處可見穿著軍服的年輕人。服兵役是成長過程的一環——清陶和清然兩姊妹都當過兵，即使移民並沒有服兵役的義務。

以色列人十分重視安全，也把維安當成自然而然之事。

我們有一晚在台拉維夫駛過迪岑哥夫廣場（Dizengoff Square）旁的夜店區，卻給攔了下來。當時隔壁的街區有個拆彈小組，正在檢查一個樣子很可疑的包裹。所有的車都停下來，彷彿只是等個紅綠燈。

我們和王清然散會後，對以色列的維安作業又有了次戲劇化的體驗。當時我們三人小組正在「開車掃『攝』」——我負責開車，夸和紹華則各自從車左右兩邊向外拍攝。忽地有一名維安人員跳出來擋在我們車前，「啪」一聲把他的徽章壓在擋風玻璃上，一把把我拉進檢查站，叫我把拍的片子拿給他們檢查。

這也是意料中事。幹攝影、拍片這一行都得承擔這種風險，我這種經驗也多到記不清了。反正只要有關單位認為我拍的東西踩到他們的線，就會把我帶去檢查。畢竟以色列和巴勒斯坦之間的情勢這麼緊張（當時正值「第二次巴勒斯坦大起義」〔Second Intifada〕），這麼做也情有可原。

進了檢查站，這名維安人員完全照章行事，就像稀鬆平常的攔停與搜索。也許這種事他已經看得太多了。他影印了我們的護照，看我們拍片的內容——我們拍到一些穿軍服的男男女女，剛從貌似軍營區的地方走出來，面帶微笑朝鏡頭揮手。這人跟我說，拍軍人沒關係，但拍攝國防軍總部屋頂的通訊塔就不行。最後我拿回了我們三人的護照。

回到車上，夸和紹華把我好好取笑了一番。我這才發現夸買的迷彩服（上面有國防軍的軍徽）始終都在後座，一眼就看得到。

夸不知怎的總有辦法碰上一些奇遇。

我在之前的某趟行程得提前離開以色列，請夸留在耶路撒冷多拍些鏡頭，結果他居然在某間迪斯可夜店搞上一個當時沒值勤的女兵，對方還穿著軍服，烏茲衝鋒槍也還帶在身上。（讓人想起那個老笑話：「你是把烏茲放在口袋裡，還是看到我太興奮？」）後來的兩天，他們倆居然跑去死海沿岸滾床單。

❖

我們行經拿撒勒的途中，沿路盡是恬靜的牧場與村莊，看不到以色列日常的政治、宗教、種族的緊張情勢。到了加利利海西岸的提比里亞（Tiberias），我們轉向南，朝位於約旦河口的耶穌受洗遺址前進。

王家的次女清儀（Nee Wong）在這裡的遊客中心（據說耶穌受洗的真正遺址還要沿著河再往南走）忙著搬運瓶裝清酒——這是符合猶太教潔淨飲食規定的清酒，經過日本的拉比認證。她和丈夫王宇廉（Yom Wong）不久前才接手遊客中心餐廳，販售中、義式菜色兼具的自助餐。晚上則為當地顧客供應符合潔淨飲食規定的蒙古烤肉。

我們在此的午餐是番茄牛肉飯（義大利風的香港療癒美食）。飯後大家一起走到河口有遮蔽的區域。儘管以色列正值第二次巴勒斯坦大起義，攻擊行動不斷，每年還是有大批觀光客前來。有幾名美國遊客身穿租來的受洗禮白袍在此受洗，旁觀的我們則報以掌聲。

「我當時並不想來以色列。」王清儀說：「我一直覺得以色列是很古老的國家，就是聖經裡讀到的東西。」他們全家到了以色列沒多久，就把她送到臺灣讀高中。她畢業後雖然可以留在臺灣，卻選擇回到以色列和家人團聚。

她的丈夫王宇廉一家是一九七九年底離開越南的第三批難民。王宇廉的父母在提比里亞開了一間叫「紅花」（Crimson Flower）的中餐廳，王清儀從臺灣回到以色列之後就在那兒上班，因此認識了王宇廉。兩人結婚後，很快就在提比里亞開了自己的中餐廳「珍寶園」（Panda Restaurant），一直經營到現在。王章建總說清儀是他幾個孩子之中最有生意頭腦的。

王清儀坦承自己是家裡幾個孩子之中最有中國價值觀的。她和先生都想多陪陪孩子，讓孩子在中華文化的環境裡長大，只是餐廳的工作時間太長，很難做到這點。我問她，孩子在這裡長大，安全沒問題嗎？她很篤定地說以色列非常安全——只是「媒體總愛講得比實際上恐怖很多」。

❖

週五近黃昏時分，海法變得好安靜。這是安息日的開始。家家戶戶關上百葉窗，人人忙著趕回家。

週五晚上，王章建會舉行「海法華人宣道會」（Haifa Chinese Alliance Church）的聚會，他在雅法街上某棟樓房裡租了部分空間來辦聚會——這也是「欣欣」最初開店的地方。有名熱心會務的信徒勵炯剛（Li Hong Gang），正忙著把讚美詩的歌本逐一放在折疊椅上，又檢查了麥克風和音響設備。

勵炯剛體格精瘦結實，一張臉稜角分明，身穿深色西裝，繫了條深藍底搭白色小圓點的領帶。他今晚講的話特別有哲學意味。他說中國在精神方面是空虛的，他的心靈也曾經那般空虛。但如今他看到了光——曾有的世俗憂煩至此一掃而空。他看到身在歐洲與中東的許多華僑飽受煎熬，決心要「拯救他們的靈魂」。

他原本在上海經商，一九九二年持商務簽證到了捷克。後因身陷兩個華僑地方派系的地盤之爭，於一九九六年持觀光簽證來到以色列。

「這是上帝的意旨。」他回顧這段經歷時說：「在捷克只要手上有錢，很容易就賭光。我心裡不平靜，總是在找可以安定的地方。」

三年後，他在海法一間飯店做廚師的時候認識了王章建，就開始在「欣欣」和華人教會幫忙（王章建最早是利用餐館的空間充當聚會所）。

他一直沒回中國（原因是「我在這裡沒有工作簽證，一旦出去就回不來了」），也已經和妻子分居。兩人有一個十二歲的女兒，目前和妻子的家人一起住。他想讓女兒離開中國，「讓她看看世界上不同的地方」。

今晚的聚會一反往常，不是由王章建講道，而是由兩位從上海來訪問的牧師主講，聚會的時間也比以前長。我很意外平日沉默寡言的黃玉鳳，竟上臺帶領大家唱詩歌——現場約五十人引吭高歌，唱得非常投入。會後，志工搬來好幾大鍋炆牛腩和白飯，是王清詩的先生在餐廳煮好的——在場的會眾人人都吃得到這道家鄉療癒美食。

❖

隔天我們開車去上加利利（Upper Galilee）。路邊有雪——要去位於戈蘭高地（Golan Heights）的滑雪勝地黑門山（Mount Hermon），也會經過這條路。

王章建在車上講起亞伯拉罕、以實瑪利、以撒父子三人的故事。以實瑪利和以撒是同父異母的兄弟。以實瑪利的後裔是阿拉伯人，以撒的後裔則是猶太人，因此阿拉伯人和猶太人其實是堂兄弟。他說：「同父異母兄弟之間的爭鬥，導致家庭的悲劇，如今成了人類的悲劇。」

我們到了吉許鎮（Jish），這個鎮上很多是信基督教的阿拉伯人。我們和十幾名華人移工會合，他們帶我們去一棟尚未完工的房屋，是他們向某個阿拉伯承包商租的，外觀像座水泥碉堡，沒裝門也沒熱水。總共二十名工人，五、六人同一房，用別人丟棄的舊床墊當地墊，睡在睡袋裡。

王章建就在這屋子未來的客廳內講道，用亞伯拉罕和兩個兒子的故事開場。他的會眾都坐在舊床墊上，聽得聚精會神。他的講道十分生動，不時穿插實用建議，期望能對這些移工有所幫助。他們沒有讚美詩的歌本，是看著單張歌譜唱。

接著他帶大夥兒一起唱〈我的中國心〉。這是八〇年代中國很流行的愛國歌曲，也有人說是政治宣傳歌。歌詞大意是中國人的身分認同與中華文化，現已等同於海外中國人的國歌。

河山只在我夢縈
祖國已多年未親近
可是不管怎樣也改變不了

在以色列持兩年簽證的華人移工有一萬兩千名，是中國國營企業出口至此，又加以剝削的現代版契約工，做的是以色列人自己不做、也不願給巴勒斯坦人做的工作。他們在以色列賺的是美金，為的是讓在中國的家人過好日子，也因此許多人在簽證過期後轉做黑工。

「這些中國人都很孤單、很寂寞，也很無助。在這裡語言不通，又被雇主虐待，有時候連工資都拿不到。」王章建在回程的路上對我說。我還是頭一次看到他激動到有點發火。「他們生了病也不知道怎麼跟醫生講。我們覺得有必要幫助這些人。要是我不幫他們，有誰會幫他們？」

他自己的家就經歷過兩次遷移。他父親原本在中國任職於國民政府的鐵道部，一九三〇年代從中國來到越南。他在中越邊界附近出生，兩歲時全家搬到西貢。毛澤東於一九四九年掌權後，父親決定再也不回中國。三十年後，胡志明領導的北越共黨贏得越戰勝利，王章建和許多同輩的越南華人逃出了越南。

我不禁覺得，正是這種流離失所之感，成為他熱心協助華僑的動力。他從未踏上祖國的土地，卻努力不懈向這些移工一點一滴灌輸對「他們的」祖國之愛。

我們這些海外華人，各有各的多重國籍與效忠的對象，說多種語言，用多種文化的方式生活。我們就像變色龍，在不同身分之間轉換自如，也永遠在適應環境。

回海法的路上，我們駛過阿富拉和當地多處蘋果園。我把問題轉回王章建身上，問他覺得自己究竟是什麼人。

「首先……我現在六十歲，有三種國籍：中國、越南，還有以色列國籍。」他說。「我是誰？我還是中國人，無論我有什麼國籍，我是中國人。」

第三章

感受這氣氛

千里達及托巴哥・聖弗南多

破曉日[1]的早上，我只想跳跳唱唱
大家一起來，音樂開始放
大卡車動起來，大家一起嗨
音樂滿滿滿，人人跳起來

啊感受古老的卡里普索[2]
啊來感受瑞普索[3]
啊感受鼓和貝斯索
啊就是要讓你動啊搖啊索

週二是嘉年華日。天還沒亮，但派對早已火力全開。索卡（soca）音樂的節奏咚咚咚響徹聖弗南多丘（San Fernando Hill）。

我和夸前一晚才抵達千里達及托巴哥，只睡了四小時，宋德貞（Anna Soong）和她先生約翰．強斯頓（John Johnston）就來飯店接我們，準備帶我們去首都西班牙港（Port of Spain），參加一年一度的盛大慶祝活動「嘉年華」。

千里達的嘉年華是加勒比海地區規模最盛大的——全國上下可以狂歡整整一週。據說「千里人」（Trinis，這是千里達人的自稱）若不是在慶祝嘉年華，就是在準備下屆的盛會，同時回味前一屆的種種。

第一批派對從週日傍晚就開始了，到週一凌晨四點才結束。週一是「破曉日」之始——大夥兒紛紛上街遊行，全身塗滿顏料、泥巴、油彩。這是一年一度狂歡最好的藉口。

週二嘉年華是整個節慶活動的最高潮，穿上各種華麗服裝的巡遊團（masquerade band，簡稱mas band）在這個島國各處遊行，其中又以首都西班牙港的遊行規模最盛大也最華麗。慶祝活動將一直持續到週三的聖灰日（Ash Wednesday）清晨，全國不上班不上課，大家到海灘消磨時光，讓這股嘉年華的集體狂熱略略降溫。

今天我們要好好體驗一下嘉年華。

宋德貞和約翰先帶我們去友人勞倫斯．羅（Lawrence Low，音譯）的家會合，位置在西班牙港市區外綠意盎然的山谷中。只見榕樹迎風搖曳，鳥兒在緩緩散去的晨霧間啼唱，四周瀰漫著清晨宜人的氣息。

勞倫斯是第二代華裔千里達人，是連鎖「加勒比海咖啡館」（Café Caribbean）的老闆，在全國的購物中心共有五間分店。妻子卡門是義大利裔加拿大人，兩人在多倫多認識。這兩對夫妻檔這次要加入嘉年華老將艾德蒙·哈特（Edmund Hart）的巡遊團。這是千里達嘉年華數一數二的大團，也是華裔千里達人的最愛。今年全團約有五千人，依照今年主題「活個痛快」（Hell of a Life）分成不同顏色的小組。

我這群新朋友紛紛穿上以阿茲特克文化為主題的藍綠色服飾：女性穿比基尼，戴著插了羽毛的

---

1 譯註：J'ouvert，源自法文的「jour ouvert」（黎明或破曉）。法國於十八世紀統治千里達及托巴哥期間，莊園主人辦化裝舞會狂歡，奴隸無法參加便起而仿效，更融入自己的文化元素與音樂。廢奴後成為該國節慶傳統。

2 譯註：Calypso，又譯「加力騷」，源自千里達及托巴哥的加勒比海音樂類型。據傳約在十八世紀由該國非裔奴隸以西非音樂為原型，配上戲謔雇主的歌詞一唱一和而成，在不識字的奴隸間，也有傳唱故事及散布訊息的功能。該國廢奴後成為固定出現於嘉年華的音樂，搭配諷喻時政的歌詞。

3 譯註：Rapso，融合饒舌（rap）及索卡音樂的音樂類型，七〇年代源自千里達及托巴哥，以說唱饒舌歌詞結合有動感的節奏，以表達自我，發抒己見。

頭飾和裝飾用的串珠；男性則在比基尼褲外纏上腰布，穿戴金色的胸鎧。

約翰從小就參加嘉年華——他說「等小孩會走會搖擺」，就可以參加兒童版的嘉年華表演。宋德貞在千里達出生，但在認識約翰之前，從沒參加過這種活動。

早上八點，大夥兒趕在出門前再次檢查、調整全身穿戴，把繫在腰間的酒壺裝滿蘭姆酒，就準備動身前往嘉年華的主舞臺。

❖

多倫多的千里達社群不算小，大多數人（或他們的父母）是在一九七〇年代末期移民至加拿大。當時加勒比海的島國有一波加拿大移民潮。

我一九七六年搬到加拿大定居後，認識不少千里人，也和他們共事過。其中很多人是華裔。我任職的非營利組織「和諧運動」（Harmony Movement）有個員工叫海瑟・迪・佩薩（Heather De Peza）。她有次要去西班牙港看親戚，我就請她幫忙在當地找個有特色、有故事可說的中餐館老闆。她回來跟我說，和她談過的當地人一致公認：宋家在聖弗南多開的「長城酒家」（Soong's Great Wall）有全加勒比海地區最棒的中國菜，週三晚間的自助餐更是遠近馳名。

宋耀金（Maurice Soong）和羅美霞（Brenda Law）夫婦常到加拿大小住，我便趁他們某次在多倫多停留期間，和他們聯絡上，這才明白原來宋家在一九七〇年代就移民到加拿大，好讓孩子在加拿大受教育。後來雖然「長城」由長女宋德貞接手經營，他們夫妻還是常回千里達去店裡幫忙。

他們邀我趁嘉年華期間過去一遊，我得以置身生平所見最盛大的街頭派對——全國都參與，規模絕對大。

❖

「長城酒家」是兩層樓的獨棟樓房，周邊用牆圍起一座庭園，園內有魚池、假山、迷你寶塔、庭園瀑布等造景。夜間則亮起閃爍的霓虹燈，用戶外音箱播放輕柔的背景音樂，宛如黑幕籠罩的聖弗南多山丘間，有座中式奇幻樂園。

更是個意義非凡的地方。

一九八一年，這位華裔千里達實業家大張旗鼓開了「長城酒家」，成為當地報紙的頭版新聞。想看達官貴人，想成為目光焦點，到這間餐廳就對了。曾光顧這裡的名流包括多位總理、總統、大使、好萊塢明星——甚至還有環球小姐選美的亞洲國家參賽者因想吃中國菜而上門。裱框的剪報和名人簽名照不僅掛滿了一整面牆，也占據了用餐區的平台鋼琴。其中還有一張宋耀金和千里達總理夫人共舞的照片。

「做中國菜很不簡單，和英、美國家的菜不一樣。」大夥兒吃完豐盛的自助餐午餐後，宋耀金向我們說明：「中國菜的菜單上有好幾百道菜。客人只會說：『我要蝦、烤鴨、蒸魚。』你就得憑經驗判斷，端上恰到好處、符合他們人數和需求的菜色組合。」

這間餐廳做的廣東菜十分道地。烤鴨之可口，放眼美洲地區應該無人能出其右。廚師是宋耀金從自己中國老家請來的；中式烤爐則是由邁阿密進口。

但它的港式點心實在棒得沒話說。

我距香港萬里之遙，居然嘗到此生吃過數一數二美味的港點。蝦餃皮圓潤透亮，蝦仁內餡隱約可辨；熱騰騰的叉燒包柔中帶勁；豉汁鳳爪的雞皮肥美多汁；牛肉球的調味鹹淡適中，更厲害的是軟嫩到入口即化。

然而真正的重頭戲是它的豆腐花（臺灣稱豆花）——質地細綿柔滑，每天早晨在傳統木桶中製成，溫熱上桌，再痛快澆上冰糖熬成的糖漿。我從沒在香港以外的地方吃到如此的美味。

真的是太銷魂了。

宋耀金自豪的另一點是他的廚房，事實證明他絕對有自豪的理由——我很少見到這麼整潔的中餐廳廚房。中央一張備餐用的長桌，從廚房這端延伸到另一端，把空間分成左右兩邊。一邊是四座爐灶和蒸鍋，上面的竹蒸籠堆得老高；另一邊則是冰箱和食材儲藏室。四周收拾得一塵不染，備料充足，井然有序。我一踏進廚房就看到有個一身白制服的華人廚師，正把不鏽鋼工作檯擦得晶亮；一名印度裔領班則在上菜前小心擦去盤子邊緣沾到的醬汁。

可想而知，這裡的服務必然是頂級水準。外場服務人員都很專業，穿著俐落的黑白制服，也都受過應有的餐飲訓練。無怪乎「長城」是千里達訓練餐飲管理的人才搖籃。

普莉亞・朱─應（Priya Choo-Ying，音譯）是這兒的服務生，此時正跪著擦拭落地窗。她學校剛畢業，頭一次當服務生，很感激能有在「長城」受訓的機會。她的祖父母都是中國人，母親則有印度和非洲血統，因此她從小就在多樣文化的環境中長大，也夢想著有一天能去中國。

「他們的爸媽看到孩子在我們這兒受訓，都很高興。」宋耀金說：「這可以幫他們往後的人生打好基礎。」

❖

宋耀金的父親宋振東（William Soong）於一九三七年來到千里達。當時他三十出頭，受過教育，還在香港學過英文。出國的旅費是靠老家深圳龍岡村一個遠房親戚資助的。他這一輩的中國人，很多都是成家沒多久便離鄉遠行，去美洲尋求更好的生活。

千里達的第三波華人移民潮發生在一九二〇至一九四〇年間，宋振東便是其中一員。

儘管他會匯錢回家，留在中國的妻兒還是非常窮苦，對日抗戰期間連生活都成問題。為了躲土匪和日軍，一家人常逃到山上去。宋耀金的母親一早會下山到村裡四處乞討食物，好養活一家五口（宋耀金共有三個姊妹）。

父親到千里達十年後，才把唯一的兒子接過來，那年宋耀金十二歲。

他搭乘「美國總統輪船公司」的船，花了二十天從香港到舊金山，之後又坐了兩天飛機，才抵達西班牙港。他回想在機場頭一次和父親相見的情景：「我不知道他就是我爸。我們倆面對面，他對我說：『兒子，我是爸爸。』我根本不知道爸爸長什麼樣，因為他離開中國時我才兩歲。」

父親在聖弗南多附近的隱士村（Hermitage）開了間小雜貨店，宋耀金就在店裡幫忙。他說父親是大家公認很懂得享受的美食家，「總是很會打扮，穿白襯衫，開很拉風的跑車。」父親沒多久就把店交給年輕的宋耀金負責。

他到千里達定居的五年後，母親才來與他們團聚，還取了個西方名字「露西」。有一晚我去宋耀金家作客，屋內陳設十分簡樸。那晚他親自下廚，有道菜居然是傳統的客家梅菜扣肉。席間我主動提到他父母分隔兩地如此之久。

「你太太說你和媽媽非常親。」

宋耀金一聽我講到這個話題便哽咽了。「我媽為我們一家犧牲太多。我來千里達之前對我爸沒什麼認識，最親的人就是我媽。她能過來，我當然很高興。」

離鄉背井的中國男人，除了中國的家之外，在新世界另外成家並不是新鮮事。我對這點很好奇，就問宋耀金他父親是否在千里達也另外有個家。他一開始並不正面回答，但最後還是坦白說有。

「你母親知道他有別的女人嗎？」

「知道。那個女的有時也會到我們店裡來，不過她人很好。」

「你父親和那女人有幾個小孩？」

「他說只有一個兒子，那人我也認識。他說那是他兒子，只是我從來沒……」宋耀金講到這裡別過臉去，竭力忍住眼淚。

十九世紀末以來，有許多中國的年輕人前往加勒比海的國家，和先在那兒落腳的父親叔伯們會合。等他們到了一定歲數，又會被送回中國娶妻生子。接著太太留在中國養兒育女、辛苦持家，先生則回到美洲。一家人分隔兩地（先生也或許在世界的某處有另一個家庭），為新世界的許多移民家庭留下難以磨滅的傷痕。

宋耀金在千里達從經營小雜貨店開始，一路做到成功的餐廳老闆。在這段期間守住老家的，始終是他的母親露西，縱使與丈夫一別就是十五年。

❖

宋耀金認為他今天的成就，很大部分也要歸功於他在千里達遇見的第一位老師——諾愛爾老師（Miss Noëlle）。她來自千里達附近的島國巴貝多（Barbados），有法國、非洲、印度等地的血統，祖父是聖露西亞（St. Lucia）的法裔克里奧人。她二十四歲那年，宋耀金來到班上，一個英文字也不會講，於是她很自然照顧起這個小男生。

我和諾愛爾老師及宋耀金在某日近傍晚時分，一起來到西佩羅羅馬天主教學校（Cipero Roman Catholic School）。校舍是很普通的磚造平房，約有五、六間教室，有水泥花格窗和鐵皮浪板屋頂，樣子和宋耀金小時候沒什麼差別。

學校今天沒人，校園中不時響起公雞啼聲。有個印度裔校工認出諾愛爾老師，開門讓我們進去。他們倆聊起往事，也談到幾個共同認識的人。

宋耀金回顧剛到千里達的那段日子，情緒整個湧了上來，他邊說邊選了教室前排的位子坐下，面對黑板，一如五十多年前。「我總會坐得離諾愛爾老師很近。」

「嗯，因為啊……只有這樣我才能跟他講話，把事情解釋給他聽，不用講給其他的孩子聽。」諾愛爾老師一字一字講得好清楚，就像過去教英文的時候。「然後傍晚我會去他家，教他讀書，這樣就可以特別照顧他。那段時間真快樂。我們以前還在店外面玩板球，記得嗎？」

諾愛爾老師說著，大力拍了一下宋耀金的肩。

她說宋耀金對幫助過自己的人，總是不吝表達感謝與敬意。「他不會故意炫耀、做給別人看，也不會吹噓自己多厲害。做生意要能保持這樣乾淨、正派，靠的是謙虛和誠實。」

我們回程路上到了隱士村，在宋耀金年少時代的那間小雜貨店稍做停留。原本的店面現在成了某戶人家的住宅。我們大聲敲了幾下門，出來一個年輕人，經我們說明來意，對方欣然拿出當年的老照片，其中一張是年輕人的父親和宋振東的合影。

「我一九四八年從中國過來的時候，這裡還是木造的。」我們一邊繞著屋子走走看看，宋耀金一邊解釋：「那時候我們店裡什麼都賣，也有賣酒的執照。威士忌、蘭姆酒、葡萄酒；吃的、穿的；針線啦、腳踏車零件啦，什麼都有。」

加勒比海地區國家的每個村落、小鎮，總會有間什麼都賣的「中國雜貨店」。開這種雜貨店就像開餐館、洗衣店，是移民在新國家努力求存的方式，也是融入當地社會的途徑。

中國人在十九世紀中葉來到加勒比海這些島國時，最初是在甘蔗田做契約工。一九〇〇年代初期來的中國人則是自由勞工，或經商，或開店當老闆。許多原本來當契約工的印度人則改行務農。

宋耀金後來帶我去十分熱鬧的夏綠蒂街（Charlotte Street），也就是西班牙港的唐人街。我得以親眼見證華裔千里達人如何從開雜貨店和小超商，一步步發展到經營美食賣場和超市連鎖。

我們來到「永盛號」（Wing Sing General Store），「長城」大部分的食材都是由這裡供應。店裡正忙，最前方的結帳櫃檯排了三條長龍。我們走到最裡面，宋耀金把我介紹給這間店的老闆黃先生（Ti Leung Wong）。

「我們就像一家人，互相幫忙。」黃老闆說。

夏綠蒂街也是華人聚會之地，華人社團大多在這裡。宋耀金指給我看「惠東安會館」的招牌，這是由客家人組成的社團。

加勒比海地區的華人大多是客家人，是漢人的一支，常被稱為「中國的猶太人」。兩千年來，客家人從中原遷徙到中國東南方，沿途吸取了各種文化與美食的精華。

千里達及托巴哥共和國於一九六二年獨立後，當地對華人的接受度略微增加，一九七〇年代約有一萬名華僑。但他們的下一代有很多人對脫離殖民後的社會感到不安，紛紛遷往加拿大和美國，華人的數目便減少了。

然而對沒有離開這裡的華人而言，夏綠蒂街是定船錨，也是避風港——他們從全島各地來到這裡聚會、購物、用餐、交易，這是讓他們覺得安心自在的地方。

❖

宋耀金夫婦帶我去聖弗南多丘頂的展望臺。若是萬里無雲的好天氣，從這裡可以看到委內瑞拉。他們倆在向晚的金光下一同漫步——而且還牽著手，彷彿是頭一次約會。

當年在中國，羅美霞的原生家庭於戰亂時到宋耀金家的那個村子避難，她在那裡度過了童年。兩人不僅上同一所小學，彼此的母親也都認識。戰後羅美霞一家搬回香港。她的乾爹那時已經移民到千里達多年，向她父母提議撮合她與宋耀金。

「那是五〇年代末，反正香港以後也沒什麼出路。」羅美霞特別提到了這點。「我家很窮。我有些同學去酒吧陪酒，我不想和她們一樣。」

她的父母鼓勵她去千里達一趟，希望她會喜歡上宋耀金，進而結婚定居，但她根本不知道聖弗南多在哪裡。她搭上汎美航空公司的班機前往千里達，中途在舊金山停留時，還很納悶為何不必下機（目的地不是叫「San」什麼的嗎？）。

「我在機場見到她的時候，她還真讓我嚇了一跳。我印象中的她是小學一年級的樣子——臉圓圓胖胖的很可愛。」宋耀金說：「但她已經是大人了，長得好漂亮。」

兩人約了幾次會（都是坐他的車去吃冰淇淋），在一九五八年結婚。只是他們個性天差地別。

宋耀金是內向的鄉下孩子，講起客家話細聲細氣；羅美霞是都會女孩，外向活潑，喜歡交際，女兒德慈（Debbie）說她像花蝴蝶。至於語言，羅美霞講的是比較現代的港式粵語。

她一開始並不喜歡千里達，覺得怎麼比英國殖民的香港還貧困落後。「香港也許算是未開發，但我們至少有電視機。」她說。

後來她對丈夫提議，給她一萬五千元，她就把這樁婚事一筆勾銷，回老家去，但宋耀金根本沒這麼多錢。最後讓她回心轉意的，是未來的婆婆露西。她真心為準媳婦的到來而高興，也一心希望親眼看到兒子覓得佳偶。後來婆媳感情一直很好。露西在七〇年代末過世時，羅美霞哭了好久。

「她對我非常好，人很慈祥又和藹。」羅美霞說：「我後來去餐廳上班，她就幫我照顧小孩。我對我婆婆的愛，勝過自己的親生母親。」

宋耀金經營中國雜貨店將近二十年──先是幫父親管店，後來又開了自己的店。在這段歷練之後，他萌生開中餐館的念頭。畢竟他十二歲起就跟父親學做菜，練出一身好手藝。（女兒宋德容〔Patsy〕說他是天生好手，可以把吃到的菜照樣做出來。）羅美霞說動丈夫把家搬到西南部的聖弗南多──它是千里達的第二大城及工業中心，有許多煉鋼廠和煉油廠。

一九六八年，宋耀金靠著父親提供的資金，在咖啡街（Coffee Street）的「幸運大樓」（Lucky Building）一樓，開了「宋記快餐店」（Soong's Snackette），員工六人，只有一個華裔廚師，賣的是炸雞薯條（這是千里人的最愛）、漢堡，和一些中國簡餐。宋耀金自己不支薪。

過了幾年，他在原址二樓開了「梅花酒樓」（Soong's Cherry Blossom）[4]，是千里達首間全店鋪設地毯、配備中央空調的中餐廳。員工共十八人，可容納一百名客人。

「我從沒想過會在聖弗南多看到中餐廳。」當時的市長這麼表示。連聖弗南多土生土長的派崔克・曼寧（Patrick Manning）都在「梅花酒樓」辦婚宴——當時他是反對黨領袖，後來成為千里達的總理。

由於兩間餐廳共用一間廚房，宋家夫妻倆成天樓上樓下跑，顧兩家店的同時還要養育四個孩子——德貞、德學（Johnny）、德慈、德容。

加勒比海地區很多華人都在七〇年代初申請加拿大（同為大英國協國家）公民身分，好在政治局勢不穩時有個保障，宋氏夫妻也不例外。他們拿到公民身分後，羅美霞帶著四個孩子搬到加拿大，孩子們也在那邊讀完高中和大學。宋耀金則只在加拿大待了幾個月。他相信只要他回到千里達努力工作，那邊的居民還是會支持他，讓他闖出一番事業。

他在一九八一年投資三百萬元，開了「長城」，員工五十人。二女兒德慈那時在加拿大念大學，休學一年回來幫父親開店。不多久，兒子德學也回來負責訓練員工。

但從加拿大搬回千里達，協助父親經營「長城」的，是老大德貞。

❖

西班牙港市中心的「女王公園草原」（Queen's Park Savannah）是一大片公用綠地，西側有數十棟殖民時期留下來的建物，包括英國聖公會與羅馬天主教的大主教宅邸，和一幢建於二十世紀初的豪宅，外觀酷似蘇格蘭的巴爾莫若城堡（Balmoral Castle）。北邊則是皇家植物園。這裡過去曾有座賽馬場，是英國在這個國家留下的遺緒。

這座公園正是嘉年華的主舞臺。

這裡每年都會在南端搭起舞臺，供觀賞遊行及評審之用。整個西班牙港市區內還有許多評分站，讓巡遊團通過評審臺，累積得分，但所有的隊伍都必須通過這裡的主舞臺。每團可自行決定巡遊路線，目標是盡可能網羅所有的評分站。

索卡音樂是「卡里普索靈魂樂」（Soul of Calypso）的簡稱。這種節奏強烈的電音派對音樂，是傳統音樂「卡里普索」演化出的產物。過去的嘉年華多以傳統鋼鼓音樂為主，也會藉演唱「卡里普索」評論時事，但近數十年索卡音樂已經取而代之，成為嘉年華的主力音樂。街上的遊行隊伍間會有裝了許多音箱的卡車同行，一邊把音樂放得震天價響，一邊推動隊伍前進。巡遊團中涵蓋各類種族與年齡層，大家穿著五顏六色、奇形怪狀的服飾，邊走邊跳邊轉圈。

場面雖混亂，但亂中有序。

---

4 譯註：作者表示宋家提供的中文資料為「梅花酒樓」，但英文餐廳名可能另取，故並非「梅花」直譯。另，國外中餐館取名係為讓當地人識別與記憶，而用當地語文或英文命名，未必有中文名稱，或有中、外文名稱不相符之情況，如第二章的「珍寶園」（Panda Restaurant）。

千里達的嘉年華和巴西嘉年華不同。巴西的多個森巴舞團（稱為「森巴學校」〔samba schools〕）[5]會為此不停排練好幾個月；千里達的嘉年華則沒那麼正式，也沒有嚴格規定遊行隊形——就只是大批人潮一直往前走而已。我走上看臺旁的人行天橋，正可俯瞰遊行路線，只見下方有條五彩斑斕的河滾滾流過，恍如印象派的畫作。

如此繽紛多彩，正是這個國家多元社會與文化的最佳寫照。

我頂著大熱天，耐心等候「活個痛快」這團的隊伍經過，但因為很多團體都在原地跳舞，停留的時間隨之拉長，導致隊伍前進的速度奇慢。整整五個團體通過後，才輪到哈特的團。等他們所有成員都通過，又耗去半小時。

之後我加入遊行的人群，隨處可見華裔臉孔，有滿多是週一早晨和我們一起從多倫多飛來的千里達僑民。宋德貞和她那些朋友曾短暫經過，隨後又被人潮沖走。有一整排人突然跳起康加舞。放眼望去盡是人山人海。要在震耳欲聾的人聲樂聲中講話實在太辛苦，我連招呼都沒辦法打。

宋德貞說她弟弟在後面的金色組。我不知道他的長相，只好在金色組通過時，每看到華裔男子就問他是不是強尼（宋德學的英文名）。

宋德學最後終於出現，一身金色黑色相間的羅馬士兵打扮。他的多年女友莉迪亞・勒嘉（Lydia Lagall）則是紅色與金色混合的裝扮。我在樂聲中向他們自我介紹。

與此同時，夸簡直如魚得水，用追蹤鏡頭在人群中追逐舞者。他運鏡靈活流暢，據他說關鍵全在步法。他平日會打太極拳，我也是。我懂師父常叮嚀我們的：重心放低，氣集丹田，落腳生根，只運用下半身靈巧移動，不著痕跡。

天氣愈來愈熱，我幫夸背的攝影機背包感覺愈來愈重。我們已經在遊行隊伍裡鑽了三小時，索性躲到旁邊另一條街，在小吃攤買了印度咖哩羊肉餅，坐在路緣喝「加勒比」（Carib）啤酒降溫，看著某些比較小的巡遊團經過。

這些小團是「自組團」（people's band），有時成員還不到二十人，是嘉年華的非主流團體，也沒有華麗精巧的服飾。他們志不在比賽——就是為了好玩，推著東拼西湊裝飾的推車，用手提音響大放音樂。他們配備或許簡陋，但和別的團體一樣賞心悅目。

❖

對千里達人及托巴哥人而言，國籍代表的是公民身分，不是種族。「千里達及托巴哥」這個國家原本就是人為建構的產物，兩個島雖屬同一國，但無論人民和氣質都大為不同。至於是要以「千里達人」或「托巴哥人」來自稱，則取決於自己來自哪個島。

如今這個國家的種族源自：美洲印地安原住民、非洲奴隸、華裔店主、印度契約工，還有歐洲殖民國的後裔，包括西、法、英等國的人。外加來自黎巴嫩及敘利亞的阿拉伯人，以及因歐洲大航

5 譯註：雖名為學校，但並非學校，也沒有教學活動。

海時代，於十六世紀末隨歐洲船隊而來的猶太人。

宋德貞的先生約翰．強斯頓是第四代千里達人，集中國、法國、西班牙、非洲血統於一身。在加拿大讀高中，到美國念大學。後來因為到「長城」修理故障的收銀機，兩人就此結緣。

千里達所有的人都是「Trini」（千里人），前面沒有形容詞，後面不接其他字。很多人都和約翰一樣，早已與自己的祖先斷了連結。約翰反倒是因為和妻子一同經營「長城」，才算是以某種方式探索自己的中國血統。

餐廳近半夜打烊後，我與他們夫婦對坐而談。約翰說：「宋先生非常努力，才把這裡做到今天的規模。事情都規畫得好好的，整理得清清楚楚，等於先幫我們做了很多。」

「做餐廳非常辛苦，是不分日夜的工作。」坐在他身旁的宋德貞說：「但我看著我爸媽這樣走過來，我想說如果他們都辦得到，我們應該也可以，因為我們是新一代，年輕有活力。」只是約翰會碰上語言不通的狀況：「這些廚師不太會講英語，我又完全不會中文，和廚師溝通很困難。」

這對宋德貞不成問題。由於父親是客家人，母親是廣東人，她會客家話也會粵語，大學畢業後還在香港工作了一年。

「我們好好經營，他們應該會覺得很欣慰，因為這間餐廳就像我爸媽的孩子，尤其對我爸而言。」她說：「我覺得他永遠不會退休。不過他現在學會稍微放手了，希望我們能跟隨他的腳步。」

❖

全世界什麼都不能給我這種感覺
遊行穿得再美　也比不上我破曉日的感覺
黑夜變白天　感覺太特別
油桶盤[6]和鋼鼓樂團　就是今天的一切

感覺就是……跳起來
感覺就是……跳起來
感覺就是……跳起來
感覺就是……跳起來

我走進宋德學的廣播電臺「96.1 WEFM」之際，電臺正播著〈感受這氣氛〉（"Feelin' de Vibe"）這首歌。這首索卡舞曲出自以「中國洗衣店」（Chinese Laundry）之名走紅樂壇的安東尼．

6 譯註：早期千里達居民參加嘉年華，會把油桶切割製成的大盤套在脖子上，一面敲打一面遊行。鋼鼓樂團演奏用的鋼鼓亦是切割油桶製成。

周（Anthony Chow Lin On，音譯）之手，他是華裔千里達人的第二代。在為期兩天的嘉年華遊行中，播出頻率最高的歌曲即可贏得年度「馬路遊行曲」（Road March）的頭銜，這首歌也在眾多角逐者之列。

宋德學在協助「長城」開業後，在一個更有賺頭的領域找到了立足之地——他成為當地音樂界和娛樂產業的製作人。如今他有96.1 WEFM的部分經營權——這是全國一流的ＦＭ廣播電臺，專門播放加勒比海風的都會音樂。此外他還與人合夥經營兩間很熱門的夜店，「禪」（Zen）和「椰子俱樂部」（Club Coconut）。

電臺正對面就是「女王公園橢圓體育場」（Queen's Park Oval），也是民眾心目中的板球聖地。千里達的板球超級巨星布萊恩．拉然（Brian Lara）就是在這裡出賽。

我望著牆上他與布萊恩．拉然的合照。「他是我朋友。」宋德學向我說明。

四十歲的宋德學頗為低調，也出奇內向，和我預期中音樂製作人光鮮亮麗的形象天差地別。他中國化的程度比我想的還深得多——他不但講客家話，也認同中華文化，即使他在旅居加拿大期間只和千里人往來，這讓母親很不能接受。（母親希望兒子能找個香港女孩定下來。）

只是和他見面的這天下午，看得出他心情很差。原來是因為「椰子俱樂部」當天清晨遭人闖空門。感覺這不是談話的好時機，不過他還是答應幫我導覽，也和我聊到父親在當地的盛名。

「我覺得我爸在千里達這麼有名，當然是個加分，但是這也代表你得一直努力去達到他立下的標準。以他為人謙和及受尊敬的程度，我要能有他的一半，就已經很了不起了。」

他雖有父親的資助，卻也學到父親的生意頭腦，打造出自己的事業。「我做生意的時候比較強勢一點，這也就代表不是每個人都那麼喜歡你。」

「你會回去做餐廳嗎？」

「也許有一天我會回到當初開始的地方吧。」他說。「但做餐廳不容易。要回到餐飲業，真的得下定決心才行。」

「想過要搬回加拿大嗎？」

「全世界我只想待在這裡。這裡對我來說是天堂。千里達就是天堂。」

❖

機場停車場旁有個小吃攤賣的千里達三明治（doubles）很有名——這是千里達的傳統小吃，用兩張麵餅夾咖哩鷹嘴豆醬。這是僑民的小小儀式，總要在上飛機前品嘗最後一口千里達美食。

我和宋耀金就在攤子旁吃起來，他說：「下次你在機場過海關，跟他們說你來找宋先生，他們會給你特殊待遇。他們都認識我。」

很多人都希望他到西班牙港開餐廳。他一手帶出來的人，從廚師、經理到領班，很多人都在離開「長城」後開了自己的餐廳。但他不想和這些人競爭，因為「他們還是這個家的一分子」。

「我想我永遠不會退休。這間餐廳就像我最後一個小孩。就算我沒別的事好做，還是會過來待個半小時，看看我養的金魚，進廚房轉轉，確定一切都沒事。有時候我也會跳下來招呼客人。他們就像我家裡人。」

宋耀金和許多海外華人一樣，依然堅守許多中國的傳統價值觀，好比謙虛、勤奮、顧家、為下一代犧牲奉獻。我們相處的時光即將告終之際，我又回到那個老問題：定義我們的，是國籍？還是種族？我想知道他是否真的離開過中國，就精神上來說。

「我是中國人。」他這麼回答：「我十二歲就到這裡，但我歸化成千里達的國籍，我現在是千里達人了。」

第四章

沒錢就沒島

肯亞・蒙巴薩

坐我隔壁的男人胸上傷口纏了繃帶，血滴在他的白長褲上。

我人在蒙巴薩（Mombasa）的警察局。室內燈光昏暗，牆上藍白兩色的漆已斑駁不堪，天花板的吊扇使勁轉動，好讓室內保持涼爽。這裡畢竟接近赤道，夜裡還是很熱。等著向值班警員報案的包括我共有五個人。局裡只有兩張辦公桌，值班的女警坐在其中一張桌前，盡她所能逐一處理我們的案子。這時有個頭上包著繃帶的年輕人走進來，傷勢更重的樣子。警方肯定會讓他排在我前面。

無所謂，反正我人沒受傷。我只是來報案說我被搶了。

那天傍晚我正要去一間二十年前吃過的中餐館，中途走過莫伊大道（Moi

Avenue，這條街是因肯亞第二任總統丹尼爾・莫伊（Daniel Moi）得名，他也是肯亞任期最久的總統）。當時街上沒什麼車，人行道也沒路燈照明。我走過一間巴克萊銀行（Barclays Bank）。

我突然聽見背後有腳步聲，想必有四個人，也許五個吧，都是十七、八歲的年輕人。其中一人湊到我面前，一邊揮舞開山刀；另一人一把抓走我的肩背包；第三人把手伸進我的褲子後口袋，我的皮夾隨之消失。這一切不過三秒鐘的事。他們隨即快步跑進對街貧民區的暗巷中。我丟了相機、錢、旅行支票、信用卡，還有護照、駕照，等於連加拿大的身分也丟了。這整個過程，銀行那兩名纏著頭巾的保全人員都看見了，但他們也只是漠然看著而已。

「他們一直跟在你後面。」其中一名保全說，這兩人都是錫克教徒。

「他們是索馬利亞人。」另一人接口，不帶絲毫同情之意。索馬利亞內戰以來，有大批難民湧入肯亞。

我大驚：「你們兩個一直在旁邊看，卻沒想到來幫我？」

兩人之中的高個子算是好心，終於去公用電話亭打電話報警。我則坐在人行道路緣等警察來，感覺像等了一輩子。

到了局裡，又等了一個多小時才輪到我。警員填了報案三聯單。她辦完該辦的手續後，要我到外面等，會有警官來帶我回飯店。警局外有兩名警察抽著菸。

「警官待會兒就會回來。」其中一人邊抽菸邊說：「他在接另一通電話。」

「你從哪兒來？」另一人問我：「去了馬林迪（Malindi）那邊的海灘嗎？」

我實在沒心情閒聊，只想趕快回飯店。不知道去首都奈洛比（Nairobi）辦新護照要多久，我四天後就要搭飛機去模里西斯。

回到飯店後，我到屋頂酒吧，把握最後點餐機會，用僅剩的一點現金，點了坦都里烤雞當晚飯。萬幸我把機票留在房間沒帶出門，包括到北部海岸拉穆鎮（Lamu）的來回票、回奈洛比的單程票、去模里西斯的單程票，還有三週後回多倫多的機票。

夜裡涼爽許多。我對面坐了兩個人，在一棵大型盆栽樹下打情罵俏，開心得很，但我不然。我已經沒錢借酒澆愁，只想倒頭大睡。

時間是二〇〇〇年十一月二十一日，剛過午夜。我看著電視上的CNN突發新聞，不覺間睡著了。美國總統大選結果未定，佛州重新計票，高爾（Al Gore）正在為自己的政治生涯做最後一搏，而我只不過是處理生活中的小小狀況而已。

❖

我初次走訪非洲大陸是二十年前的事。那時我在奈及利亞工作，在回蒙特婁的家之前，把握機會走訪了好幾國，包括肯亞、埃及、摩洛哥，還多跑了另一段行程——我從開羅經過西奈半島的檢查哨，去了耶路撒冷一趟。

八〇年代的奈洛比是喧囂中的一片祥和淨土，洋溢獨特的英國殖民風情——有圓柱狀的郵筒、圓環、紅色雙層巴士，以及我享用下午茶的地點「新史丹利飯店」（New Stanley Hotel）。這間飯店是以亨利・莫頓・史丹利爵士（Sir Henry Morton Stanley）命名。他最知名的事蹟，就是去非洲尋找失蹤的蘇格蘭傳教士暨探險家大衛・李文斯頓（David Livingstone）。李文斯頓為了尋覓尼羅河的源頭，在非洲荒野吃盡苦頭，與外界失聯多年。史丹利奉命到非洲找出李文斯頓，待終於見到他時，史丹利開口問：「我想，您就是李文斯頓博士吧？」（"Dr. Livingstone, I presume?"）這句話就此成為傳世名句。

這就是我先前印象中的英屬東非。史瓦希里海岸（Swahili Coast）。塞倫蓋提（Serengeti）國家公園。維多利亞瀑布（Victoria Falls）。

我那時正巧受某個日本相片圖庫委託，到肯亞的納庫魯湖（Lake Nakuru）拍攝逾百萬隻紅鶴在湖邊覓食的奇景。回程開車經過緊鄰赤道南界的一個小鎮，整個鎮被鋪天蓋地的油燈照得燦亮，恍如夢境。原來我正好碰上印度教的排燈節（Diwali）。旅居海外的印度人正在大肆慶祝，女性穿上自己最稱頭的紗麗，個個明豔動人。

等我回到奈洛比，突然好想吃中國菜，就在某商業辦公區找了間中餐館吃飯。我已經不記得吃了什麼，也不太記得那餐館的樣子，但我記得和老闆相談甚歡，隔天他還載我去蒙巴薩。

我同樣不記得他的名字，去蒙巴薩的八小時車程也成了模糊的回憶。但我記得他是在非洲出生的華人，中等身材，曬得黝黑，差不多快三十歲，開一輛白色賓士。到了蒙巴薩，他送我到飯店門口，還邀我隔天去他在蒙巴薩開的另一間中餐館吃午飯。

「香港酒家」（Hong Kong Restaurant）座落在四面都是白牆的園子裡。主建物是一棟大平房，有露臺座位區，印度洋美景盡收眼底。我這個新朋友過來招呼我，推薦我吃西瓜炒牛肉和木瓜燉雞湯。

世界各地的中餐廳以傳統中菜烹調技術結合當地食材，創造出今日所謂的混搭菜（hybrid cuisine），並不稀奇。

但在非洲喝到燉湯？這絕妙的體驗至今仍在我腦際縈迴不已。

「燉」是粵菜的烹調技巧，作法是在大鍋中把水燒滾，再將密封的陶鍋放入大鍋中，隔水慢熬。如此不僅能煮出食材細緻的風味，更能封住食材，保存裡面的各種營養素——假如煮的是魚翅、燕窩等昂貴食材，這點就格外重要。然而燉湯的時間可長達五小時以上，對大多數的廚房都是耐性的考驗。

這就要講到我最愛的一道菜——中菜筵席上常見的燉冬瓜盅，也就是把整顆冬瓜挖去肉和籽後當成內鍋，湯就直接在冬瓜裡燉煮。冬瓜皮上往往還會有精美的手工雕刻，例如龍鳳圖樣或「福」、「壽」等字，上桌時總會引來賓客驚歎連連。

還有，誰能忘得了我母親燉的超美味雪耳糖水？「雪耳」兩字更為這款甜湯添了幾分詩意。燉糖水的食材可有多種組合，如木瓜、水梨、龍眼乾、蓮子、紅棗乾、黑棗乾、杏桃乾、南北杏等等。

「這些材料燉的糖水對身體很好。」以前我母親常這麼哄我，讓我吃得津津有味。雪耳其實就像燕窩，但價格便宜得多。秋冬兩季空氣乾冷，雪耳正可提供潤肺補身的養分。

我在「香港酒家」的廚房走了一圈，發現廚師清一色是肯亞人，就更佩服了。誰能相信我居然能在非洲大陸吃到上好的中國菜，而且整個烹調過程完全沒有香港廚師幫忙？

餐廳再過去幾條街就是耶穌堡（Fort Jesus）。這是葡萄牙人在一五九〇年代建造的城堡，以護衛蒙巴薩的港口，常被視為西方勢力首度對印度洋貿易確立影響力的證明。

我受介紹看板吸引，就去考古博物館看一個海底寶藏的展覽。我的好奇心整個被勾起來，莫非是亞特蘭提斯失落的寶藏？結果展示的是明朝器物，有瓷器和鐵器，是從近海處的幾艘沉船中打撈上來的。展示間中央放著一艘十五世紀東非單桅帆船的複製品，舵的設計很獨特，導覽員說這種舵只有那個時代的中國船隻上有。

以歐洲為中心的世界史觀裡，有關中國對印度洋和東非海岸在文化層面的影響，往往只是輕描淡寫，甚至隻字未提。然而中國早在古代就與非洲建立關係。早在大約西元前一世紀的漢朝，中國就建立了行經阿拉伯半島的海上貿易路線。一三二〇年，宋朝的製圖師就畫出非洲南部；一四一八年左右，明朝的鄭和率領艦隊抵達史瓦希里海岸的馬林迪——這是在葡萄牙探險家瓦斯科・達・伽瑪（Vasco da Gama）繞過好望角（Cape of Good Hope）、抵達馬林迪前整整八十年的事。鄭和的艦隊回航的路上，馬林迪的蘇丹還派出特使進獻一隻長頸鹿給中國當時的皇帝。

我隔天花兩小時去了北海岸一趟（有一段路是搭便車，坐在卡車載貨區頂上），到馬林迪走走，也去了那邊的白沙灘。自古以來馬林迪就是港口城市，也是歐洲探險家前往印度途中的停留站，一度在東非居主導地位，唯有蒙巴薩與之旗鼓相當。

我找到瓦斯科・達・伽瑪石柱，這是他為了輔助船隻導航，在一四九八年建造的，矗立在海邊的山崖上。然而這裡卻毫無中國人曾在此登陸的痕跡。

❖

一三七一年，鄭和出生於雲南省，家人都是回族。當時雲南一帶仍為蒙古勢力範圍（元朝為一二七九年至一三六八年）。明太祖朱元璋派大軍平定雲南，年幼的鄭和遭俘、施以宮刑（當時慣用於俘虜的刑罰），被派至皇子朱棣的王府當太監。朱棣就是日後的永樂大帝。

鄭和幼時即聰明伶俐，毅力過人，加上他長得高頭大馬，氣宇軒昂，隨侍朱棣南征北討，戰功彪炳，被封為內宮監太監。朱棣成為永樂大帝後，派鄭和率領艦隊，在一四〇五年至一四三三年間，遠赴南中國海及印度洋，做了七次航海遠征考察，對後世影響深遠。

鄭和艦隊的頭三次航行，遠及印度馬拉巴海岸（Malabar Coast）的卡利卡特（Calicut）。當時卡利卡特已建設成印度洋的商業重鎮，貿易活動興盛。鄭和應已在這幾趟航程中，見識阿拉伯人、印度人、中國人、索馬利亞人、威尼斯人交易珍貴的貨品和香料，製圖師則互相交換地圖。他想必也會注意到中國漁網（cheena vala），這是元朝忽必烈汗宮中的商人引進印度的。

鄭和艦隊第四次遠航，於前往波斯灣的荷莫茲島（Hormuz）途中，在馬爾地夫群島（the Maldives）略做停留。第五次則從荷莫茲島經葉門的亞丁（Aden）到摩加迪休（Mogadishu），沿著東非海岸往南到馬林迪，也就是現在的肯亞。

明朝時的中國可謂海上霸權，所運用的航海技術及造船工程，都遠遠超越當時的水準。鄭和首次出航是在一四〇五年，率領三百多艘船，載運兩萬八千人。西方世界直到第一次世界大戰時，才有這等規模的大型艦隊。鄭和的船隊包含六十二艘由艦隊指揮官與副手搭乘的「寶船」。每艘長達一百二十七公尺，共有九桅及四層甲板，可乘載五、六百名船員。

相形之下，九十年後哥倫布出航時搭乘的「聖瑪利亞號」（Santa María），尺寸只有寶船的五分之一，僅搭載五十二人。約一百八十年後，西班牙無敵艦隊（Spanish Armada）的陣容只有一百三十艘船，其中最大的大帆船（galleon）也僅五十五公尺長。

鄭和的艦隊有充足的武裝配備（包括軍隊，艦隊中也有運馬船），也載運多種珍貴寶物（絲、瓷器、漆器），以向世人展現中國的國力與財富。此外船上還有地圖製圖師、星象學家、天文學家、藥理學家——連協助籌備官方接待儀式的禮賓官員也在內。

他們回程則帶了寶石、象牙、多種香料、珍禽異獸（如鴕鳥和斑馬），以及各國使節——因為這些國家的國王和統治者自願成為中國的屬國。

我認為這些海上的英勇事蹟，對中國人及中華文化擴散至全世界，有重大的影響。一般認為華人在南洋定居的歷史可追溯至唐朝，但直接導致中國人大量遷移至東南亞，是五百年之後的明朝航海壯舉。

在這些移居東南亞的華僑眼中，鄭和是備受尊崇的民族英雄，也被奉為神明供人祭祀，許多中國寺廟都以他為名。我小時候住在新加坡的那段時間，不僅讀過「三寶太監」的傳奇故事，還看了許多描寫他海外探險的連環圖（臺灣稱漫畫）。

還有一則頗不可思議的民間傳說，大意是榴槤果實之所以會有獨特的臭味，是因為鄭和曾經在榴槤樹下小解。

不過更重要的是，我從這些故事和連環圖中得知鄭和是穆斯林。中國與伊斯蘭世界之所以能建立關係，得歸功於他扮演要角。他曾親自監造東南亞地區的清真寺。據說在他於第七次航程間過世前，曾派出另一小型艦隊北上前往紅海到麥加朝聖。

❖

我之所以會去帕提島（Pate Island），是因為看了紀思道（Nicholas Kristof）在一九九九年六月六日那期的《紐約時報雜誌》（*New York Times Magazine*）中寫的文章〈一四九二年：前傳〉（"1492: The Prequel"）。他提到的一些重要訊息，令我起心動念。

紀思道在文中試圖探尋古代中國某艘船海難的傳說，據說這場海難最終使得一群中國人在非洲海岸定居。他一路追蹤，結果在帕提島上找到這群中國人的後裔。帕提島離拉穆鎮只要坐一趟船就到。拉穆鎮已被聯合國教科文組織列為世界遺產，從馬林迪往北開車五小時即可抵達。

紀思道說他在帕提島上遇見一個部落，部落中的居民聽長輩說過，中國明朝有船員因為在非洲近海遇難而來到此地，他們都是這些船員的後裔。他還發現這些居民不僅有中國人的五官特徵（膚色偏淡、細細的鳳眼），還擁有中國的器物（如瓷器、陶器），風俗習慣也與古代中國有密切關聯（如打鼓的方式、編織籃子的式樣、當地的製絲業、墳墓的形狀等），與不過十公里之外的非洲大陸，卻有天壤之別。

中國在明朝期間，國際貿易與跨國遷移十分盛行。泉州市是海上絲路起點，也是鄭和下西洋的重要停留點，有多達二十萬名的外國居民，從阿拉伯人、波斯人、馬來人、印度人、非洲人、土耳其人，不一而足。

世人常以為中國人對外面的世界一無所知，但其實他們的見識比大家想的廣博許多。

那為什麼中國人不像歐洲人，去殖民東南亞和非洲？紀思道認為有幾個理由。其一，中國王朝的本質較為封閉，皇帝向來不信任經商與貿易之人；其二，中國人單純對殖民新領土不感興趣，他們只想向遙遠的國度宣揚國威。

鄭和於一四三一年第七次遠航。但永樂大帝之後的繼位者卻認為遠航勞民傷財，下令廢除船隊，燒毀所有的地圖與航海計畫。中國先進的造船工程與航海技術就此佚失。中國轉向鎖國政策，不與外界往來。

帕提島勾起我的好奇心，驅使我來到肯亞——我希望能把找尋中餐館的任務和該島的華人族群結合在一起。

❖

打從在蒙巴薩吃過那頓中國菜後，我就決心再次找到「香港酒家」。結果很巧，我認識了雷蒙．楊（Raymond Yeo，音譯）。他是我朋友爸媽的鄰居，住在多倫多市郊。

七十歲的雷蒙長得瘦瘦高高，是南非華僑，一九六一年搬到肯亞。先是在奈洛比開了將近三十年的中餐廳（店名為Mandarin Restaurant），才移民到加拿大。我問起蒙巴薩的「香港酒家」，他馬上說自己認識那邊的老闆理查．劉（Richard Lau，音譯），和他們家也很熟。他說劉家也是從南非搬去肯亞的，那時理查是家裡唯一的小孩，開一輛白色賓士。

我問雷蒙為什麼要離開南非。

「我是南非人，但我是有色人種。我不想在種族隔離制度下過日子。理查他們家之所以離開，大概也是這個原因吧。」

那為什麼去肯亞？

「肯亞是英國殖民地，講法治，環境也比較安定，有點人間天堂的感覺。」他回道：「我們覺得在那邊一定可以和當地人平起平坐。當時那裡的中國人很少，大部分都和我們一樣從南非來，到這裡開餐館。那些年奈洛比的中餐館有三大，就是『Pagoda』、『香港』、『Mandarin』[1]。」

那一刻我明白，二十年後，我找到了重返肯亞的那個連結。

❖

遇劫隔天早晨，我走出飯店，卡茂（Kamau）已經在計程車裡等著，準備載我去蒙巴薩機場搭機，前往拉穆鎮。我前一天抵達蒙巴薩時，坐的就是他開的計程車。從機場到我下榻飯店的短短路程間，我們已經成了朋友。

我對卡茂說了前一晚被搶的事，所以去不成帕提島了。他可以先帶我去內政部報案說護照遺失嗎？辦完手續，我還得搭最快起飛的班機回奈洛比。

「沒錢就沒島嘍。」卡茂微笑道。

「我也沒錢給你喔。」我對他說。

「沒問題。等你到奈洛比了，再寄匯票給我。」

我運氣一直不錯，總會碰到既親切又樂於助人的計程車司機。好比之前我在伊朗的伊斯法罕（Isfahan）碰上滿棘手的狀況，多虧我那個計程車司機幫忙，和一個貌似「薩瓦克」（SAVAK，伊朗巴勒維王朝時期的國家安全及情報部門）的幹員交涉。還有一次我去泰姬瑪哈陵，半夜身體突然非常不舒服，也是靠我的計程車司機載我跑遍阿格拉（Agra），尋覓還沒打烊的藥房。

我坐著卡茂的車，在互踢皮球的政府機關之間東奔西跑了兩小時，填了一堆三聯單——這是英國留下來的傳統。（有一度某個打字員的打字機色帶用完了，我們還得等她去別的地方拿新色帶回來，才能繼續作業。）但卡茂似乎並不在意，對這整個流程也熟悉得很，包括何時該插隊。接著他載我到機場，正好讓我及時趕上下一班飛往奈洛比的短程班機。

一回奈洛比機場，我就去旅行社櫃檯找瑪格麗特。不過一天出頭之前，我從倫敦來到奈洛比，就是她幫我安排去蒙巴薩和拉穆鎮的機票，還幫我訂了回程要住的奈洛比希爾頓飯店。她一聽說我在蒙巴薩的遭遇，馬上請同事帶我去加拿大駐肯亞的高級專員公署，又去了匯豐銀行和美國運通（它的廣告詞講得一點沒錯，「出門別忘它」）。

接下來的兩天，我都待在飯店房間看電視上轉播的板球賽，疑神疑鬼不敢出門。這次遇劫害我一顆心七上八下——就怕再度遇襲被搶。

然而我除了耐心等候，無事可做。

第三天，我終於拿到新護照，鼓起勇氣出了門，到「城市市場」（City Market）把我答應卡茂要付的車資匯給他，又去了「香港酒家」的奈洛比分店，也就是我初次遇見理查的地方。

這麼多年過去，理查還是我想像中的模樣——娃娃臉加上幾絲白髮。他還記得載過我一程。我說我是透過楊先生找到他的，他也記得雷蒙叔叔。

「真是好久以前的事了——我們倆那時好年輕啊。」他呵呵笑著說。他四十八，小我兩歲。

「我記得你開一輛白色賓士。」

---

1 譯註：因查證「香港酒家」以外的另兩間中餐館之中文店名未果，鑑於外國的中餐館未必有中文店名，中文店名亦未必為英文名稱直譯，故保留原文，以符合當地人士識別的名稱。

「是銀白色。」他更正。

理查在南非的普利托利亞（Pretoria）出生，但對那裡的記憶已經模糊。他家在一九五九年從南非搬到肯亞，兩年後在蒙巴薩開了「香港酒家」，之後又在奈洛比開了這間分店，目前由他姊姊經營，另一個姊姊則負責也開在奈洛比的「龍珠酒家」（Dragon Pearl）。

「你想過移民嗎？」

「沒有，從來沒有。我是百分之百的肯亞人。我愛非洲。」

我對他說，我記憶中的那個蒙巴薩已經不存在了。

「你上次來是八〇年代的事，在那之後肯亞就走下坡了。」他說：「不但沒水，電話也不通。劫車案件和暴力犯罪都很多。」

「我到『香港酒家』的路上就被搶了。」我終於跟他說了這件事。

「你得更小心才行。」他說，一點想安慰我的意思都沒有。「出門的時候要隨時提防周圍的人。」

「我沒想到要提防這個，我以為還在八〇年代呢。」

我跟他講了為何事隔多年還想追查他的下落——我想拍紀錄片，講他的人生經歷和他開的餐廳，但他對此沒什麼興趣。講得白一點就是：他好像有所隱瞞，不願正面回答，但答應我會考慮一下，還要我隔天再來吃午餐。晚餐後他開車送我回希爾頓飯店。他接著還要去朋友的派對，但沒邀我一起去。

結果隔天他根本沒空見我。他忙著在餐廳最裡面開會，我只好自個兒吃飯。之後他為了載親戚去機場，又得趕著離開（那個親戚目前負責管理「香港酒家」的蒙巴薩分店，也就是我被搶那晚正要去的餐館）。我們沒時間交談，但他答應會跟我保持聯絡。他說完這句話就走了。

我隔天早上就要出發去模里西斯，只得放棄肯亞的尋訪計畫。

在這個國家的最後一晚，我在「新史丹利飯店」的「金合歡咖啡廳」（Thorn Tree Cafe）欣賞某個東非爵士樂團的演奏，邊享用塔斯克（Tusker）拉格啤酒邊想，要是肯亞能對我友善一點就好了。

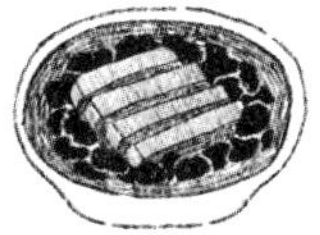

第五章
強悍一族
模里西斯・聖朱利安

「聽說你在找中式克里奧菜。」

有個戴眼鏡的中國男人過來對我說，講的是法語，看來六十歲出頭，舉止談吐溫文有禮。當時大約下午一、兩點。我沒見過他，他卻主動到我下榻的「聖喬治」飯店（Le Saint Georges）來找我。接待櫃檯的人好像都認識他。

「『曼努奧之家』（Chez Manuel，中文名「滿意飯店」）的菜是我們這島上最好的。你今天晚上離開之前去試試看。」男人說著遞給我一張名片，上面寫著「Joseph Tsang Mang Kin（曾繁興）／前藝術與文化部長」。

消息傳得真快。我這三週都在鄰接印度洋的幾個非洲國家取材，尋找當地的中餐館，今天傍晚就要去巴黎，為非洲之行畫下句點。萬一我真能找到理想中的餐館，下次就會帶著攝影團隊回來。

但這人怎麼會知道我在找中式克里奧菜？他說消息來源是「模里西斯電影開發公司」的某個前員工。我當天早上才和那人見過面耶。

「要不然你今晚去機場的路上，到我家來坐坐怎麼樣？我家在芙蘿蕾奧區（Floréal）。」曾先生說完這句話就走了。

現在既然有了新情報，我馬上叫計程車司機拉莒（Raj）過來。我幾天前剛下飛機時，就是他來機場接我，也在這段時間成了我的得力嚮導和朋友。他總是把計程車停在飯店前面。

「我知道這在哪裡。我載客人去過。」拉莒說：「你不如先去打包辦退房吧。我先帶你去那間餐廳，再從那邊去機場。」

我坐著拉莒的計程車，在這島國密如蛛網的羊腸小路上奔馳，經過印度人開的雜貨店、中國人開的麵包店，穿過被午後豔陽照得綠油油的大片甘蔗田。儘管路上沒什麼車，拉莒還是不斷猛按喇叭。

「你應該和我太太珂蕾特（Colette Li Piang Nam，中文名林慶平）談。」我進了那間餐廳，老闆曼努奧・李（Manuel Li Piang Nam，中文名李定權）[1]一邊招呼我一邊說。他年紀將近六十，儘管板著一張臉，態度倒是很和氣。他已經知道我要過來——原來曾先生是他姊夫，先打過電話通知他了。

這位前任部長為什麼料定我會跑這一趟？

這時珂蕾特從廚房出來。五十五歲的她，一張圓臉笑容可掬，對我的稱呼是法語對熟人說的「你」（tu），而不是較為正式的「您」（vous）。我不會講客家話，他們夫妻倆的英語也不算特別好，所以我們就用法語交談。

「As-tu déjà mangé?」

吃飯沒？珂蕾特問候我的法語同樣是華人表達「你好嗎？」的慣用語。那時早已過了午餐時段，廚房想必也關了。但我還來不及回應，她就主動說要幫我做「la spécialité de la maison」（今日特餐）。

「噢不用，真的不用麻煩。」我完全口是心非。

老實說，我跑這一趟就是為了這裡的菜。更何況照中國人的禮俗，拒絕主人的款待是非常失禮的，無論當下時間多早多晚，也不管你有沒有胃口。

我跟著她到廚房，看她做這道番茄煮魚（poisson sauce tomate）的步驟。她先把石斑魚柳煎過，然後開大火，把洋蔥、大蒜、辣椒、百里香在炒鍋中炒到轉為褐色，再加入番茄丁。這當中她不時會沾點醬汁放在手掌上，舔一下嘗嘗味道對不對。好廚師就是這樣，做完每個步驟都要嘗一下味道。接下來用小火把醬汁煮個幾分鐘，加入木薯粉勾芡，最後再放入魚片，煮大約三十秒，Et voilà（就

---

1 譯註：在本章受訪的李氏夫婦雖有中文姓名，仍慣用外文名，亦以法語受訪，故在本章中皆以外文名稱呼。夫妻兩人的外文姓氏沿襲模里西斯華人命名傳統，為最早遷移至該國的祖先全名「Li Piang Nam」，經作者建議從中文姓氏「李」。

成啦）！

上桌的除了番茄煮魚，還搭配炒青菜和滿滿的白飯。我和拉莒馬上狼吞虎嚥起來。我對珂蕾特說我喜歡這道菜有大蒜的「香」和紅辣椒的「辣」。

「這是我自創的中式克里奧菜。」珂蕾特講得眉開眼笑：「我的客人都很喜歡。有時候印度客人來，我就會加點咖哩，讓它再辣一點。」

「那妳老家的客家菜呢？」

「噢，那個我也做呀。不過你知道嗎，克里奧菜其實是非洲、法國、中國、印度幾個國家的菜綜合起來的，別的地方找不到。也可以說，這麼多種菜在我們這個島上融為一體。」

「就像熔爐（Comme un melting pot）。」我不知該怎麼用正確的法文詞彙形容這種文化與烹飪風格的融合，只好來個半法半英。

「Oui，tout mélangé（對啊，什麼都混在一起了）。」她笑著說。什麼都混在一起，就像這個國家。

珂蕾特忙完了坐下來，講起她如何從客家的貧苦人家，一路打拚成為餐廳老闆的經歷。她的手藝已然令我驚豔，她曲折動人的人生際遇，更令我確定要拍的就是這裡了。

「我一手打造了這間餐廳。」她用的字是法文動詞「créer」（創造）。餐廳全套中式模里西斯菜的菜單，也是她一人開發的心血結晶。她答應等我下次過來，要再做別的中式模里西斯拿手菜，像是番紅花章魚（ourite safrané。Ourite 是模里西斯克里奧語的「章魚」）。

「但我不能把食譜給你喔——那是我的祕密。別人可以想辦法做同樣的菜，但絕對不會有我的味道。」

我在這裡尋訪中式模里西斯菜，整整四天卻一無所獲，卻在離開非洲前的幾小時，找到了我想要的餐廳故事。

❖

我對模里西斯活躍的華人族群向來不陌生。

我一歲那年，父親把全家從香港搬到新加坡，經營一間大宗物資交易商。他交易的商品有糖、橡膠、棕櫚油等，和模里西斯的華人業者往來頻繁。我小時候很愛集郵，父親和模里西斯這些業者的通信，信封上都有花花綠綠的模里西斯郵票，我會搶先據為己有。

我第一次去模里西斯前，多倫多有不少華裔模里西斯朋友提供我各種線報（例如那邊的某某某是他們家人；誰誰誰是他們老朋友），還熱情替我引介他們在當地社群的人脈。我透過這些當地的聯絡人，很快就找齊了一批社群領袖——有各種社團和商會的會長、數間交易商的高階主管，還有當地電信公司「模里電信」（Mauritel）的董事長。我抵達後，他們在皇家街（Rue Royale）上緊鄰唐人街牌樓的「第一飯店」（First Restaurant）以港式飲茶午宴為我接風，還興致高昂談起當地的客家華人社群，不僅人數多達三萬人，彼此感情更是緊密。

「客家」兩字顧名思義，就是「客人組成的家」，是漢族的分支，也是漢語系中的一種方言，最早的歷史可追溯至兩千多年前。千百年來，客家人從中原向南遷徙，約於十六世紀在廣東與福建兩省數縣落地生根。

客家人或許是中國各族支系中，流散範圍最廣的一族。

他們在十九世紀下半葉與二十世紀初，以中國東南方為基點，向全世界擴散——不僅到了印度與印度洋、加勒比海、美洲，更遠達南太平洋。模里西斯的華人絕大多數來自廣東省的一個縣：梅縣，用客家話發音近似「抹煙」。

❖

首度造訪「曼努奧之家」後的四個月，我、夸和紹華三人，在聖派翠克節的隔天迫不及待跨出機門，來到印度洋中這個陽光普照的熱帶島國。十二小時前，我們還在霧茫茫又冷死人的倫敦泡酒吧等轉機，現在終於可以暖暖身子了。

實際拍攝是整個案子我最喜歡的環節。事前的研究功課已經做完，為尋覓適合地點的焦慮也一掃而空，終於可以放輕鬆，盡情沉醉於說故事的喜悅。

模里西斯很多地方讓我想到新加坡。這兩國都是小島國，人口同樣由多個種族組成，同為轉口貿易中心，也都曾是英國殖民地，保有大英帝國的舊習——例如左駕。首都路易士港（Port Louis）

的熱帶殖民風情，也是我年少時很熟悉的——宜人的氣候、隨風輕搖的棕櫚樹、宏偉的殖民時期建築，還有英國銀行和賽馬場。

中國商人和交易商在十九世紀中葉期間首次來到模里西斯。遷移到非洲的華人會把這裡當轉運站，稍做停留後，再前往留尼旺島（Réunion Island）、塞席爾群島（the Seychelles）、馬達加斯加、莫三比克、南非等地。很多生意人沿著皇家街住下來，這一帶也因此變成了熱鬧的唐人街。

這裡的中國城在市區占了四個街區，酷似新加坡六〇年代的唐人街，感覺簡直就像走在老家的鄰里間——漆成五顏六色的店面、一條條的拱廊商店街、刻著中文字樣的水泥柱。就連沿路的排水溝也都很眼熟。

今晚，我們攝影團隊抵達後的第一餐，就在「第一飯店」（店名還真合適）。他們自稱供應的是「正宗客家菜」。老闆吳龍昌（Mike Ng）還記得我上次那趟取材和一群當地華人來吃午餐。他同時也在「戰神廣場賽馬場」（Champ de Mars Racecourse）當賭彩經紀人，所以我們那次午餐後就去看了賽馬。

這晚我們三人點了牛肉丸湯、鹽焗雞、釀豆腐、內餡包了魚漿和蝦漿的釀苦瓜，全是客家標準菜色。

我不吃苦瓜，因為苦瓜性寒。我的中醫常叮囑我，體內的「熱性」與「寒性」、「上火」與「降火」間必須維持平衡。我體質偏寒，所以他建議我像香蕉和芥菜這類的寒性食物統統不能吃。紹華沒有體質方面的顧慮，我們無論去哪個國家拍片，他都百無禁忌開懷大吃。

我和夸都在香港長大。香港接納客家人和客家菜的歷史，可以說回二十世紀初，有許多客家人跨越廣東省與英屬香港的邊界，就此住了下來。邊界漏洞多，要過來並非難事。

「這真的好臺灣喔！」紹華在我們飯後走出餐廳之際讚歎不已。這間餐廳不僅裝潢和氣氛都很像臺灣，連客家菜也和他小時候吃的味道一模一樣。十七世紀中葉，有大批客家人從福建渡過臺灣海峽遷移至臺灣，客家菜因此在臺菜中占有相當的分量。此地濕熱的夜，更令他想起南臺灣慵懶的夏日。

「這好王家衛喔！」夸則冒出這一句，此時的他已經徹底進入懷舊模式。皇家街上的情境與氣氛，完全把人拉回六〇年代的香港——正如王家衛許多電影中的景致。

我與夸和紹華合作愉快，因為我們三人有同樣的文化背景，除了語言習俗相通之外，如此這般的場景，更撩撥我們共有的情懷。

❖

聖朱利安（Saint Julien）村位於弗拉克區（Flacq），從路易士港出發，開上通往東岸海灘的公路，約四十分鐘就到了。這次我的司機同樣是拉莒。

「曼努奧之家」座落在大片甘蔗田中，四周用圍牆與田分隔，外觀並不起眼，但地方很寬敞。餐廳是棟平房，屋頂做成塔狀。屋旁是中式庭園，有迷你寶塔、水車、竹林等造景。

「你這次帶工作人員來啦？」珂蕾特一面招呼我，一面請服務生幫我們安排桌子、擺放餐具，隨即進廚房準備讓我們難忘的另一餐——咖哩魚和梅菜扣肉。

客家人居無定所，客家菜也因此從住過的各個地區汲取精華與靈感。其中最有名的就是醃肉和豆腐，特別是燉煮類的菜。關鍵在於把肉煮到透的同時，既要保持軟嫩的口感，又要自然帶出肉的鮮味。

《客家食譜》（*The Hakka Cookbook*）一書的作者劉玉珍（Linda Lau Anusasanan）稱客家菜是「實在、簡樸、鄉村味——是農人吃的食物，既簡單，又能療癒心靈」。

我最愛的療癒美食是梅菜扣肉。這道菜處理的程序較為繁複——先以小火燜煮五花肉，再將豬皮煎過，逼出油脂也軟化豬皮。然後把肉與梅干菜、老抽、糖、五香粉調製而成的醬汁一起燜煮至軟爛。這時肉已變得入口即化，用筷子輕輕一撥即可分開。梅干菜則吸足油脂與湯汁，變得潤澤晶亮，讓這道菜不但聞起來香醇，吃起來更是滿足。

我從來沒吃過這麼棒的梅菜扣肉，香港沒有，臺灣也沒有。

「這道菜是昨天做的。」珂蕾特對我說明。我母親常說燜煮的菜完成後先放一天會更入味、更濃郁，當然也就更好吃。

午餐後，我和珂蕾特到庭園散步，聊聊這間餐廳和她烹調的手法。午後極為濕熱，小蟲在我們身邊嗡嗡作響。負責收音的紹華三不五時就得拍打自己的手臂和腿驅蟲，根本沒法一直拿著麥克風不動。

珂蕾特的客家菜最初是跟父親學的，但之後都是自己的創作，像那道咖哩魚，就是融合克里奧菜與印度菜的結晶。「我們有很多印度客人。我們的生活圈本來就一直有印度人。」她說：「你知道我爸會講印度話嗎？因為來我們店裡的客人都是印度人，久了，我爸的印度話就說得很好。你不覺得很妙嗎？中國人會說印度話耶。」

珂蕾特婚後一直住在公公經營的店裡，也在店裡工作，還得服侍非常強勢又難伺候的婆婆。一九七〇年，她的忍耐終於到了極限，決心靠自己的力量創業——她離開夫家的家族生意，在聖朱利安擺起小麵攤，配料有牡蠣、番茄、咖哩，一盤賣二十五分錢，供甘蔗田的工人果腹。

「『曼努奧之家』就是這樣開始的。」她回憶道：「就像小鳥築巢，一點一點，生意就慢慢做起來了。全國各地都有人跑來聖朱利安吃我做的麵，還有牡蠣咖哩，和其他的模里西斯菜。」

生意愈做愈好，她為了製作新鮮麵條，經常工作到深夜。有一晚她的右手臂卡在麵粉攪拌機裡，醫生說這傷至少要兩年才能完全康復。

「受傷之後，我不曉得哪來的力氣繼續工作。我只能用一隻手耶。」看得出她說這句話的時候強忍著情緒。「我那時候真的很拚，要是趕不上進度，還會難過到哭。」

當然，有那麼多客人上門是好事，她說當時每天大約有一百至一百五十人。「但裡裡外外只有我一個人。」後來她的傷不到三個月就痊癒了，只是在前臂上留下明顯的傷疤。

一九七五年，熱帶氣旋「哲維斯」（Cyclone Gervaise）在模里西斯造成嚴重災情，也夷平了珂蕾特的麵攤。這次她決心一定要在混凝土蓋的樓房裡開店，做成一間餐館該有的樣子。「曼努奧之家」就這樣誕生，儘管沒有華麗的排場，卻有更大的廚房，讓她得以發揮長才，把模里西斯的多元文化——克里奧、印度和她的客家背景熔於一爐。生意就此蒸蒸日上。然而六年後，她厭倦了重複一成不變的菜色。

珂蕾特當時對自己說的是：「先放掉客家菜吧。我想學更高級的，中國的正統廣東菜。」於是她讓餐廳歇業兩個月，到香港的烹飪學校進修。「我在那邊學到怎麼做不同的醬汁，像是豆豉醬、叉燒醬。我也學會中菜烤肉的技術，開始做叉燒啦、烤鴨（canard laqué）等等。」

她學成歸國後，餐廳重新開張，還邀請當時的總理來用餐。「這在當時可是件大事。」她用法語說著，拿出裱框的香港烹飪學校結業證書給我們看。這張證書現在放在吧檯後明顯可見的地方。如今她每年都會回香港學習新菜，不斷精進手藝。

即使「曼努奧之家」現在成功了，珂蕾特還是每天親自下廚。「我很喜歡做菜，但有時候還是需要幫手。餐廳一忙起來，幫廚不會管那麼多，就趕著隨便做一做，然後客人就會跟我抱怨。」

反觀她的先生曼努奧，彷彿無需擔心生計，只管做自己喜歡的事。儘管這間餐廳以他為名，他卻完全不涉入營運，也不管廚房的事。珂蕾特說先生只有在家才洗碗。這倒是很符合我印象中對客家家庭的描述，無論在中國或海外都一樣——客家人是母系社會，女性不但下田勞動，還得持家，大小事都由女性作主。

在我們數次拜訪期間，有天正好碰上珂蕾特解雇一個廚房工。她送那人出門的同時，曼努奧帶我到花園，向我介紹他種的各種熱帶植物和花卉。「這是莎梨（cythère; ambarella）樹。來，你吃過它的果子嗎？」」莎梨有金黃色的多汁果肉、鳳梨和芒果的果香，不僅可用於烹調多種菜餚，也可做成果醬、果汁或當沙拉配料。

曼努奧或許並未負責餐廳營運，卻用不起眼的方式貢獻一己之力——他悉心照顧花園，供應珂蕾特下廚所需的蔬菜。

❖

模里西斯是多元文化與種族的熔爐——印度教徒、回教徒、佛教徒、羅馬天主教徒一同在此生活；法語、克里奧語、英語、塔米爾語、印度語；客家語、粵語、華語都有人說。城鎮則有法文名字，像是「Bon Accueil」（歡迎）、「Beau Champ」（良田）、「Grand Baie」（大灣）等。

模里西斯最先是由阿拉伯人發現。葡萄牙人於十六世紀初展開航海探索時找到這裡，但島上杳無人跡。一百年後來了荷蘭人，並以他們的莫里斯王子（Maurits van Nassau）之名為其命名。荷蘭、法國、英國陸續殖民後，把這個島轉為製糖重鎮，種植大片甘蔗，還從馬達加斯加和非洲大陸引進奴隸。

模里西斯約從一六〇〇年代起，因荷蘭從爪哇引進契約工而有華人出現，只是當時人數不多。第一波大量華人移民則是一七八〇年代，當時模里西斯是法國殖民地。一八三五年完全廢奴後，英國便從印度引進契約工。如今模里西斯人口中約有七成是印度後裔。

法國殖民者和非洲奴隸間的跨種族婚姻，創造了克里奧文化，有自成一格的傳統和獨特的語言。如今克里奧語是模里西斯的通用語言，也是百分之八十五人口的母語。

如今模里西斯仍由法國人掌控大部分的產業及甘蔗田，當地政壇則是印度人的天下。全國一百二十萬人之中，華人只占不到百分之三，卻有許多人從事會計、工程、法律、醫學等專業領域，且曾在海外受教育。華人在商界也很活躍，零售業幾乎可說完全由華人獨占。

拿破崙戰爭後，拿破崙將模里西斯讓予英國，並要求英國允諾保存法國文化。如今模里西斯雖然以英語為官方語言，學校最先教的語言還是法語。我意外的是這裡竟然沒有英文日報，全是法文報紙，報上的政府公告寫的則是英文。街上的招牌則有英文、法文，或英法雙語版，不像魁北克對這兩種語言那麼敏感。或許整個社會都用雙語運作的情況下，用不著擔心由哪種語言主導。

大多數的模里西斯人都通曉三種語言，在克里奧語、法語、英語間切換自如，當然也會講他們各自家鄉的語言和方言。我去當地的「原子旅行社」訂前往非洲大陸的機票，就看到那裡有個嬌小的華人女子在三種語言間流暢轉換——先是在電話上用當地的克里奧腔調講話，再用法語和另一個人通電話，接著又用帶著模里西斯口音的英語和我對話。假如我聽得沒錯，她應該也講了客家話。

❖

珂蕾特的父母都是客家人，於一九二〇年代末來到模里西斯。父親一開始先在某個有錢人家當廚師，後來開了自己的小雜貨店。這裡和加勒比海的國家一樣，華人開的雜貨店遍布全島。有些店後來擴大規模，發展成連鎖超市。她父親的那間店如今仍在原址繼續營運——地點在東岸小鎮保列爾（Bel Air）一個繁忙的十字路口，距離珂蕾特的餐廳大約半小時車程。

「我有十個兄弟姊妹，大家都在店裡幫忙。我還記得我才七歲，就要賣米、賣布，還要洗衣服。」珂蕾特一邊帶我參觀父親的店一邊說。這店裡的陳設與氣氛我非常熟悉。我小時候住在新加坡，常去某些同學家玩，他們家往往就是這種老雜貨店樓上的閣樓，擺著四〇年代的家具，泛著木頭與灰塵的氣息。

她九歲開始下廚，做的第一道菜是用客家黃酒燒魚，典型的客家菜，結果大獲家人好評。「父親選我當他的幫手，我覺得很光榮。就因為這樣，我現在也成了掌廚的人。」

十二歲那年，父親要她輟學在店裡幫忙。到了十五歲，爸媽的朋友前來說媒，向父親提到曼努奧是個好孩子，不菸不賭更不上賭場，目前就在朋友的店裡做事。

「他和我父親一樣，很有生意頭腦。」珂蕾特說著點了點頭。「所以我爸沒什麼意見。」她和曼努奧隔年就結婚了，也開始在公公的店裡工作。隔年兒子保羅出生。

但珂蕾特在夫家過得並不快樂。「我是非常聽話的女生，我爸媽說什麼我就做什麼。他們總是跟我說，等哪天我結婚了，一定要聽先生的，聽公婆的。」

Surtout ta belle-mère（尤其是婆婆）。

「你知道有種婆婆就是很會壓榨媳婦。在模里西斯都是這樣，甚至連印度人也是。不過她叫我做的我都會做。她很愛使喚人。她不管叫我做什麼，我都只能說好。反正她就是把我當奴隸，但我跟自己說沒關係。我常一個人偷偷哭。和這種婆婆一起生活，真的很不容易。」

珂蕾特的父親在一九七〇年過世，家中的雜貨店由大哥接手。大哥一九九〇年走了之後，又把店傳給兒子喬治。喬治夫婦和兩個小小孩現在住在店鋪後面的小屋，也就是珂蕾特一家當年的住處。傳統的華人家庭都是這樣代代相傳，客家家庭更是如此。

我們離開珂蕾特家的雜貨店時已是黃昏，一行人繼續走向她二哥在幾條街外開的小吃店，這時傳出喚拜員提醒大家禱告的呼喚。二哥的小吃店賣的是中國菜和咖哩麵之類的印度食物，隔著木製櫃檯端給客人。他背後的鋁架上擺滿了葡萄酒和烈酒，一直堆到天花板那麼高。

「我二哥不像我那麼有企圖心。」我們走向那間小吃店的途中，珂蕾特說道。她不懂二哥為何不能像她那樣不斷上進，追求更大、更好的目標。她也明白自己想出人頭地的意念確實強過其他的兄弟姊妹，才會一直努力往上爬，擺脫童年經歷的貧困。

❖

我們的歷史在延續
我們的歷史迴腸蕩氣
漢人的回憶根深苗正

我們將文化和語言
從過去的夢幻
帶到現今的海岸[2]

曾繁興在自己所著的《客家史詩》（*Le Grand Chant Hakka*）一書中這麼寫著。他年近半百時首次回祖國探望父親的家人後，創作了這首長詩，既是對客家人的讚頌，也傳達他的渴望——正是這股渴望，讓兩千年的客家傳統至今生生不息。

我能找到「曼努奧之家」，全靠他最初提供的消息。他不僅是詩人，也是作家、歷史學者、外交官、哲學家。舉手投足間展現良好的教養與氣質，也愛好社交，廣結人緣。他在路易士港的唐人街出生，是十二人的大家庭。父親是從梅縣來的移民；母親來自西北部的龐普勒慕斯鎮（Pamplemousses），是第二代華裔模里西斯人。

我這趟到模里西斯，為了訪問他，再次去了他位於芙蘿蕾奧區的家。我們走進他凌亂的書房，一排排的書架說明了他是博學之人。

「客家人其實是來自黃河流域的魏國。」他對我說。魏國是戰國七雄之一。中國第一位皇帝則來自秦國，最終征服諸雄，於西元前二二一年統一中國（之後下令修築長城的也是他）。

客家人無意臣服於秦始皇，開始四處為家，或短暫停留，或落地生根。兩千年來，他們從黃河流域出發，居無定所。若有必要遷移，對原先棲身之地也絕少戀棧。

「所以我們是正宗的漢人。」曾繁興以嚴肅的語氣對我說。

世界上對中國人的一般印象就是漢人，但依照官方分類，中國人除漢族外，共有五十五個少數民族，包括維吾爾族、藏族、壯族、苗族，甚至回族（也就是中國穆斯林）。這些少數民族僅占中國總人口百分之八，卻仍多達一億人。

客家人是出名的保守、勤奮而傳統。父母都希望孩子嫁娶同族的人，我在模里西斯遇見的客家人也不例外。即使這個他們如今稱之為家的國度已經脫離殖民時期，成為現代的文化熔爐，他們仍不遺餘力保存自己的語言、文化及傳統。

「我們的固執和頑固也是出了名的。」曾繁興又說：「我們平常不怎麼表示意見，人也很好相處，但要是惹到我們，我們也是很凶的，因為我們不是乖乖聽話的那種民族，我們會跟你對抗。只要一有機會反抗清朝政府或改變體制，我們整個戰鬥力都會出來。」

他認為客家人和匈奴非常相似。匈奴是西元前三世紀到西元一世紀末，住在歐亞草原東部的遊牧民族組成的部落聯盟。（中國人稱之為「匈奴」，歐洲人稱之為「匈人」〔Huns〕。）

---

2 譯註：作者表示《客家史詩》係曾繁興以母語法文創作，並自行譯成英文，後由其友人苗在芳譯為中文。此處之詩句中譯，係經曾繁興同意引用苗在芳之譯文，特此致謝。

我常聽說客家女性特別強悍、堅毅、有主見，常是大家族中當家作主的角色。十三世紀末的中國女性在傳統制約下接受裹小腳（一如西方女性穿高跟鞋，是情色的表徵）的陋習，但客家女性始終未遵從此一習俗。

我問曾繁興為什麼。

「男人得到外面去打仗，要是沒命了，誰來照顧家？當然是女人！」他強調：「男人不是逃跑、逃難，就是被殺了。女人就被迫扛起顧家的重擔。」

「更重要的是，還得下田。」我接話，想起常駐腦海的畫面——客家女性戴著遮陽用的斗笠，在田裡揮汗耕作。

「沒錯。要是裹小腳，怎麼犁田啊？」他說：「所以啦，這也是客家華人從來不接受女性裹小腳的原因之一。」

或許這也足以說明珂蕾特的鬥志從何而來。她不僅強悍，更胸懷大志，有決心、有毅力、肯吃苦，才打造出自己想要的人生。

❖

珂蕾特的婆婆的骨灰安置在佛寺。佛寺位於一座小丘，可以俯瞰路易士港。我們陪她去幫婆婆上香致意——在婆婆臨終前，這婆媳兩人終於化解了心結。

「我照顧我婆婆非常多年。她在臨終前跟我說她很愛我。我心裡不怨也不恨了。她有句話算是補償了我所有的苦，她說：『妳就像我媽，我需要妳。』」

珂蕾特的公公是菸槍也是酒鬼，日子過得逍遙自在，這輩子沒做過一天工，是全家公認的頭痛人物。雜貨店的營運、養家的重任，全由她婆婆一肩扛起。聽到這裡我不由得想起，曼努奧同樣沒管餐廳的事——但他會坐在吧檯後面和客人聊天。

「那，為什麼餐廳會叫『曼努奧之家』，不是『珂蕾特之家』？」我很好奇。

「我很謙虛的。」她微笑道：「我不喜歡張揚。」

「妳有一群很固定的老顧客。」

「我和客人感情都很好，甚至在他們搬到澳洲、南非、法國之後也一樣。他們回模里西斯，都會到餐廳來看我。那份友誼和情義是不變的。我和他們一直有聯絡。」

「那未來有什麼打算？」

「我是真心喜歡做菜。我覺得還可以再做個十年。反正我身體還不錯，沒理由現在休息嘛。休息之後要幹麼？」

第六章

愛在種族隔離時

南非・開普敦

「我希望變得更像中國人。」

我去開普敦的一個月前，艾得娜・林（Edna Ying）[1]打電話跟我說，她已經不用受洗時的教名了。「從現在開始，我希望大家叫我『安瑾』（Onkuen）。我有種很強烈的感覺，我應該用中文名字。」

安瑾有生以來六十六年的歲月都在開普敦度過，從沒踏出這個城市一步。在種族隔離制度廢除後的今日，她希望能更完整認識、接納自己的華裔血統。

「因為種族隔離制度，我沒辦法成為中國人。」她這麼說。

「安瑾」是她父母取的名字，父親根據客家話發音把羅馬拼音寫為「Onkuen」。她最近幾年才開始學中文，目前說和寫都還是基本程度。我頭一次去開普敦勘景期間，她還特地為我用中文字寫下自己的名字。

「英文字好醜。」她這麼形容自己的英文名字。「代表南非的黑暗時期。」

❖

「我真的很不會做菜……我做菜的時候都不許人家看，因為大家都會說：『太亂啦，太亂啦。』」

不算大的廚房一角，林安瑾正忙著翻炒加了豆芽菜的牛肉炒麵。她舀起炒麵裝進外帶容器的同時，一頭披散的長髮也隨著動作輕揚。

「你們才剛到，第一天實在不應該來拍這裡。」她的語氣頗不以為然。

我、夸和紹華昨天深夜才從模里西斯抵達南非，住的飯店就在她餐廳附近。這一區叫海角（Sea Point），是開普敦緊鄰海灘的高級住宅區。

我在晚餐時段開始前來到餐廳，繞過無人的用餐區，直接往廚房走。用餐區裝潢頗為雅緻，餐桌都鋪著白色桌布，還有燭光點綴，氣氛還滿浪漫的。廚房卻是迥然不同的景象，而且確實很凌亂。

這天是二〇〇一年三月二十一日，是「國際消除種族歧視日」（International Day for the Elimination of Racial Discrimination），在南非是國定假日。起因是一九六〇年的這一天，黑人團體在距約翰尼斯堡七十五公里的沙佩維爾鎮（Sharpeville），為了主張廢除《通行法》（種族隔離制度下，只有持特許證明的黑人才能進入白人區域）展開示威運動，與警方起了衝突。南非警方當場開槍射殺了至少六十九名參與示威運動的黑人。這場屠殺引起世界對南非種族隔離制度的關注，也促使聯合國後來將這一天定為「國際消除種族歧視日」。

投身反種族歧視運動已逾二十年的我，很高興能在這一天置身南非。

「我爸對做菜的方式非常講究。」安瑾等終於有空坐下來喘口氣時，對我說：「我姊和我哥做事也是清清楚楚——這個一定要倒一杯的量、切一定要切這麼大、長度要夠長、一定得切成某個樣子。可是沒人給我這些規定。我做菜完全憑感覺。」

「金龍酒家」（Golden Dragon）是開普敦歷史最悠久的中餐廳，於一九六〇年在布里街（Bree Street）開業，當時那個街區大致可說是唐人街。後來餐廳搬過一次家，大約十五年前又搬了一次，也就是位於主街（Main Street）的現址。這裡有一整排一層樓的店面，用木頭圍籬在人行道上隔出戶外座位區。

安瑾的先生林文仁（Lam Al Ying）於一九九二年過世，之後她便接管了餐廳，把原本走傳統

---

1 譯註：華人姓氏在前，名字在後，但海外華人的姓名順序常因僑居地採「名在前、姓在後」作法，被當地人顛倒誤稱，例如本章中段林文仁的情況（見第115頁），及第一章的吉姆（周家谷）（見第21頁）。Edna Ying的「Ying」係因從夫姓，但夫名第二字「仁」被誤認為姓氏所致。但此處仍依照華文地區習慣，將姓氏譯為「林」。

粵菜路線的菜單，換成中國北方菜——一來因為到南非移民和經商的中國人多了，二來因為當地人的口味也變了。幾年前，在兩個設計師朋友（她暱稱為「兩個gay」）的協助下，她重新裝修餐廳，也推出新的行銷活動。

如今開普敦市有不少中餐廳，和「金龍」同一條街的就有「百福」（Mr. Chan），招牌菜是美味的豉汁鴕鳥，但「金龍」仍有一群忠實顧客。

「我想我們的生意能做下去，原因就在這裡。我能一直做得這麼好，是因為我盡量多給客人一些變化。」她的語氣帶了些許得意：「我會看客人的情形調整菜色，符合他們的喜好。梅麗會跟我說：『有一群中國人，好像是約堡來的。』我就會調整成他們的口味。或者她會說：『那些印度人看樣子好像是德班（Durban）來的。』那我就懂了。」

梅麗是安瑾的女兒，負責管理外場。外場的服務生大多是持學生簽證的中國人，唯一的例外是荷裔南非白人彼得．范．衛克（Peter Van Wyk）。他因為患有癲癇，沒人願意雇用他。有一天他進來這裡求職，安瑾卻決定給他機會。

我問梅麗對餐廳工作的想法，她說：「在很多方面對我們都是考驗，壓力也一直都很大。我父親因為出了意外，行動不便。那之後的好幾年，我和我媽做餐廳做得真的很辛苦。」

餐廳的客人愈來愈多。梅麗在廚房忙進忙出，一邊協助外場，一邊留意客人的動靜——偶爾還得指導客人怎麼用筷子。

「大家會說我們現在配合得很不錯。我媽管廚房，我在外場。做這一行真的不容易，但我們都很喜歡和『人』有關的這一面。我想要是我媽不掌廚的話，我應該會請人來幫忙，要不就跟她學做菜。」

她的兩個哥哥都不想管餐廳的事。我也明白她這一代的孩子，多半沒興趣接管父母的餐廳事業。我問她，等母親退休了，會願意接手嗎？

「做短期應該可以吧。長期呢？我覺得如果有成家的打算，餐廳這種環境並不適合。」她答道：「餐廳工作時間太長，很容易變得沒耐性，小孩也沒辦法真的安定下來。」

這是很多中餐廳老闆的孩子面臨的兩難——父母不希望他們待在家族企業，卻找不到別人（或因為信不過外人）可託付。

在廚房工作的王朝輝（Wang Zhaohui）趁休息時間的空檔，和我一起在人行道的座位區喝啤酒。三十歲的他來自上海，持工作簽證入境南非後四處求職，什麼工作都肯幹。有天他路過「金龍」，發現店門口一左一右貼著對聯，而且上下聯第一個字分別是「金」和「龍」。他想這間餐廳的老闆必定是中國人，在這裡工作應該比別的地方自在一點。

由於他有在廚房工作的經驗，自己也多少會做菜，當場就被錄取了。

我誇讚他那道燒茄子做得非常可口。他把茄子和紹興酒、醬油、薑、糖、醋、大蒜、辣椒一起燉煮，讓這道菜鹹、甜、辛、香一應俱全。

入夜後涼意襲來。晚餐時段結束了。安瑾到外面來和我們一起坐，也和許多用餐後離去的熟客親切道別，這也是某種成就感的表現吧。儘管近來生意不如她預期理想，這間餐廳還是撐過了風風雨雨。此外，比起改用中文名字，這群中國來的員工，更加深了她與自己華裔血統之間的牽繫。

❖

開普敦是首批到南非的中國人的落腳之地。十七世紀中葉到十八世紀末，荷蘭人從巴達維亞（Batavia，即現在的雅加達）來到南非，也引進流亡的華人擔任工匠、園丁等職。一來當時荷屬東印度公司經常出海販售香料，需要工人維修船隻；二來船隻出海要裝載大量的新鮮水果和蔬菜，以防止船員罹患壞血病，自然得有人種植蔬果。

一七四〇年，開普敦約有十幾間中餐廳開張，以服務當地居民。

十九世紀下半葉，英國人又帶來大批中國移民。他們散居南非各地，當農夫、僕傭，也有人自己開店。一八七〇年代，有更多的中國人靠自己的力量移居南非，這波移民潮到一九〇四年南非通過《排華法案》才告終（該法案於一九三三年廢止）。

同樣在一九〇四年，有近六萬五千名中國契約工來到杜省（Transvaal）的金礦區工作——因為黑人礦工時常罷工，導致勞工短缺。中國契約工不僅增加了金礦產量，也重振了南非經濟。然而南非白人怕中國人搶走就業機會，於一九一一年把他們全部遣返，那也是中國王朝制度終結的同一年。

那時中國人已經在許多行業打下基礎，特別是經營「黑鬼小吃店」（"Kaffir eating-houses"）。

黑鬼（Kaffir）就是所謂的「K開頭的字」（the K-word），在南非泛指黑人或原住民，是汙辱種族的用語。

儘管後來華裔移民大量湧入伊莉莎白港、東倫敦、德班、約翰尼斯堡、杜省等地，開普敦的華人族群始終不大。但就整個南非而言，華人可說正好處在種族隔離制度的邊緣——既沒有白到稱得上是白人，也沒有黑人那麼黑，更不算是「有色人種」——這個詞在南非一般是指印度人和跨種族混血。

若以非官方的角度來看，華人則被視為白人，因為「亞洲人」一詞專指印度人——印度人由於膚色偏黑，在南非受到的歧視更甚於華人。話雖如此，華人搭乘公車或在公共場合，還是得坐到與白人隔開的區域。然而華人卻又獲准住在白人住的社區，因為華人提供民生必需的服務——雜貨店都是華人開的。只是華人的公司行號和住宅，仍必須登記在白人名下，由白人享有百分之五十一的所有權。

「日本人則是『榮譽白人』。」梅麗對我說：「他們比我們華人高一等。」

❖

林文仁的父親在一九一七年把他帶來南非，到伯父的雜貨店工作。那年他九歲，隨身只有一箱行李，就此落腳東倫敦市。移民局把他的姓氏登記為「仁」（Ying），同樣是因為常見的誤解——

英系國家習慣把姓氏放在最後面。

到了十六歲，他搬去開普敦做碼頭工，但沒多久就開了雜貨店和茶行，也成立自己的商行「林文仁公司」（L.A. Ying & Co.）。一九四七年，也就是南非正式實施種族隔離制度的前一年，他在開普敦的濱海工業區帕得艾倫（Paarden Eiland，字義為「馬島」）的海洋大道（Marine Drive）上，開了第一間餐廳「南京」（Nanking）。

林文仁本性急公好義，是開普敦華人社群中的名人。他發起戰時對中國的賑災募款，出資成立中國海員公會及中文學校，還擔任開普敦華人公會的祕書。他的事蹟在葉慧芬（Melanie Yap）和梁瑞來（Dianne Leong Man）合著的《膚色、困惑與妥協：南非華人史》（*Color, Confusion and Concessions: The History of the Chinese in South Africa*）一書中有詳細的記載。

安瑾講到丈夫，說華人個性溫和、逆來順受，但丈夫總是挺身而出，為民喉舌。由於林文仁會說英語，總能在白人與華人間巧妙折衝斡旋——不僅幫忙口譯、交涉，有時也會協助同胞們解決法律疑難。

林文仁為人稱道的另一點，是他推動反對種族隔離制度的運動。他有次說服當地火車站拆掉一塊寫著「黑鬼、華人、狗不得進入」的招牌。他的論點是華人有數千年的文明，這裡的人為何要排拒如此優秀的文化？在那個冷漠當道的年代，如此的反抗精神，好似一九〇六年由甘地在南非領導的抗議運動——當時約有一千名華人加入印度人的示威遊行，反對禁止亞洲人在川斯瓦殖民區（即日後的杜省）購買土地的法令。

但最重要的是，林文仁不僅擅長創業，也非常懂得行銷。他點子奇多，不僅生產中國零食、食材、調味料，也負責行銷，從罐裝鮑魚、臘腸、蝦餅，到醬油、五香粉、味精，不一而足。他甚至還灌了一張名為《飪調不求人》（*Chinese Cooking*）的唱片有聲書，口述十一道中國菜的作法，逐步說明烹調程序，有咕咾肉、蝦婆蛋（crayfish omelet）、杏仁雞，還不忘置入行銷自己的燉鮑魚。所有的食材都列成清單，印在唱片封底。

丈夫做了這麼多帶有風險的嘗試，真正成功的到底有多少？安瑾自己也不確定，但說：「他真的好聰明。雖然沒讀過什麼書，但他的觀察力非常敏銳，總會想出辦法解決問題，把事情辦成。他真的很能幹。」

安瑾在南非出生，父母是移民到南非的客家人，在白人社區開雜貨店維生。一九六〇年，她二十歲，第一份工作就是在林文仁最早開的那間「金龍酒家」上班。兩年後他們結婚了，那時林文仁五十五歲。

安瑾並不介意兩人之間的年齡差距，她說丈夫給她完全的自由。「那樣的自由成了我的束縛。有自由，也等於給我設限。好比我問他：『我可以去嗎？』他會說：『妳自己決定。』這等於把責任完全叫我來扛。」對安瑾而言，正是這種自由逐漸蓄積成的力量，支持著她這些年來繼續把餐廳做下去。

❖

每年這個時候的天氣最是宜人——開普敦人說雨季都是復活節之後才開始。我趁安瑾餐廳的公休日，帶她們母女去波卡普（Bo-Kaap）一遊——這區以前叫作「馬來區」（Malay Quarter），是開普敦現存最古老的住宅區。

波卡普緊鄰市中心的商業區。這裡最有名的就是五顏六色的十九世紀初建物，和很陡的鵝卵石街道。十七世紀時荷蘭人從巴達維亞帶了許多穆斯林到南非當奴隸，之後這些穆斯林便在此定居。這裡的居民還包括因反對荷蘭殖民政權，從巴達維亞流亡至南非的伊瑪目。這群人的後裔稱為「開普馬來人」（Cape Malays），至今仍住在此地，也把這個社區的文化特質大致保存下來。這一區有七座清真寺，包括開普敦的第一座清真寺，建於一八〇四年。

安瑾從沒到開普敦的這一帶走動，一切對她都是新鮮的體驗。

「開普敦是個熔爐。」波卡普博物館（Bo-Kaap Museum）的經理費瑞德・巴希爾（Firied Bassier）幫我們做展品導覽時這麼說。他特別指出：當地的穆斯林馬來人也會戴土耳其傳統氈帽。「只要是不屬於純種白人、黑人、亞洲人的各個人種，不知怎的都可以用『馬來』（Malay）這個字形容。」他說。「這裡面可能包括中東人、印尼人、阿拉伯人，或是這些種族的混血。」

一九五〇年南非通過《族群分區法案》（Group Areas Act），強制居民遷出這個穆斯林專區，搬到開普平原區（Cape Flats），也硬生生奪走他們的家。法律即使不准他們繼續住在這裡，居民還是極力向政府爭取保存這些古老的清真寺與遺址。

其中有些人更是堅守家園，打死不退。

尤瑟夫．阿赫莫德（Yosef Ahmed）至今還是住在當年自己出生的那個家。他回想全家人堅持不搬的那段經過：「我媽跟他們說：『好，房子你拿去，但我和我幾個小孩會繼續住在這裡，我們絕對不搬走。』」最後他們居然得以繼續住下去。

種族隔離制度廢除後，馬來族群致力重振這一區，古蹟的修復工程做得相當好。有歷史意義的宅邸、具代表性的開普敦荷式建築等等，都經過翻修和粉刷，有了色彩繽紛的外牆，從深紫、酒紅、暗紅、豔黃到粉藍，活力十足。

現在這一區成了觀光景點，卻還是一樣窮。「能保存我們的文化遺產固然很幸運，但過去住在這裡的居民，有百分之九十五的人都丟掉了自己的傳統。」阿赫莫德感嘆：「這個城市的靈魂已經死了。」

物理治療師嘉妮瑪．強森（Ghaniema Johnson）的辦公室就在這裡某棟翻新老宅的二樓。她對種族隔離制度廢除後的這些改變則是持正面看法。「大家住在這裡，是因為我們有獨一無二的文化。這裡大多數的人是穆斯林沒錯，但我們也有基督教、猶太教、印度教，還有非洲人，他們也有自己的文化和信仰。

「所以說，我們是彩虹之國，名副其實啊。」她講得十分篤定。

「午炮茶坊」[2]（Noon Gun Tearoom）座落於信號山（Signal Hill）山頂，從波卡普到這裡要爬一段滿陡的路——對手排車來說不太容易。這間茶館就開在反種族隔離制度運動健將夏琳・哈比布（Sherine Habib）的家裡。我上次來開普敦時認識了她。

我帶安瑾來見哈比布，希望這兩名女性可以交流在種族隔離制度下生活的心情。哈比布的母親為我們準備了超豐盛的午餐，我們在露臺上大快朵頤，同時還可遠眺開普敦地標桌山（Table Mountain）的美景。

午餐是開普馬來菜，融合印尼菜與荷蘭菜的風味。其中有一道是「酷姊妹」（koe'sister），是帶有辛香味、口感像蛋糕的炸麵糰，上面撒滿椰子粉。據說荷裔南非籍和馬來裔的女性有個傳統，每週日會聚在一起做這種點心，就像姊妹一同做菜。

「我們這個族群自認為是開普馬來人，而且這種認同比我們前面幾代的人還深。」哈比布特別強調。「這種在食物和菜系上的融合，就像把多種文化聚合在一起。所以開普敦在菜系上融合的速度，比種族融合快得多。」

八〇年代的哈比布，在「聯合民主陣線」（United Democratic Front, UDF）中非常活躍。這個組織大致可說是多個反種族隔離制度運動的聯盟，與「非洲民族議會黨」（African National Congress, ANC）的意識形態相近。她在最近一次的市議員選舉代表ＡＮＣ參選，但輸給右翼的「民主聯盟黨」（Democratic Alliance, DA）候選人。她當時的競選傳單還印著她圍著頭巾的模樣。

「我經歷過很多事，像是有人才離開我家沒多久，當天晚上我就見不到他們了，因為他們被警察開槍打死了。」講到這裡，她泫然欲泣。「每天都有朋友死掉。」

我打破拍片的規矩，讓哈比布直接對著鏡頭發言：「在曼德拉先生被釋放之前，各個城鎮都有好多好多很可怕的事。不時會有學校抗議，警察就會開槍，孩子們死的死、傷的傷，又哭又叫。還有很多人被拷打、虐待，什麼樣的慘事都有。我當時在UDF的角色，就是把這些社運人士藏在我開普平原的家。」

開普平原位於開普敦中心商業區東南方，面積廣闊，地勢低窪。實施種族隔離制度的時期，政府依據種族立法（如前述的《族群分區法案》），強迫非白人的種族遷出市中心，搬進政府在開普平原建造的城鎮，因為市中心是政府指定給白人住的。

我們談到種族的定義。哈比布說：「我不知道他們對這個國家的『黑』人是怎麼想的。因為他們定義的『黑』包括非洲人、馬來人、印度人、聖海蓮娜（Saint Helena）來的有色人種、布希曼人（Bushmen）的後裔、科伊科伊人（Khoikhoi）……等日本人來了之後，他們完全搞不清楚了，因為實在不知道該把他們分成『黑』或『白』，還是別的。那時候這可是件大事呢。我還記得我們為

---

2 譯註：英國殖民南非時期，為服務停泊開普敦港口的船隻，有中午十二點鳴炮報時的傳統，故稱「午炮」，此習慣延續至今。

這個笑了好久。」

南非正在轉型。這個實施種族隔離制度長達五十年的國家，六個人裡面就有五個人被剝奪選舉權，像牲畜般被歸類成群，驅逐到外圍的城鎮和貧民區，把最好的地都保留給白人——如今這個覺醒的國家該怎麼轉型？轉型時期該持續多久，民眾才不會失去耐性？

「這個國家的白人必須學會分享，事情才會往對的方向走。我們首先要用正確的方式幫助民眾。他們說『扎卡特』（zakat，天課）就從家裡開始。」「扎卡特」就是伊斯蘭語中「濟貧」的意思。「政府要提供民眾自立自強的管道。」

「這個國家目前還在逐漸成熟的過程中。」安瑾的態度比較謹慎。「這些觀念都很新，大家需要時間消化吸收。」

「現在大家過得比以前快樂，也有了些自由，但要活下去還是很辛苦。年輕人不願意等下去。我以前就是這樣。我離開這個國家很多很多次，但最後還是回到這裡，因為我在國外看不到桌山，也看不到海。」

「妳環遊世界，什麼地方都去過。我這輩子就只去過一個地方，就是開普敦。」

「對我來說，開普敦還是最棒的地方。」

「真的，還是最棒的。」安瑾望向窗外，凝視著遠方的桌山。

暴力。

種族隔離制度在各類歸為「黑」的人種與白人間畫下鴻溝，分隔了種族，也讓全國陷入殺戮與暴力。

在南非已經超過三百五十年的華人，怎麼也想不到自己的身分驟然間處於曖昧的模糊地帶，前途未卜。整個華人族群在與種族隔離制度抗爭期間，近乎全部消失。他們不再與人往來，只是悶不吭聲，埋頭苦幹。

在如此不確定、沒保障，又不知所措的情況下生活，導致華人自己的圈子也四分五裂。有人盡全力消極抵抗，就像林文仁。至於其他人，不是多少成為種族隔離制度的幫凶，就是只管自己小圈圈裡的事，對與現狀的抗爭避之唯恐不及。

時至今日，許多華人還是避談自己在那段時期的生活。我四個月前剛認識安瑾時，她的兩個朋友還勸她別和我談，畢竟華人社群曾是種族隔離制度的幫凶，這段歷史並不光采，她們怕和我談了就會被抖出來。

過了一段時間，安瑾才卸下心防。我離開南非前夕，我們先和她的猶太朋友一起吃了頓義大利晚餐（猶太人對種族隔離制度那段日子的生活，另有一番矛盾的情緒），之後她才帶我回她家，對我掀開她生命中那一頁傷心的往事。

她拿出一套麻將，講起她在白人區成長的經歷。「我們那區還有另外三戶華人家庭，都是開雜貨店的，就在方圓兩、三公里內。我們沒有什麼可以一起做的團體活動，聯繫感情的方式就是在有人過生日的時候，到對方家裡去慶生。還有就是每週日，我們這幾家的媽媽會在一起打麻將。」

接著她拿出自己的結婚相簿。

披著白色婚紗的安瑾氣質高雅。林文仁則穿深色西裝，鈕扣眼上別著小花。婚禮在天主教教堂舉行，之後在某間俱樂部擺了喜酒。

「我先生因為移民來南非，被視為『白』的華人；我是在南非出生的，所以是『黑』的華人。我們倆結婚其實是違法的，得拿到特殊許可才能結婚。吃喜酒的時候華人還得分開坐——不同的族群不可以互相往來。當地出生的華人不許和『白』的一起，但這些『白』的有些是我們的客人，當然啦，還有中國出生的老一輩華人。」

我問那婚宴上跳舞怎麼辦。

「他們讓白的坐一邊，華人坐另一邊。等舞跳完，所有的白人就回到自己那邊，華人回到華人那邊，真把我們笑壞了。」

身分認同上，在華人與南非人之間，安瑾和梅麗都比較傾向華人。梅麗說她在填官方表格時，「種族」的選項始終是有色人種、亞裔、黑人、白人，她什麼都不選，只另外寫下「華人」。

那和華人結婚呢？

「我一直相信華人是最理想的對象。」梅麗說。「所以我大概會選南非的華人，因為我們背景相同。到頭來真正重要的不是膚色。我希望找個真誠的人。」

南非一九九八年與中國建交以來，來到南非的中國移民和學生變多了。不過我們大夥兒前一晚出去跳舞時，我察覺梅麗和在廚房幫忙的王朝輝早就是一對了。

❖

烤肉爐火勢正旺，烤肉架上擺著滿滿的大塊肉排。法蘭西斯．梁（Francis Liang）和幾個男人顧著爐子，人手一瓶南非最具代表性的「城堡」拉格啤酒（Castle Lager）。這是「南非西省中華會館」（Western Province Chinese Association）主辦的週日「一人一菜」南非烤肉（braai）聚餐，看樣子當地兩百個華人家庭全都出席了。

這間華人會館兼社區中心位於一座天文臺的舊址，是透過社區信託基金買下來的。裡面有籃球場和教室，樓上還有幾處活動空間。庭院則因今天的聚餐擺了好幾張桌子。

「我們會館主要的作用是讓華人有同為一體的感覺，讓大家有個社交場所，以及保存我們對華人的身分認同，尤其對年輕人而言。」法蘭西斯對我說。此刻我們坐在他的辦公室，由於位於夾層樓面，可以俯瞰籃球場。他是這間會館的理事，年紀不過五十出頭，卻已經自認為華人社群中的長輩了。

法蘭西斯在東開普省（Eastern Cape）的皇后鎮（Queenstown）長大。因為是華人，小時候依法不得上公立學校，他父親萊諾（Lionel）想辦法弄到主管機關的部長許可，讓他到東倫敦的白人學校就讀，上學期間就住在姑媽家。

萊諾在南非出生，是華裔南非人；妻子（法蘭西斯的母親）茱麗葉（Juliette）則是華裔模里西斯人。夫妻倆在皇后鎮（現官方名稱為科馬尼〔Komani〕）從事食品經銷業，地理位置正好在西斯凱（Ciskei）和川斯凱（Transkei）之間，這兩區都是南非政府種族隔離時期強制劃分的黑人區（homelands）[3]。

「我們的顧客百分之百都是黑人，因為他們會主動來找我們。他們不信任白人。」我去萊諾家拜訪時，他對我說。但他們家始終保持低調，只管好自己的事，「別得罪任何人」。

法蘭西斯和父母之間講的仍舊是客家話。他說客家族群即使到今天還是非常團結：「我們很少跟別的種族結婚，大家感情非常緊密。我是第二代，我會說中文。但你會發現年輕的一代，這些小孩對講中文沒什麼興趣。不過我相信等年紀大一點，他們會想保有華人的這個身分，也以它為榮。」

他對這個國家的未來還是充滿希望。他始終覺得不該僅僅因為膚色就歧視他人、剝奪他人應有的機會。

「比我大個五歲、十歲的人，可能會因為自己受過的苦，對這個國家有某種忿恨，或許也有怨吧。」他說：「但比我小七、八歲的人，依法可以上公立學校，所以對這裡的感覺應該比較正面。」

許多華人移民到其他國家，但法蘭西斯相信，決定留下來的人彼此間有很強的凝聚力。他沒有移民的打算，但萬一情勢轉變，超出他能承受的範圍，他或許會考慮。

「我認為自己是中國人，也是華裔的南非人。我肯定是南非人。」

我一直對葡萄牙探險家瓦斯科・達・伽瑪的經歷深感興趣。他繞過好望角，尋找前往印度的香料航線。反觀開普角（Cape Point）離安瑾住了一輩子的地方開車只要一小時半，她卻從未去過。我得知後還真是吃了一驚。

於是我去開普角國家公園（Cape Point National Park）時，就邀了安瑾和梅麗一起去。我們的車緊沿東部海岸線，穿過幾個典型的英國小鎮，鎮名卻是荷蘭名——「慕森堡」（Muizenberg）、「魚角」（Fish Hoek）等等。

開普角是非洲大陸最西南端。我們搭乘「飛天荷蘭人纜車」（Flying Dutchman Funicular）一路爬升到老燈塔（Old Lighthouse）。從山崖頂端望出去，可以俯瞰兩大洋交會，風景著實壯麗。當空的豔陽一照，在我們周遭灑下晶亮的水霧，也為海景與陸地披上一層神祕的面紗。

好望角位於開普角北邊，搭纜車上山時就可看到。非洲大陸的最南端則是阿古哈斯角（Cape

3 譯註：南非政府在種族隔離期間，強迫黑人遷徙至邊陲保留地，並成立十個「班圖斯坦」（Bantustan），名義上為黑人自治的家園（homeland），實則藉此剝奪黑人的南非公民權，讓南非成為白人國家。西斯凱與川斯凱即為其中的兩個「班圖斯坦」。

Agulhas），從這邊向東開一百五十公里即達。

我對安瑾說我對好望角很感興趣，以及這裡在歐洲殖民亞洲的歷史中占的位置。她很專心聽我講完後，說了她對歐洲人殖民南非的看法，以及歐洲人對南非後世造成的影響。

「這裡沒有什麼『以國為榮』的心態。」她說。「我們一直覺得只是暫時住在這裡而已。這地方其實是白人的，我們只是占了他們的地盤，本來就沒權利主張是我們的。」

「妳有對別人說過，這裡是妳的國家嗎？」我問她。

「從來沒有。感情上……完全沒有這種感覺。怎麼說呢？我們把這裡當作和別人共享的好地方，但我們沒權利擁有它。」

「那現在呢？」

「現在黑人會跟你說：『放手啦，別再抓著不放了。』還講得振振有詞。『算啦算啦！你本來就不屬於這裡，不爽就走啊！』」

「妳自己也這麼覺得嗎？」

「我現在是這麼覺得。我覺得他們就是這個意思。」

很多華裔南非人都想移民去加拿大，安瑾也有此意（她有兩個姊妹住在多倫多），但此刻不太可能付諸行動。她猶豫不決的理由很明顯——她還得處理丈夫留下來的事業。

我用了一個多星期的時間，設法讓安瑾走出自縛身心的那個繭。然而我從她身上感受到的，只有一股隱而未顯的情緒——對於該如何在這個「新」南非自處，她既覺得矛盾，又想聽天由命。

第七章

中國湯

馬達加斯加・塔馬塔夫

我置身幽靈環繞之地——這些幽靈的主人在遠方去世，卻回歸這間華人寺廟安息。中國常可見寺廟中設有一小塊空間，好讓亡魂回歸自己的出生地，也供後人追思。

只是我人並不在中國。我在半個地球以外的馬達加斯加。

我在塔馬塔夫（Tamatave）這座中式寺廟的「先僑堂」點燃三炷香，在供桌前行三鞠躬禮。四周牆上有許多先人的黑白照片，或褪色或模糊。

時間是二〇〇〇年十一月。我為拍攝《中餐館》系列紀錄片勘景，來到馬達加斯加，卻意外走進「鄒省華僑總會」（Congrégation Chinoise de Tamatave）旁的這座寺廟。

「這些人早就搬到很遠的地方去了，像巴黎、蒙特婁、墨爾本。」在這座寺廟兼職的管理員岑應洪（Shum Ying Hung）對我說。「但等他們過世了，家人會把他們的照片放在這裡。」

岑應洪的母親是馬達加斯加人，父親是中國人。二戰過後，他十三歲那年，父母送他去中國繼續讀中學——這是那時當地華裔族群的慣例，即使父母只有一方是華人也一樣。毛澤東領導的中國共產黨於一九四九年執政後，岑應洪轉而投靠香港的親戚，一直到三十歲才回到馬達加斯加。

他回來後就在華僑學校任教。太太來自香港，兩人育有七名子女。他於一九七三年不幸喪妻，後來和一名馬達加斯加女性結婚，又生了七個小孩。

儘管他在馬達加斯加住了這麼多年，與中國的牽繫還是很深。他的父親老家在南海縣（也是我祖父的故鄉），目前還有親戚住在廣州。

「你覺得自己是中國人嗎？」我問他。

「我當然是中國人。」他答得非常篤定。「所以二戰後才會回中國上學。」

他雖然退休了，目前還是在華僑學校兼任教職，協助校務。他打算不久後就回瓦托曼德里（Vatomandry，沿東海岸往南約一百八十公里）去，因為他家人都在那邊。「我要回山上的家了。」

那天早晨我才從首都安塔那那利弗飛到塔馬塔夫。安塔那那利弗是法國人口中的「塔那那利弗」（Tananarive），簡稱「塔那」（Tana），位於內陸；塔馬塔夫則是緊鄰印度洋的港都。我來這裡是為了找適合拍攝的中餐館，幫我牽線的是模里西斯華僑克里斯·李（Chris Lee Sin Cheong）[1]。這要說回我在多倫多的辦公室有個鄰居是華裔模里西斯人，克里斯是他姊夫的朋友。克里斯說他弟弟保羅住在安塔那那利弗，可以介紹當地華人社群給我認識。保羅則跟我說他請了一個工作上的朋友幫忙接機，等我抵達安塔那那利弗，那個朋友會在機場等我。

結果在機場等著我的是法國影壇天后凱薩琳·丹妮芙（Catherine Deneuve）——嗯，當然不是，但長得真的很像。金髮、棕膚，一襲全白棉質洋裝，一頂白色寬邊帽，宛如她剛踏進電影《印度支那》（*Indochine*）中的橡膠林地場景。

只是回到現實，我們人在非洲，而且因為早上下過一場大雨，什麼都濕淋淋的。凱薩琳（我不記得她名字了）帶我走向她的車（「鈴木」〔Suzuki〕的四輪驅動車），一路上有許多坑洞和水窪，也少不了礫石和裂縫，她居然都能輕巧繞過，好似模特兒走臺步。白色高跟鞋始終一塵不染。

「Mon mari est métissé（我先生是混血）。」她一邊把車開出停車位一邊說（法文的 métis 就是「混種」的意思）。「他不是你要找的人。我會把你介紹給這裡的『中國』人。」

令我震驚的是，馬達加斯加的華人居然已在此定居超過五代。很多人和我祖父一樣來自南海縣，其中有一人甚至和我父親在香港上同一所高中。

三天後，我坐了八小時的車回到安塔那那利弗，全程都是迂迴曲折的彎路，我的遭遇也同樣曲折——我原本要搭機回安塔那那利弗，但班機被取消了。只是我非得趕在當天回安塔那那利弗不可，才能搭上隔天一早去模里西斯的飛機。這時的我不僅得了腸胃炎，還穿著四天沒洗的衣服——我的

---

1 譯註：此處姓名中譯緣由，請參照〈前言〉的譯註說明，見第3頁。

行李不知流落到非洲大陸哪兒去了。

我迷迷糊糊躺在汽車後座的那八小時之間，眼前閃過的是什麼？是一棟三層樓的建物，柱子上刻著「南順會館」（Nan Shun Association）。

在最意想不到的地方，在穆拉芒加（Moramanga）市，群山之中，夜深時分，我偶然發現一間南順會館，也就是來自南海、順德兩縣的廣東人組成的同鄉會——我小時候在新加坡的家，隔壁就是一間南順會館，樓房外觀很像我剛看到的這棟。

生命在此回到起點。儘管歷經時空分隔，我卻覺得和馬達加斯加的華人之間有顯而易見的連結——我們是同一個村子開枝散葉後的大家庭。

❖

「Restaurant Cantonais（廣東餐廳）。」

「Soupe Chinoise（中國湯）。」

霞飛大道（Boulevard Joffre）盡頭有間鐵皮屋頂的小木屋，藍色的門上方釘了塊木板，用紅漆寫著這幾個法文字。屋裡很暗。上午的豔陽從木板牆隙縫射進數道金光。廚房沒有隔間，髒亂一覽無遺，一只大鍋咕嘟咕嘟煮著餛飩湯。長凳上坐了約十來個客人，吃著上午的點心，也就是中國湯。

中國湯就是餛飩湯，雖然源自中國，卻成了馬達加斯加的國菜，就像英國人自認「瑪莎拉咖哩雞」（chicken tikka masala）是「他們的」國菜。一八九〇年代末期，移民到馬達加斯加的中國人帶來兩種文化輸入品，一是中國湯，二是馬達加斯加四處可見的人力車（pousse-pousse），至今仍是在市區活動的最佳交通工具。

在法國，「中國湯」泛指所有中式湯麵，裡面放的是肉或蔬菜都無所謂。在馬達加斯加，中國湯幾乎就等於餛飩湯，只是湯裡沒加麵而已。

四個月前，我頭一次踏進「廣東餐廳」就愛上了這地方。感覺就像進了西部片裡的小酒館——接著就會出現風滾草的畫面。

這間餐館的老闆陳淑婷（Chan Suk Ting）是華裔移民第二代，父母來自順德縣，就在我的祖籍南海縣旁邊。她在馬達加斯加北部的山間小村出生。後來全家搬到塔馬塔夫，她也在這裡上中文學校。母親於一九七二年開了這間餐館。母親過世後，她在六年前接手。

我趁那趟勘景，想說服她接受採訪，過程卻不太順利。她沒什麼意願，一直說自己「不太會講話」。後來在同一天，我在某個康樂活動社團發現她和三個華人老太太一起打麻將。四人用粵語聊得很開心，而每人都有手機，就擺在麻將桌上。

我不死心又問了她一次，她還是沒給我確切的答案，只說：「你幹麼拍我這種老太太？」

如今我帶著夸和紹華回到馬達加斯加，希望她願意和我們談。以我環遊世界的經歷，她這間中餐館絕對是有趣的好題材，我打定主意要把它的故事說出來。

「你從加拿大回來啦？」短小精悍的陳淑婷向我招呼。這年她七十歲。

「我來報導妳的故事呀。」我回道，也提了上次問過她採訪的事。

結果她趕我們走。「我這個破爛地方，上什麼電視。我沒什麼好說的，不要拍啦。你去『翡翠』找另一個陳女士，她比較上鏡啦，她那間餐廳比我這裡更大更體面。」

❖

「翡翠餐室」位於拉特爾・德・塔西尼街（Rue de Lattre de Tassigny），果然更大更體面，是一棟兩層樓的白色建物，門口的戶外用餐區有綠白相間的遮篷。屋內的白牆掛了幾幅南太平洋風光的畫——好比夕陽下的海灘和椰子樹。

假如一間中餐館的菜做得好，我一進去就能感覺到。我一看「翡翠」中法雙語版的菜單，就知道這裡的菜肯定錯不了：豉汁炒蟹、椒鹽鮮魷、蒜味大蝦、薑蔥蒸鯛魚，都是經典的粵式海鮮菜色。

這下子我的食欲整個被撩了起來。

我點了清蒸鯛魚、大蝦，和一些中國菜常見的葉菜類，全是當地種的。點完菜，我望向隔壁桌上的大螃蟹，正淌著令人垂涎的豉汁。喔耶，他們吃的也給我都來一份吧。

陳女士建議我們點當日的推薦菜色「白灼蝦」（crevettes bouillies）。雖然中文的「白灼」就是單純的水煮，乍看之下不怎麼誘人，白灼蝦卻是我特別喜歡的一道粵菜，也就是把帶殼的蝦煮到剛轉粉紅色時就起鍋，再蘸生辣椒醬油食用。

「蝦是早上才送來的。」她拿著點菜用的本子，頭朝廚房方向偏了一下。

香港的海鮮餐廳大多是從展示用的水族箱中撈蝦，拿到桌邊等客人點頭後再下鍋。這裡的蝦則是活跳跳，來自兩條街外的印度洋。

菜一上桌，我什麼話也說不出了。這不但是我生平吃過最新鮮的海產，處理得更是無可挑剔——蝦肉熟得恰到好處，控制在微微帶點生的程度。廣東話常說清蒸魚要「見紅」，也就是肉熟但骨尚未透，白裡透著淡淡的粉紅。

當天是夸的四十五歲生日，用這一餐慶祝再適合不過。紹華買來生日蛋糕，只需兩萬馬達加斯加法郎[2]（約三美元）。我們向餐廳要了根蠟燭。

六十歲的陳女士本名陳美棣（Miday Chan），是第二代華裔馬達加斯加人，出生於布里克維爾（Brickaville）鎮，從塔馬塔夫往南約一百公里。她畢業於塔馬塔夫的華文學校，粵語雖然帶了點父母老家的順德口音，還是講得非常好。她甚至還在母校那間華文學校教過三年書，十年前才開了「翡翠」。

她廚房裡的工作人員沒一個是華人，做出來的菜餚卻是質精味美。粵菜的兩大要素就是海產新鮮、調味精妙，我跟她說：以這間餐廳在這兩方面的表現，我認為完全可與香港的一流餐廳比美。然而我最訝異的是她從沒去過中國或香港。

2 譯註：馬達加斯加官方貨幣已於二〇〇五年改為馬達加斯加阿里亞里（Madagascar Ariary）。

「我都是跟我爸學的，他很喜歡下廚。」她說：「我就一邊看他做一邊學。我還會研究香港的食譜，尤其是『方太』的。」

「方太」就是任利莎（Lisa Yam），是香港一九八〇年代的知名電視烹飪節目主持人，寫了許多實用的簡易食譜書，也出版烹飪雜誌。

「翡翠」的廚房十分簡樸，用的還是家用廚具，如蒸籠、炒鍋、砂鍋等等，六名工作人員在其中忙碌穿梭。美棣則在旁監督指導，不厭其煩教了又教。每道菜端出去之前，都要經過她檢查。最令我難忘的一幕，是有個人負責把在來米粉糰擀成蒸餃要用的餃子皮，擀到近乎透明。

「他們都沒吃過道地的中國菜，沒養成做一手好菜需要的那種味覺。」她說：「其中有些比較聰明的，兩、三個月很快就上手。我們也沒什麼正式訓練——他們主要就是看我怎麼做。我教他們怎麼備料、怎麼炒、食材照什麼順序下鍋。」

廚房最裡面有個露天空間，可以看到海景。兩名員工在那邊幫一條很大的鯛魚去鱗，準備用來做另一道特色中國菜——糖醋魚柳。

「翡翠」的顧客主要是「有錢人」，有很多華僑喜歡來這兒用餐。（「他們只點最新鮮的！」陳美棣說。）這些人有中國交易商，香港生意人，也有鄰國模里西斯來的投資客。還有很多人趁假日遠從安塔那那利弗來。

我指向隔壁桌上用半個鳳梨殼裝盤的菠蘿雞丁，問她：那算是某種混搭菜嗎？

「那是我自創的。有次幫客人做，反應很好，我就把它放到菜單上了。」陳美棣對我說。我隨口提到順德人是出了名的會做菜。

她不以為然：「我原本沒打算要開很正式的那種餐廳，想說收入只要能讓我們過日子就好了。這種生活很辛苦。」

我正想問和她家人有關的事，她卻把手擋在攝影機鏡頭前。「好啦好啦，我講得夠多了，別拍了。」

❖

「大島」是馬達加斯加的暱稱，距非洲大陸東海岸四百公里，是世界第四大島，文化極為多元。兩千多年來，這裡的人種包含非洲人、阿拉伯人、馬來裔印尼人（Malayo-Indonesians）、歐洲人、印度人、華人。

這個「大島」有人類居住的歷史，最早可溯及西元前三百五十年，馬來裔印尼人划著舷外浮桿獨木舟，從印尼來到這裡。非洲人則在九世紀左右橫越莫三比克海峽前來。十二世紀中葉，阿拉伯人也加入行列，之後印度人、中國人、歐洲人亦陸續抵達。

神奇的是，馬達加斯加約有半數居民的血統源自婆羅洲地區來的移民，另一半則來自東非。馬達加斯加語的源頭可溯及印尼，很接近現代馬來–玻里尼西亞語系中的馬安延語（Ma'anyan），是婆羅洲東南部的原住民語言。這個國家從人們的五官，到大片的水稻田，處處可見印尼留下的深遠影響。

塔馬塔夫首次有華人定居的紀錄，是在一八六〇年代初，在法國來此殖民之前。這些華人主要來自模里西斯群島、留尼旺島、塞席爾群島等地。十九世紀末，法國殖民政府從廣東省的順德縣招募三千名契約工，到此地從事挖掘、築路、造橋等工作，及塔馬塔夫－塔那那利弗鐵路（Tamatave-Tananarive railway）的修築工程。印度契約工也大約在同時抵達。（中國與印度的工人都比當地的馬來裔印尼人好訓練，要求的工資也低於歐洲工人和克里奧工人。）

華人一開始是在馬達加斯加東岸居住，再以此為據點向內陸擴散，遠至高地村莊，或自然資源更為豐沛的山區叢林。華人做的都是歐洲人不願意做的——不僅得一路遷移到連馬路都沒有的鄉下，還得在荒郊野外工作與生活。華人也會出售生活必需品給農民，如鹽、糖、肥皂、汽油、布料等，換取香草、咖啡、胡椒、丁香。也有華人經營栽種咖啡和香草的莊園。

我決心挖掘華人在馬達加斯加的移民史，就請了勞遠成（Bruno Lao）來幫忙。他經營一間計程車車行，是美棣在鄒省華文學校任教時的學生。

「我開車帶你上山。」他用粵語跟我說：「去我老家布里克維爾。」

「上山」兩字在中國文化有某種神祕的意涵——我在馬達加斯加已經不止一次聽到這個詞。道士上山是為了採藥，或尋找長生不老的仙丹。武林高手上山則求歸隱，靜心悟道，遠離世俗塵囂。就連前面提到的寺廟管理員岑應洪，也想上山回家去。

布里克維爾鎮住了約兩萬人，國道二號公路貫穿鎮中央。這條公路連結東海岸的塔馬塔夫，和中央高地的首都安塔那那利弗。從前這裡有很大的華人族群，但華人與當地人通婚幾世代後，造就出新種的馬達加斯加人。

「他們和我一樣都是混血。」勞遠成用法語說。

「現在全國的純種華人大概只剩一千人左右，這樣的華人家庭，布里克維爾只有七個。」他對我說。「不過有很多混種華人，尤其北部最多，形成很特別的混種文化。他們是馬達加斯加人，但祖先是華人。」

我們沿著海岸線往南開，得先爬升一百公里後，再轉一個大彎往西前進。沿路滿是青翠的山谷，映著陽光分外耀眼。旅程最終，我們駛過里亞尼拉河（Rianila River），向右轉個大彎，就離開國道，進入布里克維爾的主街。道路兩邊多半是鋁皮屋頂的磚造平房，讓這個鎮有種美國西部的邊城之感，簡直就是六〇、七〇年代義大利式西部片的場景，一時間還真以為克林．伊斯威特（Clint Eastwood）會出來找我們決鬥哩。

不過這裡的人都很親切，還邀我們去家裡喝啤酒。勞遠成認識這裡大部分的人，真是幫了大忙。鎮上有四名華人開雜貨店，陳美棣的弟弟陳接昭（Gilbert）就是其中之一。

到了我們走訪的最後一間雜貨店，我注意到有個華人老太太把一瓶瓶私釀的蘭姆酒倒進木桶裡，忽地有種異樣的感覺——好像在哪裡看過這畫面，這老太太也十分眼熟。細看之下，我發現她上過香港的電視節目《尋找他鄉的故事》（*Stories from Afar*）——這是亞洲電視台拍攝的系列影片，介紹世界各國的華僑。我抵達這裡的兩週前才看了馬達加斯加那集。

天下怎麼有這麼巧的事啊。

老太太的先生從店鋪後面出來，用粵語跟我打招呼。「歡迎歡迎，我姓黎，從順德來的。」「我姓關，南海來的。」南海縣就在順德縣旁邊，我這樣講就等於是他鄰居了。

老一輩的中國人習慣在自我介紹時提到祖籍，無論我們離祖籍地隔了多少代，這依然是快速拉近距離的方式。

馬達加斯加到一九六〇年代為止，大約百分之九十五的華裔移民都來自順德與南海兩縣。

黎良應（Lai Liang Ying）於一九二〇年來到布里克維爾，那年他十三歲，就此落地生根。如今他九十三歲，是全馬達加斯加年紀最大的中國人。他的妻子曾雁成（Tsang Ngan Sing）是經由家人安排通信相親，一九四〇年代來到這裡，兩人一起經營「興泰號」（Boulangerie Lai），至今已經五十多年。雖然法文「Boulangerie」指的是麵包店，店裡的營業項目卻包羅萬象，經銷和零售的東西除了穀類和農產品外，還有多種進口罐頭、烈酒與啤酒。

在馬達加斯加，無論大城小鎮，中國人開的店始終是維持社會結構的一大助力。他們的店是社交聚會場所——大家過來聊聊天、喝點東西、聽聽音樂、交換八卦。店裡甚至提供信貸服務，村民可以用之後收成的農作物預先借貸，這樣的店也因此成為農村經濟中的要角。

黎氏夫妻說他們家就在附近，一直邀我去喝啤酒，把店面交給他們的么兒照顧。梁家有兩層樓，類似貨倉和糧倉的結構，十分寬敞，但屋內頗為凌亂，家具和陳設都是五〇年代的舊物。不過從兩件事可以看出他們過得頗為寬裕——屋裡不但有兩台使用中的冰箱，還有兩名傭人，其中一人在我們走進屋內時正在燙衣服。飯廳連著廚房，面向河景。

黎太一直要我嘗嘗她做的月餅。看到這些華裔移民在離祖國這麼遠的地方，還保留中國的傳統，我真是驚喜不已。月餅常包蓮蓉餡，有時還會多加一、兩個鹹蛋黃，雖是中秋的應節食品，「興泰號」卻是全年製作販售。

幾瓶在地的「三馬啤酒」（Three Horses beer）下肚後，我們上樓到客廳觀賞這對夫妻出名的真正原因——他們在《尋找他鄉的故事》系列的馬達加斯加那集受訪，黎良應講起他年少時從中國到馬達加斯加的經歷。

看完節目後，我提了那個常問長輩的問題：以後想葬在哪裡？

中國，他說。要是沒辦法葬在中國，至少也希望自己的照片能放在順德的宗祠，這樣魂魄才能回歸當年出生的村落。但他不怎麼情願地坦承，這件事似乎不太可能實現。中國已不再是他過去認識的那個中國了。

❖

我試了好幾次，才終於找到陳美棣和兒子馬可・陶奇（Marco Taochy）同住的那間公寓。從他們四樓的陽臺可以俯瞰大海。海風徐徐吹進屋內。

二十七歲的陶奇，在法國求學、完成學業，他這個世代的馬國年輕人大多如此。在法國服完兵役後，他去昂蒂布（Antibes）一間美式餐廳做了三年，「去看看馬達加斯加外面是怎樣的生活。」

他不久前才帶妻兒回到馬國，幫母親打理餐廳生意。太太薇里安（Viriane）是法國人；兒子安東（Antoine）才八個月。陶奇的弟弟目前在法國。當年和母親一同開餐廳的姊姊最近剛結婚。

「所以我就成了得照顧生意的那個人。」他說著笑出聲。「我暫時給自己五年時間。做這一行真的很辛苦，因為根本沒辦法有自己的家庭生活。看看以後怎麼樣再說吧。」

有沒有感覺到文化衝擊？

「有，一開始真的很難適應。這裡的生活方式完全不同，大家什麼都慢慢來。現在我比較適應了，也回到自己固定的步調。馬達加斯加和歐洲不一樣，沒有社會安全網。我們都得靠自己。」

薇里安目前在當地的法國學校教書。她搬到馬達加斯加後，才發現丈夫一家是中國人。「他在法國的生活方式很歐洲，但他家的人和他母親跟我的生活方式不一樣。兩邊的文化也有差別。因為我和我婆婆想法不同，有時相處起來很困難。」

我問馬可有沒有因為自己的族裔背景受到歧視。

「不管哪裡都有歧視和種族主義，但是這裡很能接納華人，華人也很能融入當地社會。」他說：「當地人和華人之間彼此尊重。華人都會說馬達加斯加語，但法國人大概只有百分之二十會。語言通，就能促進我們和當地人之間的關係。我們夾在中間，是中間人。華人向來都是做貿易、經商，這大家都知道。」

陶奇覺得自己是中國、法國、馬達加斯加三種文化綜合的產物，但他的想法還是很中國。

這時他才比較願意敞開心扉，談到母親一直避談的家族史。他的外祖父母來自中國，祖父母則在馬達加斯加出生。他父親是陳美棣的第二任丈夫，也是我先前在「翡翠」看到的中國男人，只是當時他在吧檯後的暗處忙著工作，沒有露面。陳美棣和他已經離婚，也沒住在一起。陶奇說母親的第一任丈夫是海軍，但沒提到是哪國人。

陶奇顯然很欽佩母親的決心：「她決定要做什麼事，就一定會去做，所以她才會這麼成功。這點對做餐廳這行很重要。菜一下鍋就不能重來了。」

我提到「中國湯」成了這兒的主食，而且大家好像都很喜歡。

「它真的很受歡迎，又好吃。很多人吃這個當早餐。」他說：「不過很多做中國湯的人都是混血。餐飲業到處都是有中國血統的人。這裡的人都愛吃中國菜。」

他的下一句，也正是我在他母親的餐廳觀察的心得。「這道湯幾乎就等於我們的國菜。」

❖

塔馬塔夫是馬達加斯加最大的港都，人口約十五萬，步調悠閒，氣氛恬靜。市區內有多條蓊鬱的林蔭大道，洋溢優雅的法國殖民風情。但一入夜，這城市就熱鬧起來。我那本旅遊指南說到了晚上，迪斯可舞廳、夜店、餐廳，還有賣小吃的、販毒的、妓女等等，都會忙著搶客人。（我們住的是市區最好的「海王星飯店」〔Hotel Neptune〕，客房的備品居然有免費保險套。）

夸和紹華決定晚餐後到市區逛逛。我因為既是導演，又是負責搞定一切的聯絡人（fixer），通常到晚上就已經累到沒力了（一般拍片作業大多是到拍攝地點，雇用通曉當地語言的本地人當聯絡人，請他們把大大小小無論多瑣碎的事都安排好）。

結果這雙人探險組比我想的還早回來，講了一堆碰上的奇遇，好比他們在路邊一間酒吧碰到三個穿得很露的妓女，只好拔腿就溜。我還聽到丁字褲、乳頭、黑人辣媽之類的字眼。啊我不想知道那麼多啦。

隔天早上，我們叫了兩輛人力車，前往霞飛大道上的「劉記」雜貨店（Épicerie Liu，意譯）。霞飛大道是塔馬塔夫的主要道路。昨晚一夜大雨，像塔馬塔夫這種沒什麼道路排水系統的城市，遇上突如其來的大暴雨會是何等景象，可真讓我們開了眼界。

街上到處淹水。人力車的輪子十分高大，乘客坐得高高的沾不到水。但車夫呢？沾水是免不了的。他們得在及膝的水中奮力跋涉，還得避開因為淹水而看不見的坑洞。路上坑洞很多，但若有人力車被坑洞卡住，車夫之間會互相幫忙。

劉榮業（Liu Yung Yer）的這間「劉記」同樣什麼都賣：香菸、罐頭、糖果、藥品、烈酒、啤酒。他也私釀酒精度高達百分之七十五的蘭姆酒。私釀酒可是門大生意。馬達加斯加的「toaka gasy（字義：馬達加斯加酒精）」，指的就是無釀酒執照的蔗農私釀的蘭姆酒。私釀蘭姆酒在此已有悠久的歷史——久到已經成為有實無名的「國民飲料」。

「劉記」的飲酒時間很早就開始——不到中午就能開喝。有的人獨自上門，有的三三兩兩，聊聊天、喝啤酒。不過大多數人是來喝便宜的私釀酒。這種酒存放在大木桶中，放在店鋪很裡面，要喝時打開桶上的龍頭，裝在錫杯裡喝。有些客人還會帶自己的瓶子來續杯。

劉榮業在香港出生，十三歲時來到馬達加斯加，先在穆拉芒加一個親戚開的雜貨店工作。「穆拉芒加」的字義是「便宜的芒果」，位於中央高原，離首都安塔那那利弗一百二十公里，四周全是雨林。

十年後，他在北部開了自己的店，也在那裡認識後來的妻子陳妙娜（Raymonde Chan），她是第三代華裔馬達加斯加人。到了一九八九年，有個塔馬塔夫的親戚問他願不願意接手自己的店，他答應了，於是搬來塔馬塔夫。

劉榮業和陳妙娜有三個小孩。大女兒和二女兒的大學都是在臺灣念的，其中一個目前在臺灣任教；另一個則去了澳洲，有個法國丈夫。么兒詹姆斯（James）現在負責照顧店裡的生意。

多年來，馬達加斯加政府對華裔移民，甚至是當地出生的混血馬國人，都不給予公民權。華人因此只能保有原先的中華民國公民權，儘管他們與臺灣毫無關聯。馬國與中國在一九七二年建交後，新官上任的中國大使館，樂得趕緊把這些人的深綠色臺灣護照換成中華人民共和國的紅色護照。

華人的商會、學校，以及社交、藝文等相關組織，都在勸說下改為支持新成立的共產政權，也有不少場所因此換下臺灣的青天白日滿地紅國旗，改掛中國的五星旗。

這是中共政權「統一戰線」策略的一環，籠絡海外華人民心，以培養「對更新更強的祖國」的忠誠度。這天早晨《馬達加斯加論壇報》（*Madagascar Tribune*）的頭條以超大字寫著「臺灣代表團遭驅逐（La délégation taiwanaise expulsée）」。臺灣在馬國的最後一點影響力，至此終於蕩然無存。

然而劉榮業對哪一邊忠誠顯而易見。他堅定支持敗給中共、丟了中國大陸、撤退至臺灣的國民黨。

八十歲的他已然年老體衰，滿頭白髮，前排的牙齒缺了幾顆，講起粵語有很重的順德口音。我們一同坐在市中心的一小塊綠地。正值炎夏，蟬鳴大作。不遠處有頭繫在樹幹上的牛，但沒人顧，不太開心地朝我倆猛叫。

我問起公民權：「馬達加斯加好像不太希望你變成這裡的公民。」

「要拿公民不是不行，只是得給他們錢。」他放輕了嗓門。

「給了錢就有護照？」

「對，就是得賄賂他們。這裡貪汙很嚴重，做人不能太誠實。否則就會像我一樣，就當個老百姓。我年紀大了，不想冒險，我不像年輕人。」

「萬一冒險呢？」

「那就一定會扯上貪汙、賄賂那些勾當。」

「你想過回中國嗎？」

「我們老家都有宗祠。中國人講飲水思源，絕不忘本。可是我怎麼回去呢？要是能回去，我現在就走了，不會等到死了才回去。」

他沉默一會兒，又說：「沒有人想回去。中國已經變成共產國家，我們再也回不去了。我沒看過哪個中國人想回去的。」

❖

這天是獨立紀念日，所有店鋪公休一天。霞飛大道空蕩蕩的令人發毛。樹葉隨風窣窣作響，不時傳來蟬鳴唧唧。偶爾有輛人力車經過。這個燠熱的下午，讓人什麼事也不想做。

有兩個人在「霞飛飯店」（Hôtel Joffre）的露臺喝著開胃酒。這間飯店是塔馬塔夫的著名地標，原本由法國人經營，二十年前賣給了當地的中國人。塔馬塔夫有很多雜貨店和公司行號的老闆是華裔馬國人，像商業街（Rue du Commerce）上的迪斯可舞廳「噢啦啦」（Disco Oh La La!）就是。

飯店餐廳供應的菜色頗有法國殖民時期的奢華風格，是過去那個年代的菜餚。黑板上寫著今日特餐，第一道菜是鵝肝沙拉。桌布隨著嗡嗡轉的吊扇輕揚。

外場只有一名侍者，身穿傳統的法國黑白制服，動作謹守分際，以最不打擾到客人的方式提供服務。這餐廳老派的裝潢，和服務人員穿到磨光的制服，更平添了懷舊氣息。

我和梁松勁（Roger Leung）共進午餐，他在這裡從事進出口業。侍者克勞德在我們交談之際，端來裝了奶油蔬菜湯的大湯碗，用長柄湯匙分別幫我們舀湯（這是標準的法式桌邊服務），祝我們用餐愉快。

主菜是裝在銀製長盤中的胡椒牛排，同樣是桌邊服務。梁松勁邊吃邊對我說，馬達加斯加就連在一九六〇年獨立後，都還是人間樂園，但政府自一九七二年起轉向社會主義，開始排斥外國人，加上貪汙橫行，很多事情難以推動，政府就此陷入長年衰退。他認為這是法國人的錯，因為同樣是殖民政府，英國人會在殖民地建立穩固的公部門或基礎建設，法國人卻沒這麼做。

一九四七年，馬達加斯加的國家主義分子揭竿而起，反抗法國殖民政府。抗爭運動持續兩年，十萬人因此喪命。許多華人返回中國，梁松勁也不例外。一九四九年中共掌權，他想重回故鄉馬達加斯加，卻走不了。

直到一九五九年，中國政府允許海外出生的中國人出境，他才搬到香港。在香港工作八年後，他終於回到闊別二十多年的馬達加斯加。

「我是在這裡出生的。」他加重了語氣：「這才是我的家。」

馬達加斯加的華人社群中（甚至包括馬華混血的華人），很多人都像梁松勁這樣，在馬國土生土長，卻回中國繼續中學教育，到成年了才返鄉。

梁松勁全家都是馬達加斯加公民，三個女兒均已成年，分別住在安塔那那利弗、巴黎、蒙特婁。「我會在這裡退休。香港太擠、生活太緊張，不適合我。」

❖

令我意外的是，馬達加斯加的華人移民後裔，甚至到第三、第四代，很多人還在講粵語。好幾世代的華裔馬國人，甚至包括混血華人，都把孩子送回中國讀書。然而對日抗戰爆發後，回中國已不可能，馬國華人社群遂在全國各地成立自己的學校。其中規模較大的幾間，還為小鎮和鄉村的學生提供住宿。

劉榮業帶我去鄒省華僑學校（Collège de la Congrégation Chinoise; Chinese Association School）。這間學校於一九三八年創立之初，是「鄒省華文學校」（Tamatave Chinese School），上午用華語授課；下午則是法語。華文老師和教科書都來自臺灣。他們拿一九七五年的畢業紀念冊給我看，和臺灣的高中畢業紀念冊幾乎完全一樣。

學校全盛時期的學生曾多達六百名。如今這是全馬達加斯加唯一一間華文學校，不過所謂「華文」，也只是名義上的。這所公立學校用法語和馬達加斯加語授課，中文課程只有課後才有。

「以前我們都得回中國念書。」劉榮業說。「中共執政後，情勢變壞了。大家現在都去法國。」

他把我介紹給該校校長和老師認識，他們都是馬華混血，熱情地為我導覽。到了某一班，有個穿著白藍相間制服的混血女生，在黑板上用中國字寫下自己的名字，一筆一畫極為工整，像是苦練多年書法的成果。我寫的字和她一比，真是相形見絀，我只有驚歎的份。

我看著遊戲場上的學童奔跑嬉笑，發現純種華人並不算多，大部分的都是混種。就像餛飩湯已經融入馬達加斯加菜，華人經過幾世代的融合，已經成為這座大島文化基底結構的一部分。

望著這些孩子，我不由得想：這才是這個世界應該走的方向——我們應該讓世界成為各種文化和種族水乳交融之處，各自的祖先從哪裡來，一點都不重要。真正重要的是，我們在自稱為「家」的這個地方，為自己打造的生活。

第八章

從中國走來的男人

土耳其・伊斯坦堡

時間：一九七六年十月三十一日，星期日。地點：伊斯坦堡。

那天，我和查爾斯・查巴諾（Charles Chabanol）在「中國飯店」（Çin Lokantasi，土耳其文）共進晚餐。根據我的日記紀錄，我那晚吃了「蘑菇雞」和「粉絲牛肉」。為了豐盛些，我又加點了青菜。

「中國飯店」位於塔克辛廣場（Taksim Square）斜對角的拉馬汀街（Lamartin Caddesi）二十二號的地下室。一九七六年版《Let's Go》旅遊指南系列的歐洲篇說，這間餐館是土耳其唯一的中餐廳，還提到老闆是「從中國走來的」。

查巴諾，這個渾身散發魅力的歐亞混血男子，是我那天在知名的「東方快車」終點站——瑟爾凱吉車站（Sirkeci Station）認識的。他大約三十出頭，一表人才，曬得很黑，從體格到氣質，都像是在西非待了好一陣子的法國外籍傭兵。他問我是不是日本人——那個年代很多人看到東方面孔都會這麼想。

我當時正在進行自己的環遊世界之旅，剛從德黑蘭飛到伊斯坦堡，搭的還是赫赫有名的汎美航空公司〇〇一號班機——它的路線是從美國出發，一路往西，環遊全球一周。我就這樣來到亞歐兩洲交界，尋找帶我前往下一站布加勒斯特的火車。查巴諾正好也要在伊斯坦堡待幾天。「要不要一起吃個飯？」他問。

我和他在那間中餐館吃了飯後，隔天傍晚又在「布丁店」（Pudding Shop）[1]碰面，一起吃土耳其旋轉烤肉。這間咖啡館是六〇年代非常受歡迎的聚會場所，走陸路跨越歐、亞兩洲間的旅人，會在這裡找伴共乘、交流旅遊心得，據傳也在此戀愛。七〇年代末，這裡更是預算有限的旅客享用平價小吃的天堂。

我們邊吃土耳其堅果千層酥（baklava）、喝土耳其咖啡，查巴諾邊跟我說他的人生際遇。他在越南出生，父親是法國人，母親是越南人。他十幾歲時搬到法國，踏上犯罪與毒品的不歸路。幾個月前他在法國越獄，現在暫時藏身伊斯坦堡，躲避國際刑警組織的追緝。

「我傷害了一些人。」查巴諾說。

或許我太天真、太容易相信人，要不就是膽子太大。他說的我根本沒在意。

晚餐後，我們去喜來登飯店頂樓的酒吧小酌。飯店位於塔克辛廣場南側，從頂樓放眼望去的景色真是美極了——一邊是博斯普魯斯海峽和伊斯坦堡亞洲區的點點燈火；另一邊是金角灣（Golden Horn）和加拉達橋（Galata Bridge）。查巴諾拿了本筆記本給我看，裡面是他寫的詩。我們聊起卡繆。他也談到自己在法國身為混血的成長經歷，與遭受歧視的親身體驗。

「看那個穿粉紅色上衣的女人。」他朝電梯口的方向點了下頭，我因為背對電梯，就轉身瞧了一眼。待我回過頭來，查巴諾淺淺一笑，說他大可以趁這個機會在我的酒裡下藥。

「我上週就是用這招，偷了三個馬來西亞外交官的護照。」

我這時早已徹底被他收服，無論他說什麼我都不擔心了。或許我心底早已有數，我身上那本英國國民海外護照雖有「英國」之名，卻無英國居留權之實，一點用處都沒有，要偷也未免太傻了。

我倆從此未再相會。查巴諾往山下走，在密密麻麻通往加拉達塔（Galata Tower）的窄巷間，轉進其中一條，就這樣消失在夜色裡。

❖

伊斯坦堡對我而言始終是個謎。它是魔幻之城，活力之城，也是邊緣之城。我很難說它是現代

1 譯註：伊斯坦堡知名的「拉雷餐廳」（Lale Restaurant）的暱稱，於一九五七年開業，為當地知名地標。

還是傳統，是無涉宗教還是穆斯林，但它的美始終如一。從攝影師的視角來看，它也是個充滿絕美光線的城市。

多年後，那趟伊斯坦堡之旅的種種，仍在我心頭揮之不去。或許就差那麼一點，我也會成為查巴諾的爪下獵物。只是這麼多年過去，「中國飯店」後來如何，我已無從得知，遑論那名「從中國走來的男人」的下落。

機緣巧遇下，我在多倫多一個反種族主義的會議上，認識了有土耳其血統的平權運動健將妮娜．喀拉奇－卡列德（Nina Karachi-Khaled）。她一聽我當天上午才從以色列飛回來，而且去以色列是為了拍關於中餐館的紀錄片，就跟我說伊斯坦堡歷史最悠久的中餐廳，是她小時候一個朋友家開的。

「他們是信奉伊斯蘭教的中國人。」妮娜說。她幫我和住在墨西哥市的王曼麗（Manli Delitzsch）牽線，曼麗再幫我聯絡到她姊姊王樂麗（Rosey Ma）。

「如果你是一九七六年在伊斯坦堡的中餐廳吃飯，那一定是我們家開的。」過了幾天，王樂麗在從吉隆坡寄給我的電子郵件中這麼寫著。「我父親王增善（Wang Zengshan）在一九五七年開了這間餐廳，但你去的那時候，他已經過世了。」

她說她們全家當年從中國逃難到土耳其，還建議我夏天去伊斯坦堡一趟，參加她家每年的聚會。「我今年不會去，不過你去了就可以見到我媽，我很多兄弟姊妹都會去，你也可以認識一下。」

於是兩個月後，我和夸及紹華來到伊斯坦堡。我想報導「從中國走來的男人」——這個故事正是讓我動念想拍攝這一系列影片的起點。

「中國飯店」是一棟三層樓的樓房，地址是拉馬汀街十七號。我一九七六年來用餐時，它在斜對面的地下室。如今餐廳大門口高掛四盞紅燈籠，分別寫著「中」、「國」、「飯」、「店」四字。接待櫃檯、等候區、廚房都在一樓，主用餐區在二樓，餐廳名義上的老闆一家人住在三樓，也就是王增善的二兒子王爾紹（Isa Wang），和外國妻子安錦（Engin），女兒美玲（Mayling）。

「歡迎歡迎！」我一走進餐廳，亞卡．夏卡（Yakar Çakar）就從廚房出來，熱切握住我的手。餐廳空調沒開，我們就搬凳子坐到外面乘涼。一陣微風吹過，兩面巨大的土耳其國旗隨之飄揚。今天天氣很熱，這陣涼風來得正是時候。

六十來歲的亞卡，個小頭禿，講起話來眉飛色舞，手也常跟著比劃。早在「中國飯店」正式開業之前，他就主動上門求職，王增善當場錄用了他。四年後王增善過世，留下不會說土耳其語的妻子，和八個尚未成年的孩子，老大淑麗（Makbule Wu）當時也只有十八歲。亞卡便扛起了照顧這家人的責任，不僅幫孩子們做午餐、帶他們上學，還幫忙解決他們功課上的疑難。

「他就像我們家的一員。我們把他當哥哥、叔叔看。」如今已年近六十的王淑麗對我說。「我媽和我甚至幫他向土耳其一個將軍的女兒求婚呢。」亞卡現在還是常來顧店，加上王家在愛琴海邊的度假勝地馬爾馬利斯（Marmaris）某間飯店開了分店，由王爾紹過去管理，每逢旺季，亞卡就更常來幫忙了。

「我帶了一千四百萬個客人來喔。」亞卡用土耳其語對我說。（我是不相信這數字啦，怎麼算也不可能吧。）「他們以前都會說：『我們去亞卡的店』，而不是『我們去中國飯店』……他們那時候在伊斯坦堡拍西部片，有雷根（即日後的美國總統）、安東尼．昆（Anthony Quinn）、尤．伯連納（Yul Brynner）……還有路易．阿姆斯壯（Louis Armstrong）那種明星。全是大牌，還有甘迺迪那一輩的人。都是我幫他們服務，把他們照顧得好好的。」

王增善的遺孀馬昌玉（Fatima Ma）已經七十七歲，自帶長輩的威嚴。她這天上午和先生楊寶賢（Dawood Yang）一同出現，照例坐在面街大窗角落的桌子。家裡其他成員則在中午左右陸續抵達，很多人是為了團聚專程回來。王麗麗（Saadet Wang）和先生孫傳益（Terence Sun）及兩個女兒同行；住在墨西哥市的曼麗帶了雙胞胎；淑麗則剛從臺北飛來。

這一家人的談話夾雜了好幾種語言——一點土耳其語、一點中文、一點英語、一點法語。大夥兒許久不見，有好多話要說。午餐的菜色有炒茄子、燉羊肉、蝦仁炒飯、白菜炒蘑菇、牛肉煎餃等等，擺了滿滿一桌。

中國餃子無論是煎、蒸、水煮，或做成湯餃，內餡的肉通常是豬肉。菜單上如果有「肉」字，例如「鮮『肉』餃」，指的必是豬肉。豬肉是中國菜裡用途最廣的肉，有種獨特的「甜味」（廣東人稱之為「和味」），能與各種食材巧妙融合。吃中國菜即是體會陰陽調和之道，而豬肉深得個中三昧。

「我們是回教徒——我們店裡不供應豬肉，也不賣酒。」馬昌玉後來私下跟我說明。「我們有很多客人想吃豬肉。現在的土耳其人也不太嚴格了。有一次有個客人甚至帶了豬肉罐頭來，我們看了一下就丟了。就因為我們沒有豬肉，很多客人就不來了。」

席間曼麗拿出一本相簿，是幾十年前家中失火時她搶救出來的，裡面都是他們童年在巴基斯坦的照片。我特別注意到其中有一張，是王增善身穿淺色西裝走下飛機，讓我想起我父親在新加坡時的模樣。他在一九五〇年代，也常搭乘螺旋槳飛機飛遍東南亞，穿的是白色夏季西裝。

我和王家的孩子們不僅同輩，也同樣過著四處遷移的生活。從我全家搬離香港到我十八歲之間，我們先後住過三個國家。每次搬家我都傷心不已——一是捨不得住了一陣子的家，二是因為就此與朋友永別，更難過的是又得從頭適應一種新語言和新文化。

夸的際遇也很類似。他九歲那年離開香港前往加拿大，投靠從未謀面的生父，卻只覺被硬生生丟到一個不熟悉的地方，不知如何自處，又被同社區的白人小孩霸凌。在華人面前他總覺自己是西方人，和西方人相處時又覺得自己是亞洲人。

這頓清真午餐吃了整整三小時——大夥兒講的比吃的還多。每道菜雖然都由專業廚房烹調，其實都是簡單的家常菜。沒吃完的菜，則由來自墨西哥和土耳其的孫兒們一掃而空。現在這群小朋友要去附近的麥當勞吃冰淇淋嘍。

❖

我二十五年前在「中國飯店」用餐後，一直想了解王家的歷史：他們的老家在哪？怎麼會來到土耳其？如今，我終於一點點拼湊起這段歷史的全貌。

王增善在一九〇三年生於山東，家中信奉回教。他不僅學識淵博，還通曉多種語言，在蔣介石領導的國民黨中平步青雲。一九三七年日本侵華，他隨國民政府遷至戰時首都重慶，也在那裡續弦——對象是某個回教長老的女兒，也就是比他小二十歲的馬昌玉。戰後他奉派至烏魯木齊，出任新疆省民政廳長。新疆省大多是穆斯林族群，包括維吾爾人、吉爾吉斯人、烏茲別克人、哈薩克人。日本於一九四五年投降後，國共內戰加劇。蔣介石見大勢已去，於一九四九年九月率國民政府撤退至臺灣。

許多像王增善這樣效忠國民黨的華人穆斯林幹部，只有一條路可以逃離新疆，就是沿著現在稱為喀喇崑崙公路（Karakoram Highway）的路線一直往西，穿過紅其拉甫隘口（Khunjerab Pass），翻越喜馬拉雅山，抵達巴基斯坦的難民營。王增善一大家子（包括第一任妻子和他們的三個小孩）最後在喀拉蚩（Karachi）定居，王增善則在當地擔任中華民國（臺灣）僑居國外的立法委員。

一九五二年，伊斯蘭世界會議（Islamic World Conference）在拉合爾舉行，王增善挺身而出，譴責中共政權。然而巴基斯坦正是全球率先承認中華人民共和國的國家之一，他這麼做自然激怒了當地政府，因而被迫離境。一九五四年，他和家人先坐船到伊拉克的巴斯拉（Basra），再搭火車前往土耳其首都安卡拉。等他們終於在土耳其安頓下來，家中又多了三個小孩。

會選擇到土耳其避難其來有自。王增善在一九二〇年代曾是交換學生，赴伊斯坦堡大學主修歷史，之後亦曾以中國「人民外交」代表的身分訪問土耳其。他在伊斯坦堡大學的恩師並邀他在母校成立「中文與中國歷史系」。

第八個孩子麗麗出生後，王增善決定開中餐館，補貼微薄的教員薪水。「中國飯店」不多久便成了當地民眾的服務中心與避風港，短期訪問學生和臺灣使館人員更是經常光顧。

一九六一年，王增善在講課時心臟病發去世，享年五十八歲。

儘管英年早逝，他與家人的這段故事，卻成就了海外華人史上曲折動人的另一章。我那本一九七六年的旅遊指南寫得沒錯：王增善確實是「從中國走來」的。

❖

我對中國的回教徒所知不多，更不清楚回教怎麼傳入中國。在土耳其發現王家這一家人，打開了我的眼界，讓我更想去了解這部分的中國史，畢竟學校從來沒教過。藉由王樂麗從事的研究，我得以更進一步認識這個族群。

早在西元六世紀，阿拉伯人還沒成為穆斯林之前，就在現今中國的廣東、福建兩省一帶和中國人做生意。唐朝於七世紀中葉建立之初，即鼓勵港口城市對外貿易，並明令保護外國商人和他們的聚居地。

回教會進入中國，最早是因為某個阿拉伯穆斯林到現在福建省的泉州，先對自己的族群宣教，後來再透過與當地人通婚、改信教，逐漸宣揚開來。約在這同時，有位來自阿拉伯半島的使節，經絲路到中國赴長安（如今的西安）朝貢。唐朝賦予這個使節團自由居住與傳教的權利，他們遂建立了長安第一座清真寺。

泉州在十一至十四世紀間，是全世界數一數二先進的外貿港口，也是海上絲路的起點。從阿拉伯半島、波斯、敘利亞、印度、義大利、摩洛哥等地前來的商人都在此定居，馬可·波羅並稱泉州是「全世界最繁榮、最興盛的城市」。

回教的黃金時代是十五世紀的明朝。據說明朝首位皇帝朱元璋，還有在十五世紀七度率艦隊遠航至非洲東岸的鄭和，都是回教徒。

中國的穆斯林也稱為「回族」，是官方認可、有別於漢族的族裔（在中國十二億五千萬人口中，漢人占百分之九十二）。十四世紀的明帝賜給回族十種姓，包括馬（Mohamad）、哈（Hassan）、羽（Yusuf）等等。中國史上從古至今，回族在行政、軍事領域都有很高的地位。

蔣介石的國民政府中，像王增善這樣的回族人常出任政府及軍方要職。他也正因為是穆斯林，又通曉維吾爾語（源自突厥語），而奉命派駐新疆。大陸淪陷後，國民政府撤退至臺灣，也有許多回族人士在其中任職。

臺灣目前約有五萬名華人穆斯林。中國約兩千萬名的穆斯林人口中，約有半數是回族。

❖

「電報沒有來！電報沒有來！」一九四九年，王淑麗才六歲。她記得那時父親每天回家，都因共軍節節進逼憂心忡忡，然而那紙要他們撤離新疆的命令一直沒下來。

「等命令終於下來，我們抓了手邊能帶的東西就趕緊走了。」馬昌玉回憶道。

王家就此加入眾人漫長而艱辛的旅程，離開中國西北部一路向西。起先有三週他們跟軍方的車隊一起走，之後改為騎駱駝、騾子，有時完全徒步，一路翻越喜馬拉雅山脈，進入巴基斯坦。駱駝和騾子身體兩側垂著吊籃，比較大的幾個孩子像淑麗、爾紹、荷麗（Halime）就坐在籃子裡。年紀最小的樂麗則由幾個家人輪流背著。

樂麗常對外說，由於家人找不到奶水餵她，只能把她丟在雪地裡等死，最後有個舅爺不忍心，一路走回來找她，才保住她這條小命。

淑麗聽了我引述樂麗的說法，回以大笑。

「樂麗哪可能記得這麼多事啊？她那時候連一歲都不到。其實是那個舅爺抱著樂麗，走著走著和我們走散了，最後在雪地裡走了好久，才終於又和我們會合。」

馬昌玉把這段旅途形容為克服四大難關的過程——水、火、沙、冰。她用「山」字來比喻一路上的重重考驗。

「水山」就是河川和急流，但不成問題，因為「騎馬就可以過去」。

「沙山」包含沙丘與流沙，十分危險。「一旦踩進去就會埋到沙裡面。」

「火山」是指吐魯番市區外不遠處的火焰山，位於塔克拉瑪干沙漠邊界。火焰山得名於《西遊記》，是唐三藏前往印度取經途中遇上的酷熱之地。「卻有八百里火焰，四周圍寸草不生。」王家一行人路過時，必然曾看見赤砂石在日照下火紅如焰。

「冰山」就是喜馬拉雅山脈。

「騎馬沒辦法上山，非得下來走不可，拉著馬尾巴，讓馬把我們拖上去。」馬昌玉說著舉起雙手，說明她抓著馬尾的樣子。「那個山又高又陡，如果冒出一點點路來，馬就會順著路走。但要是馬蹄一滑，就會摔下山去。有很多駱駝呀、馬呀，都摔下去了。很多人也跟著摔死了。」

她熱得一邊幫自己搧風，一邊敘述這段經歷。「我們顧不了每個人。顧得了孩子，就顧不了大人。顧得了大人，就顧不了孩子。」

這一大群人出走至巴基斯坦的旅程花了兩個多月（王家沒人記得到底花了多久時間），一路上喪失的生命不計其數。

❖

「我以身為中國人為榮——我一直想嫁給中國人。」王淑麗和我在加拉達橋下的鮮魚餐廳吃晚餐時這麼說。從這裡可遠眺金角灣絕美的夕陽。「我從來沒想過嫁給土耳其人。」她說：「不過我也沒想過去中國或臺灣找男朋友。」

她幫忙母親打理「中國飯店」安卡拉分店的期間，認識來自臺灣的吳興東（Hsin-Tung Wu）。

那時他在安卡拉大學念土耳其文。一年後淑麗也進了安卡拉大學，兩人成為同學。

吳興東為了和淑麗結婚而改信回教，也取了伊斯蘭名字「烏爾」（Uğur）。兩人自一九七五年起就住在臺灣。但淑麗並未奉行回教教規。她不禱告、不在齋戒月禁食，也不曾去麥加朝聖。

「不過我對外會說我是回教徒。我信的是回教。」淑麗說。「我自認是個好人，不管在哪裡都願意幫助別人。我相信不管哪種宗教，都是教我們守規矩、做好事。」

王家最小的女兒麗麗是全家唯一在土耳其出生的孩子。父親過世時她才三歲。中學上的是伊斯坦堡的法國學校，之後去臺灣讀大學，也在那裡認識了孫傳益。他為了與麗麗結婚搬到土耳其，但並未改信回教。

「我兩個女兒跟爸爸講中文，跟我講土耳其語。」我去拜訪麗麗家時，她說。「兩姊妹之間講英語。」

麗麗自認是中國人，但她的根在土耳其。她不知未來會如何，但因為土耳其現在有可能加入歐盟，她很肯定兩個孩子會覺得自己比較像歐洲人。

「我兩個孩子跟我說，等她們長大了，也許會想成為基督徒。」她說。「我告訴她們不管信哪種教，都應該做個好人。宗教講的都是一樣的，她們有權找到自己的信仰。」

❖

我和馬昌玉、楊寶賢夫妻約在貝西塔斯（Beşiktaş）傳統市場碰面。這裡緊鄰博斯普魯斯海峽（也稱為伊斯坦堡海峽）歐洲區的海岸。

馬昌玉至今仍親自到市場採購餐廳所需的食材。市場業者對她頗為敬重，都會留最新鮮的貨給她。她不和店家說說笑笑，完全公事公辦，直接挑選那一週所需的材料，偶爾討價還價。瘦瘦高高的楊寶賢拄著拐杖，緩緩走在馬昌玉後面，扮演稱職的副手，偶爾也晃去別的走道，一臉若有所思，但他最後還是會回來跟馬昌玉會合。

採買完畢，我們叫車回店裡。亞卡和土耳其廚師幫忙把東西從車上拿下來，馬昌玉則直接進廚房，和中國廚師討論當天的菜單。

等她有空和我談話，已經快中午了。她照例坐在接待區角落那張桌前，一邊低聲和楊寶賢交談，一邊慢慢剝著一籃豆莢。坐在她對面的楊寶賢則專心聽她講，偶爾回應幾句，同時有條不紊幫收據本逐頁編號、蓋章。

幫收據本蓋完章，他就看起每週從臺灣空運寄來的中文報紙。楊寶賢對臺灣政治最新動態一清二楚，堅決支持兩岸統一。只是他留在北京的家人已經所剩無幾，與祖籍地的連結早已斷了。

王家每個孩子都跟我說，在他們記憶中，楊伯伯始終都在。他和馬昌玉一樣都是回教徒。六〇年代末，他是臺灣駐沙烏地阿拉伯外交團的一員，後來奉命派駐土耳其首都安卡拉，那也正是馬昌玉掌管「中國飯店」安卡拉分店的時候。

「大使館派來監視我們的人，就是這位楊先生。」馬昌玉說，但沒半點挖苦的意思。冷戰時期，中國與臺灣為了爭取海外華人認同各出奇招，這種事並不稀奇。楊寶賢在大使館的任務之一，就是確保中東地區的華人繼續留在國民黨陣營。（土耳其直到一九七一年才承認中華人民共和國。）

「他們是在沙烏地阿拉伯結的婚，那時候我讀高中。」麗麗回憶道：「完全沒人反對。」

「跟你說嘛，我都八十八了，動作也沒那麼靈活了。你沒看到我怎麼走路嗎？沒拐杖就不行了。」楊寶賢說著嘆了口氣。「我的家就是伊斯坦堡。我在這兒過得也習慣了，這兒住得舒坦。」

他那張飽經風霜、稜角分明的臉，讓我想起自己的祖父——個性堅毅，刀子嘴豆腐心，是願意為了保護家人而拚命的那種大家長。感覺得出他這輩子歷經中國改朝換代的起伏興衰。只要有人願意聽，他應該會很樂意通宵暢談自己走過的風風雨雨。

「每個中國人都希望中國統一。」他從國家主義的觀點，強調統一是兩岸人民的心願。「不過，要是在中國共產黨統治下統一就不好了。我們要的是民主的中國。」

講完，他又繼續看他的報，繼續做著反攻大陸統一中國的夢。

❖

從王芙麗（Feride Wang）三樓的辦公室望出去，下方是重重疊疊的紅色屋頂，遠眺則是壯闊的博斯普魯斯海峽。我們這棟樓房位於山腰，離馬爾馬拉飯店（Hotel Marmara）不遠——它的前身是喜來登飯店，也就是我一九七六年和查巴諾小酌的地方。

「我有時候覺得自己是土耳其人。和中國人在一起的時候，我又覺得自己是中國人。」王芙麗說。「我也搞不清楚自己是誰。我在德國學校和德國小朋友一塊兒玩，覺得自己也和他們一樣。」

芙麗是王家第一個在中國境外出生的孩子。她已經不太記得在拉合爾度過的童年——卻記得自己還不會講中文，就已經會講烏爾都語。父親走時她八歲。

「我是家裡的野丫頭，但父親總是護著我。他去世給我很大的打擊，到現在我心裡那個傷還是好不了。」她邊說邊拭淚。

她是王家子女之中最先結婚的。哥哥姊姊都不希望她嫁給土耳其人，但她不聽勸阻。「其實我也不後悔，畢竟是個經驗。至少我現在還有兩個孩子。」她望向旁邊辦公桌前玩電玩的兒子多阿（Doğa），正值青春期的大男生。

芙麗直到最近才首次去了中國，但以她的中文能力，在那兒生活不成問題。她幫中國和臺灣的觀光客做過翻譯和導遊，目前則是對中貿易顧問。

她的際遇和夸很類似。夸曾經和一個愛爾蘭裔加拿大人結婚，也和芙麗一樣對僑居地沒有歸屬感。他同樣是家裡第一個結婚的孩子，也同樣只有他不顧家人反對，選擇了外國人。不過夸跟我說那是很久以前的事了。我認識他以來，只看過他跟華人女性交往。

我告辭前，芙麗說她女兒美珍（Çise Ertan）想見見我。「是關於移民加拿大的事。」她說。

我和王美珍約在獨立大道（İstiklal Caddesi，可說是伊斯坦堡的香榭麗舍大道）一間又吵又擠的咖啡館碰面。這條大道是行人專用，路中央則供有軌電車通行。民眾來此逛街購物，吃著從麵包店和咖啡館買來的土耳其軟糖。各種聲音輪番上陣：電車的叮叮聲、冰淇淋小販的吆喝聲，還有身穿鄂圖曼帝國時期服裝的賣水人，背著造型華麗的水壺，一路叮噹作響。

土耳其的流行音樂天后蘇珊・阿克蘇（Sezen Aksu）剛推出最新專輯，大街小巷都聽得到她的歌。我走過某間燈火通明的唱片行，旁邊的暗巷裡有個老太太招手示意要我過去，問我要不要買阿克蘇最新專輯的盜版錄音帶，開價一卷四千（這裡的「四千」指的是四百萬土耳其里拉，約等於美金三元——土耳其人談話時習慣省略數字的最後三個零）。

「這裡就像伊斯坦堡的小中國。」美珍以流利的中文說。她講起自己爸媽在倫敦留學時，她由奶奶帶大的那段日子：「看的是中文報和中文錄影帶，講的是中文，每天煮的是中國菜。我的母語是中文，土耳其語是到街上和小朋友玩才學會的。」

她承襲了母親的叛逆因子。她男友是音樂人，母親反對他們交往，她索性搬出去住，再打電話回家說她結婚了。芙麗對女兒說妳一定會後悔，就像當年馬昌玉告誡芙麗：這麼早婚，妳將來會後悔的。

美珍目前在機場免稅店的「迪奧」專櫃上班，向我問起移民加拿大的事。她覺得土耳其的男人太過保守，正設法離開這個社會。她會說多種語言，有信心在國外仍可負擔家計，支持丈夫的事業，不久前還通過波蘭文檢定考試。

為什麼會學波蘭文？

「拉丁語系的語言我大部分都會，加上中文，當然還有土耳其文。我想學比較接近俄文的語言，在機場就可以直接和俄國來的客人對話。」

王家的孩子都會多種語言：中文、土耳其文、英文是最基本的；第四、第五種語言則有法文、德文、義大利文，有些是學校教的，或是兄弟姊妹間討論功課時學會的。王增善甚至一度要孩子們讀阿拉伯文版的《可蘭經》。

「我覺得如果妳想移民加拿大，妳的語言能力會非常有用。」我說，也答應她會幫忙。她謝了我，便匆忙趕赴下一個約。典型的二十幾歲年輕人。

❖

「我現在老了，做不動了。」我在伊斯坦堡的最後一天去向馬昌玉道別，她這麼對我說。「我現在只有中午過來一下，晚上我從不過來。」

淑麗認為應該把餐廳收起來。她弟弟爾紹現在負責管理分店。只是以他們目前的收入，實在無法維持經營。

「媽媽總是說她累了。」芙麗卻有不同的想法：「不過她也沒辦法待在家閒著。她過慣了這種生活。我還真不知道她沒了餐廳要做什麼。」

黃昏時分，拉馬汀街上靜了下來，只有兩條街外的塔克辛廣場遠遠傳來車聲隆隆。亞卡坐在他慣常坐的那張凳子上和鄰居閒聊，不時有路過的人向他招呼。

有個美國僑民上門來。他是店裡的常客，照例點了薑蔥蒸全魚，在樓上靠窗的桌位靜靜吃著。他是今晚唯一的單客。中國和臺灣的旅行團已經來用過餐了。

廚房裡只剩下潘師傅和一個年輕的土耳其服務生。

四年前，三十五歲的潘文輝（Pan Wenhui）付了三萬人民幣給人蛇集團的蛇頭，作為偷渡至土耳其的費用。中國與土耳其之間有勞務輸出協議，因此他在入境的頭三個月有工作簽證，在爾紹負責的馬爾馬利斯分店廚房工作。

爾紹還安排他和一個土耳其女人結婚。

「那時候我們根本沒空辦婚禮。」潘文輝笑著說。「土耳其對宗教沒那麼嚴格，我岳家那邊也沒要我非改信教不可。」

潘文輝屬於中國的新生代，求學時學校沒教過國民黨撤退到臺灣的事。從王家出走新疆的逃難記，乃至「中國飯店」成為某一世代中國穆斯林在土耳其的避風港，這種種他都沒什麼感覺。

「中國飯店」也是王家孫兒們的避風港。他們在這裡就像到了自己家。王家的子女有時遠行或無暇育兒，就把孩子託給馬昌玉照顧，所以很多孫兒都是在奶奶家長大的，餓了也可以到這裡吃飯。

王爾紹與前妻的兒子王台生（Taysun）昨天過來一起吃晚餐。今晚出現的則是芙麗的兒子多阿，等媽媽帶他去做開學前最後關頭的大採購。廚房幫他做了碗什錦蔬菜炒牛肉配飯，他用筷子吃得津津有味，邊吃邊灌可口可樂。

等今晚最後一位客人離開，亞卡關上餐廳的燈，鎖好大門，在黃色街燈的氤氳下，走向拉馬汀街的另一頭。有隻貓在他背後閒晃過街。

❖

九一一事件後的三天，我從新加坡搭短程班機去吉隆坡，和王樂麗會面。樂麗與先生馬理（Nasir Ma）的家是一棟兩層樓房，附近街坊很安靜，枝葉扶疏。馬理是華裔馬來西亞人，職業是商用航空機師。兩人在一九七三年決定結婚後，他先去伊斯坦堡徵求未來的岳母同意。馬昌玉得知他是回教徒，高興得不得了。

樂麗在兼職法文教師、歷史學者和人類學家的身分外，更勤於記錄、保存父親的一生。父親在巴基斯坦難民營時期，乃至後來流亡到土耳其的那段歲月，都寫了鉅細靡遺的日記。樂麗對自己童年的記憶，大多從父親的日記而來。她記得父親對臺灣來的觀光客和學生總是十分歡迎，也格外慷慨。

講起父親的死，排行老四的樂麗難掩心中的波濤。

「我不記得我們是怎麼埋葬父親的。」她在書房對我說，她把父親的各種手稿、文件都放在這裡。「我印象最深的就是母親一直想跳進墓穴裡，一直喊說我爸騙了她。」

馬昌玉當時還不到四十歲，就得面對隻身在異鄉帶著八個孩子的困境，而且她連一句土耳其語都不會說，是丈夫過世後才學的。樂麗回憶道：「我們家連家具都沒有。我媽一直說反正我們過幾年就要回中國去，『到時候家具要怎麼處理？』」

樂麗有很長一段時間都不能接受父親真的走了——她總以為父親可能還在替政府做事，藏身在臺灣某個地方。後來她到臺灣讀大學，起先連中文讀寫都有困難，最後以全班前幾名的成績畢業，她也在那時有了不同的體悟。

「我完全想不到自己成績居然會這麼好。那天晚上我想到我爸，哭了好幾個小時。我心想，這個就是爸爸希望看到的。也就在那時候，我終於接受我爸已經走了。那之後我就沒再有過什麼幻想了。」

華人的孩子都能體會這種心情——我們拚了命想向父母證明，自己的表現可以超出他們的期望。我還記得當年在公司升了官，馬上打電話通知我爸，即使我早已離鄉背井在另一個大陸住了十多年。更何況我不僅是升職，還是在一間大公司，比許多員工年輕的情況下獲得拔擢。華人子女永遠背負著這種「好還要更好」的期望。

「我爸給我們每個人最大的優勢，就是送我們去讀不同的國際學校。」樂麗說。她上的是法國學校。「不過我們共通的語言就是土耳其語。我們家每個孩子的土耳其語，說得都比學校學的那國語言好。你要是沒看到我們長什麼樣，會以為我們是土耳其人。」

她接著說：「我是土耳其人。我的孩子是馬來西亞人，也是中國人。在現在這個世界，能全球化是最好的，不能只局限在自己的小圈圈裡。」

我對樂麗的國際思維與轉換自如的身分認同深感共鳴。這是海外華人第二代的故事，也是我的故事。

第九章

就像吳宇森的電影

挪威・特羅姆瑟

「我很喜歡這裡。」四十來歲的王志福（Michael Wong）對我說，又喝了一口西班牙里奧哈紅酒。「這裡實在太遠了。你知道這支紅酒從西班牙用貨車運來，要開多少哩路嗎？」

「和旺角差很多。」我說。王志福在旺角長大，那是香港非常熱鬧卻也龍蛇雜處的一區。

「真的是天差地別。我十幾歲就到歐洲來，這大半輩子先後待過德國、西班牙、瑞典，現在又到挪威。我在這裡終於覺得心裡平靜了。」

我們在特羅姆瑟（Tromsø）的一間中餐廳。進入北極圈後再前進三百五十公里才能到這裡。已經過了半夜，最後一批客人離開了。女服務生吃完員工餐後紛紛回家。王志福這時又拿出好幾瓶西班牙和葡萄牙紅酒。

廚房的鍾師傅也從餐廳樓上的住處拿來自己珍藏的好酒，而且都是更烈的——像是高酒精度、後勁很強的茅台酒（中華人民共和國建國後，一九五一年把茅台酒定位為國酒）。鍾師傅不願意說他的名字，只回道：「就跟大家一樣，叫我『鍾叔』吧。」

王志福的另一半李宗婷（Chung Ting Lee，大家都叫她「婷」）從廚房出來和我們一起坐，我的組員夸和紹華也加入。助理廚師林斌（Lin Bin）與幫廚金泰（Kim Tai）在清理廚房之餘，也偶爾出來灌個兩口啤酒。由於兩人都不會說粵語，不久就回家了。

酒過數巡，大夥兒變得熱絡不少，也開始用粵語互開玩笑。粵語口語少不了黃色俚語和黑話，我們說笑起來更是百無禁忌，前俯後仰。粵語的髒話也是出了名的多。

氣氛對了，我們都很有開趴的心情，不醉不歸。

原先若有所思的王志福，這時也打開話匣子，和鍾叔互相調侃起來，但仍不忘稱他一聲代表輩分的「叔」字——鍾叔不僅比王志福大十五歲，也比所有的內場員工長一輩。

「你不覺得婷長得很像舒淇嗎？」鍾叔沉思片刻後冒出這麼一句。舒淇原本是臺灣的模特兒，多年前在香港拍三級片出道，後來轉型為演技派影后。眾人異口同聲說很像，因為她們兩人都有厚唇。

「但我可沒她那麼豐滿喔。」婷立刻還以顏色，一口喝光杯中的紅酒。乾啦（Skål，挪威文「乾杯」）！她在男性面前毫不遜色，喝起酒來更是不讓鬚眉。

粵語俚語之粗是有名的。夸童年成長的環境和王志福差不多，該見識的都見識過了。我則是香港中上階級家庭出身，只在電影裡看過這種場面。

我正在喝第二杯蘇格蘭威士忌加冰塊，打算改喝擺在面前的干邑白蘭地暖暖身子。儘管現在正值仲夏，喝加了冰塊的酒還是滿冷的。我其實沒有喝酒的習慣，頂多偶爾喝點葡萄酒或啤酒，不過看場合，萬一有需要的話，我也能很快進入暢飲模式。

說真的，我們這不就是吳宇森電影裡的場景嗎。

喝了差不多一個鐘頭，我真氣自己怎麼沒想到帶攝影機來。眼前根本是現成的香港警匪片，只要開鏡頭就好了嘛。不過我和王志福才頭一次見面，要是我們這加拿大三人組突然拍起他的餐廳，不知他會有什麼反應。我通常會設法先和受訪者打好關係才開拍。

我們喝到清晨五點，才步出餐廳。

王志福夫妻檔先回家，補眠幾小時就又要上工了。鍾叔則已經快喝到不省人事，連爬兩段樓梯到閣樓的住處都有困難。我們這加國三人組則終於成功找到路走回飯店，就在餐廳後方兩條街外，正對內港。

此時周邊街道空無一人，只有幾個未執勤的皇家挪威海軍士兵在一間關門的酒吧外蹣跚而行。有個衣索匹亞的移民在送報。幾隻海鷗低空盤旋，不時衝向地面，很有種希區考克電影的詭異之感，也許我應該改拍《鳥》（*The Birds*）吧。

天際初露曙光，但太陽躲在壓得低低的雲層後不願現身。看來我們這週是見不到午夜的太陽了。

❖

幾年前有個香港的電影攝影師跟我說，他有次去芬蘭和俄國交界拍片，在全世界位置最北的中餐廳吃過飯。他說那裡的老闆是香港人。我一直好奇，為什麼原本住在中國南方、習慣亞熱帶氣候的人，會想搬到冬天冷得要命、見不到太陽、容易讓人鬱悶的地方，而且居然還開餐廳？

我的朋友雷穎端（Ying Duan Lei）因為丈夫在特羅姆瑟某機構從事北極大氣研究，在那邊住了兩年，最近剛搬回多倫多。她說她和先生常去的中餐廳是一對香港夫妻開的，還給我一張名片，上面寫著「Michael Wong（王志福），Cuisine Orientale（東方美食）」。

我從加拿大打電話聯絡王志福，他反應其實還滿衝的。他們正趕在旺季前重新裝潢。不過歡迎你過來拍片，他說。這還是我頭一回沒先去當地走走，也沒訪問餐廳老闆，就直接拍下去——畢竟北極實在太遠，要先去勘景談何容易。

夏至後的一週，我帶著攝影團隊坐了一整天飛機，來到特羅姆瑟——我們從人口一千一百萬、攝氏三十度的伊斯坦堡起飛，在倫敦和奧斯陸轉機，最後終於抵達居民五萬人、冷得要命的特羅姆瑟。全挪威的人口也不過四百五十萬而已。

時間是晚上九點。凜冽的空氣迎面而來，整座機場籠罩在濃霧裡。好在我穿了前幾天在伊斯坦堡有頂大市集（Grand Bazaar）買的皮夾克。夸和紹華這時都很後悔沒有比照辦理。一小時後，計程車把我們載到王志福幫忙訂的飯店門口。

但我實在忍不住想去那間餐廳和他打聲招呼。

一踏進「福滿樓」（Lille Buddha，字義「小佛陀」）[1]，就會看見一座面帶微笑的金色坐佛像。這間餐廳位於海街（Sjøgata）一棟兩層樓的歷史建物。裝潢走中國風路線，頗具品味——仿唐朝花瓶、紫色的牆上掛著裱框的書法字和古代中國龍袍，用鹵素燈打光。女侍身穿俐落的黑長褲，搭配中式旗袍領的刺繡上衣，有兩種花色——一是靛藍底繡金線圖樣，一是黑底配緋紅繡花，十分好看。

「氣氛很重要。」我對王志福說這裡很有藝廊的感覺，他這麼回道。「氣氛好，就會吸引客人來。內部的裝潢和餐廳的地點一定要好。菜不用做到最好，但也得有一定的水準。要是這些事情都做到了，餐廳一定會成功。」

我們坐在用餐區的一角——外面還有兩桌客人不急著走，慢慢享用餐後酒。婷忙完廚房的事，也坐下來一起聊。

王志福喝了口葡萄酒，說：「這個鎮上只有七戶華人。我們的客人大部分是挪威人。夏天會有中國旅行團來，等夏天過了就全是當地人了。」

---

1 譯註：經與作者確認，前述的「東方美食」餐廳，即為「福滿樓」前身。

「不過日本人會在冬天來看極光。」婷插了一句。

「這裡的人不像香港人那麼懂吃。」王志福對我說。

「這裡的人在吃這方面真的滿鄉下的。五年前麥可（王志福）在這裡做的時候，有個客人點了鮮蝦雞尾酒（shrimp cocktail），問他吃了這個之後可不可以開車。」

「雞尾酒……鮮蝦雞尾酒……就是煮熟的蝦加上千島醬嘛。」

婷情不自禁帶點誇張的語氣：「我們聽了都要昏倒啦。」

「不過這幾年，去泰國或中國觀光的人愈來愈多，現在他們已經知道怎麼點菜了。」

「現在點北京烤鴨的人多很多。」

「有次有個香港導遊跟我們說，我們做的回鍋肉和他在香港吃過的一樣好。」王志福說。

回鍋肉這道川菜，顧名思義，就是先把五花肉放進加了薑、丁香、八角的水，用小火煮滾後取出切片，再用大火和白菜、青椒、青蔥、洋蔥一起爆炒，最後加上紹興酒、醬油、辣豆瓣醬、甜麵醬。這道菜最大的特色就是甜麵醬，是中國東北和韓國華僑做菜常用的調味料。

「至少我們這裡的廚師是正牌的。」王志福指的是來自奧斯陸的鍾叔。「他要是使出全力做，是真的很厲害。不過他現在年紀大了，都六十多歲啦。」

在這麼北邊的地方開餐廳並不容易。所有的東西都得從一千七百公里外的奧斯陸用船或卡車運來。中國食材和廚具也很難找。新鮮蔬果則得從更遠的南方空運過來，最遠甚至到曼徹斯特和阿姆斯特丹。

在這裡找人來做中餐館廚房也很難。住在斯堪地那維亞的中國人多半不願隻身到這麼北的地方工作，尤其如果家人都在南邊過得很好，更加沒有誘因。願意從中國過來的人，則得等七年才能拿到工作許可。

「假如他們原本就是廚師，都會希望自己開餐廳。」婷講得很感慨：「中國人都想當老闆，不想當員工。我們真的很頭痛。」

但令我費解的是，在一個漁業這麼發達、幾乎成為生活日常的國家，要找到我最愛吃的薑蔥蒸全魚竟然這麼難。北歐這些國家，大多是一抓到魚就立刻切塊，或用鹽醃起來。

我問晚餐有沒有清蒸全魚可吃。

「算你運氣好。」王志福去廚房看了之後出來說：「我們今天早上才買了一批『大眼雞』，就從你飯店對面的碼頭上岸的，要留給明天的中國旅行團，不過我會請鍾叔幫你做一條。」他說的這種魚，就是廣東話俗稱的「大眼雞」（臺灣俗稱「紅目鰱」）。

王志福依照挪威人的喜好設計菜單，大致可說是粵菜與川菜的混合，加上一點上海菜。（鍾叔和他的助廚林斌都是上海人。）

餐廳已打烊，我們就和他們的員工一起吃這頓接風宴。中餐廳的員工一起吃員工餐不僅是傳統，也是一天之中的最高潮。至於菜色就看當天有什麼剩餘的食材（有時還是為客人保留的上好食材），由廚師臨場發揮，三兩下就可以做出道地的中國菜。他們很清楚這些菜只要合自己口味，用不著迎合他人的喜好。

鍾叔為接風宴做的除了清蒸魚之外，還有回鍋肉、宮保蝦，都是新鮮的漁獲。外加好大一盤上湯菠菜——這就代表掌廚的人嫻熟港式手法。從伊斯坦堡舟車勞頓一天才抵達此地的我，能吃到這道療癒美食真是太滿足了。

吃完這頓晚餐已經過了半夜，但好戲才剛開始，酒還沒喝夠呢。

❖

「福滿樓」有個女侍是十八歲的希莉亞．西門斯（Silij Siemens），一頭金髮，嬌小玲瓏。她在家中經營的馬場照料馬匹，在學校則主修獸醫。這是她頭一次在餐廳上班，但她個性開朗、動作快、反應快、有衝勁，也有很適合做餐廳的靈活特質，這點對王志福很重要。

看她忙進忙出著實是種享受。

她兩手堆滿了髒碗盤，一腳俐落踢開廚房門，又以同樣的敏捷身手，先是高喊客人剛點的菜，又迅速刮去盤中的剩菜，把碗盤扔進水槽，再趕緊把剛做好的菜端出去給下一桌客人。沒多久又如一陣旋風踹門進來，弄得震天價響後衝出門去。（餐廳廚房門底部會釘上鋼板是有道理的。）

王志福經營餐廳的風格很香港，講求效率，因此他喜歡希莉亞，也希望外場人員好相處、夠機靈。希莉亞的優點是一學就上手。「做外場就是要非常專心，不能鬆懈。」他說。

王志福顯然很看重她，因為她可以拿老闆的車鑰匙、開老闆的吉普車去送外賣。在兩班之間的休息空檔，鍾叔會做她最喜歡吃的牛肉炒蘑菇，她就站在備餐檯旁邊拿菜配飯，狼吞虎嚥起來。

「妳喜歡中國菜嗎？」我等希莉亞下班後，和她坐下來聊。光是一整晚看她忙進忙出，連我都累壞了。

「一開始不喜歡，我討厭那個味道。」她說著大笑，望向一旁正在吃晚餐的老闆和老闆娘。「現在喜歡了，我天天都在這裡吃，免費的嘛。麥可是個好老闆，廚房的人對我也都很好，每天都問我『餓不餓？』、『妳還好吧？』之類的。」

另一名女侍琪內．奈隆（Kine Nylund）也是當地人，十九歲的大三生，主修藝術史。這同樣是她第一次在餐廳工作，不過王志福嫌她做事不用心，太會打混。

琪內的說法則是：「麥可先生？他這個人很有效率。當他的員工壓力很大。不過我喜歡他，他人很好。他希望我多認識他，這樣他就能更了解我。不過他就是希望我動作要快，我知道。我覺得中國人步調都好快，就是什麼都……嗒嗒嗒。」

菜單上的菜她不一定都吃，好比她就不願意碰那道薑蔥蒸魚，因為「那個魚眼凸出來瞪著我，魚身上還有一堆草」。我說那「草」其實是蔥絲，她聽了大笑，但還是一直說挪威人就是不吃帶骨頭的魚。

我對琪內的韓國同事金熙真（Heejin Kim，音譯）講起這段，她大笑。「我是這裡年紀比較大的。結了婚，又有個兩歲的小孩。」她今年三十歲。

熙真的先生是特羅姆瑟人，兩人在美國明尼蘇達州留學的時候認識，兩年前才搬回這裡。她起先對我們滿冷淡的，不大開口，但心裡應該還是滿想和亞洲人聊聊，尤其是與她的旅美生活經驗能有共鳴的亞洲人，所以沒多久就和我們熟起來。夸與紹華和她半夜泡酒吧和咖啡館的時間多到誇張。

半夜？還是白天？我再也分不清了。

「麥可反應快，動作也快，人又聰明。這點我很佩服他，因為他剛到這裡的時候幾乎兩手空空，靠自己把挪威語還是瑞典語學起來，反正先聽到哪個就學哪個。接著開餐廳，把生意做了起來。不過他對我們要求也是很嚴格，還會對我們發脾氣，特別是生意忙的時候。」

王志福對我們說熙真已經盡力了，但到完全上手還需要時間。「她不會講挪威語。我忙不過來的時候，她也沒辦法聽電話接單。好在她很隨和，只要對客人微笑，和他們還是可以溝通。」

❖

我已來到永晝之國，卻四處見不著太陽。

當地人跟我說，這地區上週整整七天風和日麗，人人歡天喜地，清晨兩點出門野餐，大啖鮮蝦和白葡萄酒。這週來自北海的低雲層卻翻過山頭，籠罩海灣和海灣周圍的低丘，成天陰沉沉的讓人心煩。

我朋友雷穎端跟我說，她住挪威的那幾年，始終無法習慣一直都是白天（或都是夜晚）。這個城市到了冬季，黎明和黃昏都只有幾小時，隨即又墮入黑暗，如此整整兩個月，令她鬱悶至極。夏天的她則為失眠所苦，因為即使臥房拉上窗簾，陽光還是會透進來。

我們待在挪威的這些日子，一天二十四小時全是烏雲罩頂，早已沒了方向感。加上經常喝到清晨四點，下午兩點才起床，更是雪上加霜。晝夜已然顛倒，時間失去意義，我們對時鐘也變得無感。有天下午我起床，紹華已經去「福滿樓」幫忙招呼某個臺灣來的旅行團。他是臺灣人，幫同胞端盤子反倒成了樂趣。

❖

我儘管貼身觀察了王志福三天，依然覺得他是個難解的謎。他瘦歸瘦，卻很結實，也帶著習武之人的剽悍。那張歷經風霜的臉，外加粗里粗氣的舉止，令我不由得好奇從前的那個他是否混過街頭。然而他也散發某種紈褲子弟的流氣。有次我和他一起去送外賣，他開車，我坐副駕座。那天他穿的是嫩綠色羊毛外套，戴著金鍊子，腕上是勞力士金錶。

六〇年代末，香港人不堪中共政權持續引發社會及政治動盪，紛紛出走。一九七一年，十七歲的王志福也跟上了這波移民潮，先抵達荷蘭（當時走私毒品與人口都很容易從荷蘭進去），再跨越荷、德邊境（他說「那時候管得很鬆」），到德國某個小鎮投靠遠親。

十七、八歲正是嚮往自由的年紀，他卻得在中餐館幫忙打雜，還得和親戚一家子綁在一起行動，實在開心不起來。「他們就怕萬一我被抓了會連累他們。我整整一年都像被軟禁。」

過了一陣子，他開始看德國其他地方有沒有黑工可做，像是巴登、巴伐利亞邦、慕尼黑等地。「我試過找明興（München）那邊的工作。」他講的是慕尼黑（Munich）的德文原名。「但他們說那邊法規很嚴，『何不去西班牙看看？』」

只是西班牙的情況也好不到哪裡去。

「在那邊賺錢真的很難，非法移民賺錢更是難。」但他因緣際會認識了一個瑞典人，在對方協助下拿到去瑞典的學生簽證。「他很照顧我，雖然大家非親非故，他卻主動邀我到斯德哥爾摩和他一起住。」

但是拿學生簽證無法工作，王志福只能一面在餐廳廚房打黑工，一面申請工作許可。等終於拿到許可，他也在一間很紅的中餐廳「北京」（Beijing）正式找到工作。這時他已經在瑞典待了七年。

他和婷是在斯德哥爾摩一間義大利餐廳上班時認識的。婷是他同事，比他小八歲——以前還叫他「麥可叔叔」呢。婷十一歲起就在瑞典生活，但從談吐到舉止，都彷彿剛從香港過來。她全家還住在香港的時候，父親在一間瑞典海運公司上班（「他們煙囪上有三頂黃色王冠的標誌」），後來公司把他調到瑞典，提供的條件包括全家可享有瑞典居留權。父親於是決定把一家五口搬到瑞典第二大城哥特堡（Gothenburg）。

婷高中畢業後，一面進修美髮，一面在餐飲業服務。八〇年代中期，挪威的北海石油經濟一飛沖天，許多年輕的瑞典華人來到鄰國挪威，尋找更好的就業機會，王志福和婷就是其中之二。

「我們到了奧斯陸，才走得比較近。」王志福又幫自己倒了一杯里奧哈紅酒，邊喝邊說：「那邊的中國人都去同一間迪斯可舞廳。我們倆那時候都有別人。她男朋友後來得去美國。我離婚之後去了澳洲，回到挪威我們才同居。」

十一年前，兩人的女兒珍妮（小名嘉嘉）出生，需要保母。婷答應給母親和在哥特堡工作一樣的酬勞，拜託她過來幫忙照顧孩子。

「我很喜歡我的工作，不想辭，但為了嘉嘉還是辭了，要不然怎麼辦？」婷的母親梁慧清（Wai Ching Leung）說。「所以我搬來奧斯陸照顧這孩子，否則他們倆絕對沒辦法早上起來帶嘉嘉去托兒所，下午也不會有時間接她回來。他們得分早午兩班照顧孩子。」

特羅姆瑟還有三間中餐廳：一是特羅姆瑟大教堂（全世界最北的路德教派大教堂）對面的「金爵樓」（Tang's）；二是「福滿樓」附近，同一條路上的「香港」；三是碼頭邊的「Midnight Sun」，賣中餐和西式海鮮外賣，老闆一家也是中國人，還是王志福的好朋友。

「我在『金爵樓』上班的時候，他們每個月營業額可以做到一百萬克朗，所以我想這個市場應該撐得起另一間中餐廳。」王志福說。他原本要和「金爵樓」某個同事合夥開餐廳，但最後計畫沒成，於是他決定自己創業，舉家從奧斯陸搬到特羅姆瑟，開了「東方美食」。

稱這趟搬家之旅是壯舉，並不為過。

王志福與十九歲的兒子（和前妻所生），加上婷的弟弟從瑞典過來幫忙，三人輪流開兩輛卡車載運餐廚設備，花了三十六小時，從奧斯陸開到特羅姆瑟。梁慧清說那段路絕對不適合新手：「一邊是積雪的山，另一邊是無底洞。」另四人則搭飛機北上。

家族經營的中餐廳都是這樣，始終以夫妻檔為運作核心，兩邊的家人親戚都會來幫忙。

然而王志福和婷始終沒結婚。

「我們要是想結，早就結啦。」王志福說。我問是不是因為他們是北歐人，他回以大笑。「我們小孩都這麼大了，現在要結婚有點怪，好像有點太老派了。」

婷點頭附和。「我爸媽不在意。我們在這裡沒什麼親戚，只有自己家人而已。他們覺得我們結不結婚無所謂。」

❖

「福滿樓」的廚房是典型的中國廚房。空間不大，亂中有序。鍾叔當班時大多都在炒鍋前，助廚林斌則趕著備料。金泰幫忙切菜和洗碗盤。婷會在必要時進來補位，王志福也會盛飯、上菜，支援外場。

「你看你！鮮奶油和草莓都掉下來啦。」林斌想救回崩塌的冰淇淋聖代，卻被婷吼了一句。「你先重新加鮮奶油，再淋巧克力醬。唉呀……你現在得重做了啦。這個樣子怎麼端去給客人！」

王志福走進廚房，滿臉不耐，拿起另一份賣相還可以的聖代。「客人在等。我先拿這份出去。」

五年前，林斌三十歲，把妻兒留在上海，一人來到挪威。「我該有的許可、證件一樣都沒有，做黑工，心情上很壓抑。」他講起當年的情形：「我的老闆都是廣東人，可我不會說廣東話，以前又不是做廚房的。那時候真的很慘，很想家，收工之後唯一的娛樂就是打電話回家。」

幾經波折，他最後來到「東方美食」的廚房，也很快和王志福成了好友，王志福還幫他申請居留權。工作一年後，林斌回上海等正式許可下來。如今他再次回到挪威，以合法身分重新上工。

「你在上海的工作很不錯，何必跑來這裡打黑工？」我問他。

「我知道在別人的國家工作很辛苦。」他說：「可是我們在中國工作已經這麼苦了，幹麼不到別的地方試試運氣，多賺點錢呢？」

「你當時要出來，得花錢打通關係吧？」

「想出來就得花這個錢。在挪威生活就是非常單調，比較靜，但這個國家很安定。挪威人非常善良、親切，很樂意幫助人。」

「那你以後有什麼打算？」

「我的目標是自己開個餐館，希望我的孩子能過來好好念書，以後過得更好。我這一代就是馬馬虎虎，過得去就行了。如果我當年沒出來，還真不知道以後會怎麼樣。」

金泰是韓裔中國人，來自中國東北。婷擔心政府會注意到他們雇用黑工，不希望他上鏡頭，但我還是照拍不誤。

「我為什麼出國呢？」他自問。「我來的目的就是為了賺錢。當然在這裡生活很辛苦，但錢畢竟是比大陸好賺一點。現在我弟弟、我朋友也想要出國，但我一直跟他們說：不用來了。錢是好掙一點，但是人在老家不用那麼辛苦。而且在這裡非法居留，心裡不是那麼痛快。」

「我不能上鏡頭喔。」這是鍾叔在我進廚房後對我說的第一句話，不過是半開玩笑的語氣。他是內場員工之中年紀最長，也是經歷最豐富的。他全家為了逃離共產中國，在五〇年代從上海搬到香港。

他從六〇年代末到七〇年代初，在挪威的威爾森（Wilhelmsen）海運公司當廚師。那個年代香港的上海人在挪威海運公司服務，廣東人則任職於瑞典海運公司。一九六七年，香港親中左派陣營發起反英政府的「六七暴動」，引發後續的移民潮，這些海運公司會幫打算離開香港的員工安排該國的居留權，於是上海人移民至挪威，廣東人則前往瑞典。

我問鍾叔大概多久回一次奧斯陸的家。

「我這麼大年紀了，有差嗎？只要我願意，就回去一、兩個月。我孩子都大了，可以照顧自己。我最喜歡自己一個人，想幹麼就幹麼，老婆也不會念我。」

正因為鍾叔一個人，才能過盡情喝酒、「追女人」的生活。他會接不同女性朋友的電話，收工了就往外溜。我們聊到最後，他還是不肯講自己的名字。

❖

餐廳打烊的時間到了，又是連續工作十四小時的一天。夸和紹華已經展開深夜酒吧巡禮。我累到只想躺平，但王志福和婷一直邀我去他們家繼續喝。我怎能拒絕？只能暗暗佩服他們精力過人。

他們家位於某個山坡上的時髦住宅區，獨棟的三層樓。家裡沒人，孩子們跟外婆回哥特堡過暑假，但用挪威文留了一張好溫馨的便條，拜託爸媽別忘了在他們去外婆家的這段時間，幫他們餵倉鼠。

「一個禮拜休一天不行嗎？」王志福幫我續杯之際，我問他們倆。時間已是凌晨兩點。

「我們沒那麼好命呀。」婷隨即回道，語氣平和：「我們一年就休兩天，平安夜和聖誕節。你知道為什麼嗎？因為這邊的人就這兩天不出來吃晚飯！」

「我們就算休假也沒做什麼事，就是睡覺而已。」王志福接著說。

婷強調他們不希望把餐廳交給下一代。「我的理想從來不是開餐館，但是我這一代沒有選擇。他們那一代的機會多得多。」

兩人有沒有想過退休後回香港？

王志福堅稱他不喜歡香港。「香港現在對我來說步調太快了。我在歐洲住的時間比在香港還久。如果在法國買棟房子也不錯啊……要是能開個精品服飾店就更理想了……不過這個希望不大。實際一點的話，大概是開間小餐館。」

在法國開餐廳？

「我理想中是這樣——在法國有棟房子，在挪威也有房子，開間餐館，一年只做九個月。一週開六天，只供晚餐，賺的錢能過日子就夠了。現在講退休還太早，至少我可以一直有事做。」

我告辭時已是清晨三點。穿透雲層的陽光宛如日出——用這個詞形容當地兩個月的夏季著實不太恰當。我恍然明白王氏夫妻迫不得已放棄的是什麼。他們一如許多移民，選擇至少有段時間暫且犧牲天倫之樂，只為了許給孩子一個燦爛的未來。

第十章

中國幻想曲

古巴・哈瓦那

天啊，怎麼也想不到
會在古巴找到我的夢想
我總想起上海
身邊有個中國女孩
打從我和一個古巴好姑娘
隨著頌樂[1]起舞
古巴和古巴的女人
就令我滿心愛慕

這裡是哈瓦那的「華人街」（Barrio Chino）。在「龍岡總公所」（Lung Kong Association）經營的老人院中，有個孱弱的華裔老翁坐在搖椅上。透過鐵窗灑進室內的陽光，照亮了他的臉龐——八十一歲的許悅仁（Fermin Huey-Ley）正輕哼著一首古巴情歌〈中國夢想〉（"Ilusión China"）。一旁伴奏的是荷黑和法蘭克組成的吉他二重奏——兩人是專為觀光客演唱的街頭樂手，是我從附近一間酒吧找來的。

「這首三〇年代的歌，是屬於古巴傳唱的民間故事。」許悅仁一曲唱罷，滿意地點點頭。「這個故事叫『中國幻想曲』（fantasía chinesca），講的是一個中國男人愛上一個古巴女人。」

許悅仁的嗓音十分柔和，帶點童音，讓我想起文．溫德斯（Wim Wenders）導演的紀錄片《樂士浮生錄》（*Buena Vista Social Club*）中，那位樂團主唱伊布拉印．飛列（Ibrahim Ferrer）。這部電影燃起我對古巴音樂的熱愛，也引領我來到哈瓦那。

「我可以用女人的聲音唱喔。」他說著淺淺一笑。「我也會唱英文歌，各種類型的歌我都會。小時候我一邊聽收音機一邊跟著唱，就這麼學會的。我從一九六一年就在哈瓦那的嘉年華上跳舞。那是古巴數一數二的大規模表演，從參與活動的到來看表演的，總共有上百萬人呢。」

「我聽說大家都叫你『嘉年華的中國人』（el chino del carnaval）。」我早已久仰他大名。

「我是這裡出生的，但大家以為我是中國人，對我反而有好處。」他微笑道。「大家都很好奇，想說怎麼會有中國男人能跳倫巴、丹頌（danzón）、康加舞，又會唱古巴歌。所以啦，他們都知道我是『嘉年華的中國人』，連狗狗都認識我呢。」

他的父母都來自廣東。父親十四歲（一九〇二年）就到了古巴。他生在鄉下小鎮，但長到上中學的年紀，父母卻把他送到哈瓦那的華文學校。

「我現在就來唱首英文歌給你聽。」他唱起〈癡迷〉（"Fascination"）的第一句——這首歌紅遍大街小巷，應該要歸功於爵士歌手納京高（Nat King Cole）翻唱的版本。荷黑和法蘭克邊伴奏邊忙著找出相應的音調，過了幾小節便漸入佳境。在場的人個個聽得好專心，和許悅仁坐同一排搖椅的華人老先生和西裔古巴妻子也一樣聽得出神。

許悅仁唱歌時動作很多，一會兒揮手，一會兒用指頭打拍子，或裝出拉小提琴的模樣。但他的歌聲卻蘊含某種愁緒，眼神也透著悲悽。唱完了，他撫著喉嚨對大家說，嗓子已經很久沒用啦。

「我也跳不動了。」他指指自己的手杖。

「沒關係。」我回道：「我是來聽音樂的，聽你唱歌。」

哈瓦那是名副其實的仙樂飄飄處處聞——從民宅、餐廳、酒吧，到街角與廣場，音樂無所不在。

❖

1 譯註：Son，古巴最重要也最具代表性的音樂類型。據傳一八八〇年代源自古巴東部，融合非洲音樂旋律、節奏與打擊樂器，及西班牙音樂元素。騷莎舞曲與拉丁爵士均受其影響。

時間是二〇〇二年仲夏。我、夸，還有錄音師馬克．瓦利諾（Mark Valino）來到哈瓦那。馬克是夸任教那間電影學校的學生。

那是我們抵達哈瓦那的頭一天上午。計程車把我們載到庫奇洛街（Calle Cuchillo）的入口——這條窄巷的起點有座木造中式牌樓，吊了好些紅燈籠；盡頭則是一棟年久失修的五層樓建物，海明威和卡斯楚的愛店「帕西菲可」餐廳（Restaurant Pacifico）就在這裡。巷道兩側餐廳的裝潢清一色故作中國風，負責攬客的服務生身穿旗袍、唐裝、戴斗笠，拿著菜單站在門外。

第一批到古巴的華人，就沿著國會大廈（外型酷似美國華盛頓特區的國會大廈）後方的桑哈街（Calle Zanja）住下來，開起商店、雜貨鋪、餐館，也建立起宗親會和縣、村同鄉會等社團。

一九三〇年代，哈瓦那的唐人街是全拉丁美洲規模最大也最繁榮的華人區，甚至還辦了好些中文報紙。一九二八年創刊的《光華報》（*Kwong Wah Po*）至今仍每週出刊，共有四版。報上密密麻麻的中國字，是一個個活字排版印刷而成。

如今這條「華人街」榮景已逝，也失了往昔的光采。這裡只剩下不到兩百名的華裔長輩，幾乎清一色是男性。他們仍住在當年的巷弄，只是這一區現在已經轉型為觀光景點。俄國一九九三年撤離古巴後，新政府把原先收歸國有的中餐廳交還給原來的店主。有些中餐廳老闆則因舉家逃離卡斯楚政權，連店都不要了，新政府便把這些廢棄的中餐廳交給華裔古巴人來經營。

我一直很想把這些古巴華人（Cubanos chinos）的故事講出來。

一年前，我發現坐在「杜鵑花酒家」（Cafetería Flamboyán）門口的陳紹新（Miguel Chang-Lee）。他不僅是「杜鵑花」的老闆，也是「陳潁川總堂」（Sociedad Chang Weng Chung Tong）的主席（總堂就設在餐廳二樓）。陳紹新牢騷滿腹，不斷埋怨卡斯楚當政害他日子多難過，還用中文叫卡斯楚「鬍鬚佬」。

我原本打算以陳紹新作為古巴這集的主角，卻沒想到在抵達古巴的前一週，接到他太太的通知，說他中風臥床。但那時我早已訂好住宿和機票，也請了毛範麗（Valeria Mau Chu）當此行的口譯，還安排她與家人從洛杉磯飛到古巴。

範麗是我高中同學朱世東（Tom Chu）的太太。世東是日本華僑第二代；範麗則是秘魯華僑第三代。我和世東當年在橫濱上同一所國際學校，班上同學來自五湖四海，種族各異——有很多人是混血兒，共通點是有個日本媽媽。

既然一切都已安排好，我決定賭賭看，還是依照計畫成行。於是此刻我和範麗在這個「唐人幻想國」漫步，尋覓新的中餐廳老闆當受訪對象。

忽地有個白人金髮女子拿著「東坡樓」餐廳（Tung Po Lau）的菜單來跟我們搭訕，穿的還是絲質繡花旗袍，上面印著香港恒生銀行的標誌。她名叫伊莉安娜·帕契可—格雷洛（Iliana Pacheco-Guerrero）。我和她正聊著，「東坡樓」隔壁的餐廳有個人朝我們走來，他是陳華友，外文名字是山繆（Samuel Chang）。

伊莉安娜幫我們介紹：「山繆等於看著我長大的。我媽很年輕的時候就認識他。這邊的人都想去他的店上班。中國人就是工作很認真，又有生意頭腦，所以才能出人頭地。」

陳華友帶我去他開的餐廳「金月」（Luna de Oro）小坐，談起自己的際遇：「我是一九四九年來古巴的，那時候才七歲。原本是為了躲中國共產革命才逃出來的嘛，沒想到居然碰上另一個共產革命。」

外面還是大白天，這間餐廳卻陰暗冷清，還開了空調。一面白牆高處用西、中、英文寫著大大的「歡迎海外華僑光臨」幾個字。牆上滿是留言與簽名，是三年前哈瓦那大學舉辦「世界華僑大會」的與會代表留下的。餐廳後面的房間裡，有四個老人在打麻將，彼此用粵語交談，根本沒管我們在幹麼。

「我叫路易．鍾（Luís Chung）。我幾乎每天都到這間餐廳上班。」有個大塊頭男人用沙啞的嗓音對我們說。看他樣子大概快三十歲。「我從小到大都住在這一區。我是『穆拉托』（mulatto，黑白混血兒），不過大家都叫我中國人（chino）。假如我是中國來的『正牌』中國人就好了。」

路易興致勃勃說要幫我們導覽。「是有中國人在古巴定居，不過革命以後很多人去了邁阿密、紐約這些地方，要不就是回中國去。沒什麼人留下來。」

外國人來這兒拍片，無論走到哪裡都成了目光焦點。我們和路易講到一半，有個年輕女子走來，一身繞頸背心配熱褲和網襪，對我們說這裡是私人土地，要和當地居民交談，得先取得許可。她是「哈瓦那中國城開發團體」（Grupo Promotor del Barrio Chino de La Habana）的人——這個組織成立於一九九五年，致力於開發、宣傳中國城，讓它以新面貌重生，就像主題公園的開發商。

我不確定她是對什麼有意見——是因為我們以觀光客身分入境，卻沒取得許可就在這裡拍片？還是看不順眼我們和路易交談，因為他們覺得路易根本就是個招搖撞騙的傢伙？範麗對那女子說我們可以去見該團體的負責人，把事情講清楚，但女子隨即失去和我們多談的興致，轉身就走。

路易說這裡有個「中國老人之家」（casa de los abuelos chinos），我們應該去看看。

這時路易的老闆陳華友出現了，講的是粵語：「他們今天在龍岡幫老人辦父親節午餐會。你應該去看看。你不是姓關嗎？——那是你們關家的宗親會。」

❖

全球華人族群中的「龍岡總公所」旨在服務劉、關、張、趙四個姓氏的宗族，也就是三國時期核心人物、《三國演義》四大主角的姓氏。

哈瓦那的「龍岡總公所」位於龍街（Calle Dragones），是棟三層樓建物。一樓是社區活動中心，為長輩免費供餐，每天約有三十人會過來吃飯、聯誼。二樓是總公所附設餐廳，三樓則有集會堂、圖書室，還有拜關聖帝君的房間。

今天是父親節，社區活動中心的人比平日多了些——這些被時光遺忘的長輩，圍著臨時搭起的桌子坐在一起，用鋁製的自助餐盤吃著飯和豆子。

祖父跟我說過，當年在九江，他那個村子有很多人在一九〇〇年代初移民到古巴。如今我來到這個華人幻想的國度，自己與祖先之間的連結就在眼前。

「我姓關，九江來的。」我拉高了嗓門，大夥兒也紛紛自我介紹起來。我們互握的手代表了千言萬語。

有個男的拉拉我手肘。「這裡有很多姓關的，也是九江來的。你看，你看，那邊那個男的，他也是你們那村的，也姓關。」

另一個人朝我招手：「這邊這個人也姓關，不過是隔壁村子的。」

大家忙著幫我介紹的同時，我不禁覺得和中國之間有了某種感情的牽繫，儘管我在香港出生，也從來沒去過祖父的故鄉。他老人家要是天上有知，看到此刻的我，應該會很欣慰吧。

在這此起彼落的招呼與喧囂之間，夸卻異常沉默，若有所思——我和同村的長輩一個接一個打招呼，他只是靜靜扛著攝影機跟著我。

「這是我爸走了以後的第一個父親節。」我們終於有獨處的空檔時，他對我說。他父親生前在多倫多一間中餐館上班，幾個月前過世。他們父子關係並不好。儘管他父親不是逆來順受的個性，但眼見兒子被家附近的白人小孩霸凌，竟從來不曾挺身而出保護他。

夸為此始終無法原諒父親，一直到父親死後才終於與他和解——他寫了一封信在墳前燒給父親，希望父親在天之靈能聽到他的心聲。

來到二樓餐廳隔壁的辦公室，龍岡總公所的主席趙義（Alejandro Chiu-Wong）和兩個男人（其中一個是他第二次婚姻生的長男）坐在桌前，數著一疊疊的披索和美元紙鈔。趙義今年八十一歲，身體仍很硬朗，穿了件印著「我活著離開香港啦」（"I Survived Hong Kong"）字樣的T恤，頭戴綠色透明帽簷的遮陽帽。三人上方有盞綠色燈罩的燈，晃得有氣無力。這場景簡直就是劫盜片嘛。

趙義像是為了解釋桌上這堆現金，對我說：「我們公會最主要的目標就是經營這間餐廳。取之於社會，用之於社會，替大家謀福利。」這還真像共產黨員會說的話。

一九四九年中國共產革命成功後，接下來的幾年，香港成為不同意識形態的兵家必爭之地——左派與右派水火不容；共產黨與國民黨針鋒相對。從某個角度來說，好似預言了這片英國海外領地的未來。「紅色中國」在不知不覺間一點一滴滲透英屬香港，還派遣情報人員在港吸收支持共產黨、願意報效祖國的「熱血」青年。我有兩個叔叔就聽從召喚回了中國，再也沒能出來。

趙義原本任職於好萊塢某片廠的香港分公司，卻因他支持共產黨，於一九五三年被解雇，正值美國參議員麥卡錫高舉反共大旗，進行政治清算的年代。

「你當時是共產黨員嗎？」我忍不住問他。

「我年輕的時候，思想比較進步，就比較支持中國共產黨。」他回道：「但我不是共產黨員。」

他想去美國投靠父親叔伯未能獲准，只好拿錢出來打通關節，改去古巴。但礙於不會西班牙語（他自稱「又聾又啞」），只能打打零工。最後他終於找到一個幫政府收賭博稅的差事，那是巴蒂斯塔（Fulgencio Batista）執政時期，卡斯楚發起革命之前的事。

「是去賭場收稅嗎？」我好奇問道。

「不是，就是唐人街會有的那種賭局，像『番攤』那種。你知道嘛，中國人就是愛賭。」

這條「華人街」在一九五〇年代是傷風敗俗之地，滿是鴉片煙館、賭館、妓院，至今屹立不搖[2]的「上海劇院」（Shanghai Theatre）甚至還有活春宮秀，但趙義在這裡有了自己的事業。「只要學會怎麼講他們的話，就能自己創業。這裡幾乎一半的人都是這樣。」

這其中少不了宗親會和同鄉會的協助。一些會員合力湊錢，為創業者提供無息貸款，交換條件是要這些新手老闆秉持同樣的精神照顧他人。在哈瓦那的趙氏宗族同心協力之下，趙義終於跨出創業的第一步。

「你們九江的人也是互相幫忙啊。」他說：「九江的人都受過很好的教育，在古巴好多地方做的都是很高級的行業。貿易啦、珠寶啦、高檔貨之類的，甚至還有人開診所。」

趙義離開廣東老家去香港時，已經是四個孩子的父親。多年過去，孩子們都已長大成人，和母親移民到舊金山，他才對孩子坦白：這樁婚事全憑家中安排，毫無愛情可言——「這是歷史背景的問題」。許多華人移民的故事都是這樣——先生離鄉背井，把太太留在老家，對孩子從不了解。接著在遙遠的異鄉，又有了另一段婚姻。

趙義在香港片廠任職的那段期間，愛上了一個頗有發展潛力的年輕女星。他動身去古巴前，曾答應她等一切安頓好就接她過去。只是一年過後對方寫信來，說無法再等下去，她馬上就要和某個紐約華僑結婚了。

「我還能怎麼辦？我當時還是有太太的人，又有四個孩子，也沒有那麼多錢接她過來。」趙義長嘆道：「你要是真愛一個人，當然希望她幸福快樂，不應該攔著她。反正不管我願不願意，事情就是這樣了。」

「那你有沒有再找過她？」我暗暗希望還是有個浪漫的結局。

「都這麼多年了，和她聯絡還有什麼用？」他的嘆息有懊悔、有遺憾，卻沒有怨。「她有自己的家，我也是。過去的就過去吧，至少她讓我體會到什麼是愛。」他從書桌抽屜中拿出她的相片，是很典型的大頭照——女子容貌秀麗，打扮得頗為時髦，擺出電影明星的姿勢。

趙義最後娶了一個非裔古巴女人，兩人生了三個孩子，但不久便離婚。照他的說法，兩人之間最大的障礙是文化差異，溝通也成問題：「那時候我連西班牙語都說不好。」

此外夫妻倆的政治立場也不同。太太是共產黨員，支持古巴介入安哥拉內戰——就像美國介入越戰。那時古巴和中國的關係也頗為緊張。

「我是中國人。」趙義說。「夾在中間左右為難。我們老是為這個吵。」

如今他有了第三個太太——西班牙裔的古巴人奈雅（Niyia），她偶爾會來公所幫忙。她把全副心思都放在趙義身上，甚至學會用筷子、做中國菜。

趙義已經認命接受現實，他知道這輩子不會找到完美的婚姻了。「我沒辦法一直找下去，因為時間不等人。我愛的人結了婚、去了美國。我當然很傷心，但傷心有什麼用？接著我就跟別人結婚。真的是一錯再錯。」

---

2 譯註：作者此次走訪古巴是二〇〇二年。「上海劇院」現已拆除。

卡斯楚一九五九年一月一日執政，很多華人都選擇逃離古巴，但趙義那時已經成家立業，不覺得有逃的必要。「政府把所有的生意都收走了，卻沒碰我的公司。我自願把公司給他們，替他們工作一直到退休。」

一九九五年，哈瓦那中國城開發團體來找趙義，請他重出江湖，接下龍岡總公所主席一職。他貸款買回總公所這棟樓房。「我們四處找劉、關、張、趙幾個姓氏的鄉親來幫忙。他們大多是在這裡出生的——只有大概八個人是從中國來的。不過事情總要有人起頭。有些第二代的華人受過高等教育，當醫生、軍人之類的，他們想回饋這個社群。」

❖

「北京酒吧」（Bar Pekín）的大門是兩扇內外都可開的雙向門，上面用金漆寫著四個中國字——「北京」在右，「酒吧」在左。我們推門入內，門似乎有點轉動不靈，發出很大的吱呀聲，刺眼的陽光也隨之長驅直入。屋內陰暗涼爽，唯一的照明就是天花板吊著的幾盞紅燈籠，長時間運轉的冷氣在背景轟隆作響。

這光景和它當初開幕時似乎沒什麼兩樣。

現在是中午，酒吧剛開始營業。吧檯坐了兩個常客，喝了好幾瓶古巴當地的「水晶」（Cristal）啤酒，還有一桌歐洲觀光客等著喝莫希托（mojito）。在吧檯忙著幫他們調酒的瑪莉薩・郭—卡勒巴尤（Maritza Cok-Carballo）邊做邊解說：「糖、薄荷葉、萊姆汁……加上蘇打水就會有氣泡，再加冰塊攪拌均勻……好啦，乾杯（Salud）！」「Salud」的字義是「祝你健康」。

「六十年前這間酒吧生意很好，這附近的中國人都會過來喝一杯。」瑪莉薩說。「他們和我爸一樣，都是從中國來的——只是現在很多人都不在了。」

她父親於一九五九年來到古巴，和古巴白人女性結了婚。瑪莉薩雖是混血，長得卻比較像中國人，也寫得一手好字，從她寫自己的名字就看得出來——郭韻文（Cok Won Man）。我解釋「韻文」兩字的涵義是「音韻」與「文學」，自有一股氣質，有別於華人常為女兒取與花有關的名字，好比「秀蓮」。

有個身穿白色廚師服的黑人男子，端著小蝴蝶形狀的古巴炸餛飩（mariipositas）從廚房出來。他是亞伯・林（Abel Lam），相貌十分俊秀，幾乎看不出有華裔血統。

「我對中國的了解，都是從我媽和舅舅那邊來的。我外婆是古巴人，外公是中國人，外婆堅持我們要遵守外公的中國傳統。」他說：「尤其是在吃的方面，像該怎麼吃、該吃哪些東西之類的。」

有華裔血統的古巴人，在重新探索自己的根源之餘，對所有帶著「中國」兩字的東西無不瘋狂崇拜——從中國功夫、舞獅、成龍、書法，到中國菜（comida china）。他們不僅興致勃勃回歸自己的華裔血脈，有時甚至大言不慚。

亞伯對外稱自己的姓氏是母姓「林」。「這間酒吧重新開幕的時候，要求所有的員工都必須是華裔。」他一臉正色道：「有人打電話來說要找『chino』（中國人），我們還得問是哪個中國人？

我們這裡都是中國人。」

❖

「華人街」的人跟我說可以去找羅貝托．瓦爾加斯─李（Roberto Vargas-Lee，中文名李榮福），他每天下午四點會在稱為「武術廣場」的空地教課。他是武術師傅，旗下的年輕弟子在中國舉辦的國際武術大賽獲獎無數。

我們去那片空地找他。有幾個弟子正在帶一個太極班。羅貝托帶我們到附近的林氏宗親會，那裡的二樓也充當練武場使用，他說「這裡比較安靜」。

「李」是他的母姓，外公從中國來到古巴。他在「華人街」長大，學習「中國的東西」。十二歲就練起空手道──那也是他母親開始學粵劇的年齡。他母親是目前古巴僅存的三大粵劇名伶之一，人稱「三大花旦」（las tres divas），但因為她們都看不懂中國字，是用音譯把粵語歌詞一字字拼出來學唱。

十九世紀中葉，有四個粵劇團在古巴幾個省分的華人社群中巡演。響棒、嗩吶、鼓等中國樂器也因此逐漸融入非洲古巴音樂。

羅貝托曾經在「帕西菲可」餐廳當酒保，一九九四年拿到中國政府提供的獎學金，前往中國研習武術。兩年後，他不僅成為如假包換的武術家，中文也講得十分流利。我們的交談不時穿插西語和中文。

在中國的兩年也成就了他的姻緣，他和上海人陶琦結婚，帶她一起來古巴，兩人在一九九七年開了「天壇酒家」（Templo del Cielo），是此地唯一把廚師從中國請來掌廚的餐廳（這位廚師也姓陶，我猜可能是陶琦的兄弟）。我上回來古巴時曾在這間餐廳用餐，他們做的「上海粗炒」（即上海炒麵傳到香港後的粗麵版本）意外的道地。

「是我想到要開餐廳的，因為古巴還是不懂什麼是真正的中國菜。」羅貝托說：「但是做餐廳很不容易，因為這裡很難找中國的香料和調味料。我雖然是古巴人，但我很重視訓練，做事認真又有毅力，有時候我會覺得自己在這些方面很中國化。」

羅貝托是政府挑中的人選，扮演文化大使的角色，不僅是古巴保存、推廣中華文化的代表人物，也親身示範中國哲學帶來的正面影響。他早已習慣穿傳統中國服裝——「因為穿起來比較舒服，也更有中國的感覺。」

❖

「開門，開門啊。我是『華人街』的中國人。」

我們的嚮導路易回來了，這次他帶我們到國家公墓對街的華人墓園，邊拍打墓園的鐵柵門邊喊：「我是『華人街』的中國人。我家人從美國來，我帶他們過來看看。」路易行前要我準備美鈔給管理員。管理員過來幫我們開了門，卻沒拿我遞給他的錢。

「他居然願意讓攝影機進去耶。」路易很意外。「我還以為會很麻煩。」

我無論去哪裡旅行，都會想辦法去華人墓園走走。一來從墓園可以看出華人族群很多事情。二來，很多老一輩的華僑覺得若是葬身異鄉，心裡總是有個疙瘩——他們認為落葉終究要歸「根」。

管理員拿著開山刀，陪我們走遍墓園，一邊飛快說著古巴方言，講得天花亂墜。範麗跟不太上，還特地跟我強調全拉丁美洲就屬秘魯人講的西語最標準。

「你們要知道，很多中國人以前都很有錢，喪事自有一套儀式。等過了七年，就會有人來挖墳、撿骨，清潔後裝進錫盒裡，放到家族的墓穴。」他若無其事用開山刀撬開一個錫盒給我們看。裡面竟是全套完整的人骨。此刻我們成了考古學家，探究著尚未遠颺的過去。我還真不知道這管理員要怎麼處理那個撬開的盒子。

墓園一片靜謐，只傳來樹葉的沙沙聲，有隻流浪狗在園中閒晃。

「這裡以前有九名員工。革命之後大家都跑掉了。」我們走向龍岡墓亭的途中，管理員說。亭子結構精細，蓋成塔狀，地下是墓穴。管理員掀開地上的蓋子，招手要我進去。我原本就覺得墓園陰森森的讓我發毛，要我進入地底墓穴，更是分外毛骨悚然。

「你先進去，我跟在你後面。」夸不敢打頭陣，把我往前一推。

我一進去就看到標示著姓名、生日、所屬村落的錫盒堆成一疊，排成許多排。有不少關姓人士和我祖父同村。人生真奇妙——我從沒去過祖父的老家，跑了大半個地球，卻不斷碰上祖輩的魂靈。

回到地面，我們繼續在遼闊的墓園內走著，在墓碑與小亭間穿梭。許多墓碑都刻著某個姓氏的中文字。這裡的墓地和墓碑不僅都很大，作工也很精美。小亭則神似縮小版的獨棟住宅。這種種讓我想起巴黎的拉謝茲神父公墓（Père Lachaise）。管理員說得沒錯：中國人曾經非常有錢。

路易在鍾氏宗親的大型墓亭旁找到他祖父的墓碑，上面寫的名字是「安立奎・鍾（Enrique Chung）」。他頓時激動不已，淚如雨下，連話也說不清楚。我不確定這是不是他頭一次發現這座墳，或只是裝樣子給我們看。甚至，這真的是他祖父的名字嗎？我也說不準。

「我祖父一九二八年從中國坐船到加州，再到古巴。一九四二年他把我爸帶到古巴過新生活，那時候我爸還小。後來我爸就在『金月』當廚師，也就是我現在工作的地方。我現在能和你一起站在這裡，感覺好了不起。你還幫我找到我祖父的墳耶！太不可思議了。」

「我這輩子最大的夢想就是去中國。」我們一面走出墓園，他一面說。「我一定還有些親戚在中國，堂兄弟啦、叔叔伯伯之類的……不知道，我們完全沒有聯絡。中國實在太遠太遠了，而且又是好久好久以前的事。」

他關上鐵柵門，突然冒出一句：「要是中國人當年沒過來，古巴就不會有中國菜了，那我們就得吃克里奧菜吃到死。」說完眨眨眼。我們都笑了。

❖

我經過一番明查暗訪，才終於找到阿米斯達街（Calle Amistad）上的「中華總會館」（Casino Chung Wah），是棟四層樓的建物。外牆有會館的中、西文字樣，只是西班牙字「Edificio 'China'」並不大（China 還特別加了引號），中文字樣也不怎麼醒目。

有個看似負責守望相助的中年婦女朝我比手勢，示意我搭電梯到四樓，總會館辦公室在那邊——較低的樓層在革命後都改裝成了公寓。從公寓和會館各個房間望出去，都可俯瞰一個日照充足的小庭院。

電梯到了四樓，門開處是一座集會堂，舞臺上方高掛古巴與中國兩國的國旗。我猜想以前這裡掛的應該是中華民國國旗和國父遺像。看得出中國拉攏海外僑民的「統一戰線」策略，在這兒同樣奏效了。

世界各地的華人社群中，同宗、同家族、同村的這類會所，都扮演大家長和守護家人的角色——為會員提供創業貸款、為身陷困境的人提供食物與暫時住所。「中華總會館」可說是統合所有這類服務的傘狀組織。

總會館的祕書長周卓明（Jorge Chau-Chiu）精神抖擻地出來招呼，帶我去會長辦公室和董事會的會議室，整棟樓只有這兩間房間有空調。裡面擺滿了清朝家具和骨董，都是中國大使在一九九三年該會創立百年慶致贈的賀禮。牆上掛著當代華裔古巴藝術家鄺秋雲（Flora Fong）的畫作。（古巴還孕育了華裔印象派畫家林飛龍〔Wilfredo Lam〕。他和畢卡索、馬諦斯都是朋友，也深受他們啟發。）

周卓明很快帶我陸續參觀了圖書室、上太極課和中文課的活動空間、供針灸與備藥之用的中醫診間，還有華人出入之地必可見到的關聖帝君神位。既然我是關帝後代，上炷香也是應該的。那座關帝像身上還掛著閃爍的聖誕燈串。

接著他帶我到存放文件的房間，裡面有許多盒資料卡。近年中華總會館開始扮演非官方大使館和戶籍登記處的角色，華人無論純種混種，在此都有登記。這一大堆的資料卡上，有該人的照片、中文與西文的姓名、住址、出生地、中國的祖籍地等等。華人的傳統是追本溯源，哪怕後代子孫早已遠離故土，生在異鄉。

「他們大多是華裔古巴人。純種的中國人，現在全古巴大概只有三百人左右，也可能連三百都不到。」他邊說邊抽出一張資料卡，上面的人是住在古巴第二大城聖地牙哥（Santiago de Cuba）的「陳加路」（Carlos Chang）。「就像這個人，他不是純種中國人。他有中國血統，但不是中國來的。」

一八五七年六月三日，第一批中國契約工坐船抵達古巴。他們大多被綁了八年勞動契約，來補非洲奴隸之不足——受的待遇和非洲奴隸也沒什麼差別。光是從馬尼拉的轉運港到古巴的這段航程，就有許多人命喪途中。

然而還是有十四萬名華人歷經千辛萬苦來到古巴，在這個島國的混血人口中占了一定比例，因此才有句俗話說：現在的古巴三分之一是西裔；三分之一非裔；三分之一華裔。

早期的中國移民甚至參與古巴脫離西班牙獨立的十年戰爭，以示效忠。有兩千名志願軍在戰火中捐軀。戰爭於一八七八年結束後，古巴的民族英雄荷西·馬帝（José Martí）有言：「沒有一個古巴華人是逃兵；沒有一個古巴華人是叛徒。」

「華人因為這樣贏得了敬重。」周卓明說。

二十世紀的前三十年，古巴出現第二波華人移民潮，有因為家鄉貧困而出走的廣東人，還有約五千人原本移民到加州，卻不堪當地種族歧視和種族主義橫行而逃至古巴。最後一波移民潮則是一九五〇年代，為逃離中共政權、憂心港澳前途而來。瑪莉薩的父親和趙義就屬於這一輩。

我問說有沒有當年唐人街的照片。周卓明答道：革命之後，總公會所有的老照片都轉到國家檔案處保管。難道當時種族區別是忌諱，公會才不得不把這些照片交給政府？還是因為這些照片反映了古巴革命前的黑暗面，卡斯楚不願公諸於世？從古巴最近的出走潮，應可推知兩者成分皆有吧。

周卓明鎖上資料室的門，陪我一起往外走。我對他說我十分敬佩會館對華人社群的貢獻——過去，華人社群逐漸茁壯之際，他們為自己人提供保護與協助；如今，他們則為這個凋零的族群悉心保存紀錄。

「我們都已經離自己的根很遠了。」他對我說。「人在異鄉，總得互相照顧。」

❖

龍岡總公所二樓附設餐廳的裝潢，簡直就是五〇年代香港舞廳的翻版。餐桌上鋪著破舊的桌布，酒吧旁有個百事可樂的冷藏櫃，天花板上的吊扇有氣無力轉呀轉，角落坐了兩個女侍，邊折披薩紙盒邊談笑。古巴的中餐館賣得最好的就是外帶披薩——生意好到客人得排隊，出爐沒多久就賣光，古巴的烘焙類食物都是這麼搶手。

此刻大約下午三點多，餐廳空蕩蕩的。

許悅仁在窗邊等著我。已經有人端了杯可樂給他。他從口袋拿出一張折了幾折的舊剪報，輕輕攤開，緩緩露出一張他的照片，是他身穿白色燕尾服的舞姿。圖說字樣是「嘉年華的中國人」。

他把一卷標示「古巴之歌」（Canciones Cubanas）字樣的錄音帶（是他自己錄的歌曲合輯）放進手提錄放音機，跟著樂聲唱起〈中國夢想〉。

這是我在哈瓦那的最後一天。我們在悠揚的歌聲中恍如回到過去，一股愁緒也漸漸在這空間中漫開。許悅仁唱到最後一段，那被世界遺忘的孤寂也更深。

我夢想的古巴姑娘呀
跟我一起到廣州
我要和妳的愛共度好時光
好好愛我
我一心一意愛著妳
妳是廣州的愛情女王

我告辭之際，腦中的畫面仍揮之不去——眼前這個男人曾是家喻戶曉的康加舞者。那段時光已成過去。如今他消磨晚年之地，一切好似凝結在時間裡，來自另一個時代，但就像哈瓦那海濱大道（Malecón）沿路的那幾排樓房，衰朽中仍見美麗。

第十一章

大逃亡

巴西・聖保羅

一九六七年十月，時近午夜，不見月影。十九歲的李可紹（Lee Ho Shau）和朋友躍入水中，展開奔向自由的四小時長泳。光是從他們住的那個村來到海邊，就花了整整四天。這一去就不能回頭了。

李可紹十二歲起就在人民公社勞動——這是中共在一九五八年推行「大躍進」運動的結果。「大躍進」的目標是讓中國轉為共產社會，超英趕美。然而儘管名為「大躍進」，卻導致數千萬人餓死，後人稱之為「中國大饑荒」。

八年後，中共發起文化大革命，導致中國的政治與社會陷入長達十年的風暴。李可紹的老家廣東省因此掀起逃亡潮。他相中的可能避難地，是英屬香港和離廣東省最近的葡屬澳門。

香港在經濟方面的機會較好，卻位於珠江出海口遙遠的另一端。澳門和李可紹所住的中山縣陸地相連，距離比香港近得多。然而澳門與廣東省邊界始終有衛兵巡邏，對越界的人一律開槍，這種情況下要走陸路到澳門太過艱險。

許多人因此成了偷渡客（當時外國媒體稱他們為「自由泳士」〔freedom swimmers〕）。他們緊抱著橡皮管、足球內膽之類的物品權充浮具，在海上漂流四到六小時，不僅要對抗酷寒的海水、洶湧的波濤，甚至還有突如其來的暴風雨。有些人被中國的巡邏艇發現而帶上船。更不幸的人則遇上鯊魚，或因不敵抽筋、疲累而溺斃。

李可紹和朋友為了逃到澳門，花了一年時間籌備，包括勘查便於暗中下水的地點，也查閱年曆，研究該區潮汐漲退的情況。他泳技不錯，但還是努力鍛鍊，讓體能維持在理想的狀態。

「後來一有機會，就得趕快走。」他回憶道。此刻我們坐在他開的餐廳裡，聖保羅這一區很安靜。他雖已五十多歲，仍保有游泳鍛鍊的結實體格和黝黑膚色。

他和朋友都沒有合法通行證，只能趁夜裡趕路，免得附近村民看到生面孔而起疑。等兩人終於來到澳門附近的海岸，便把隨身帶的最後一套乾淨衣物放進塑膠袋。

「那裡每二十分鐘就有衛兵帶著狼犬巡邏。我們等他們經過，又再等了十分鐘，就『噗通』。」他比了個躍入水中的手勢。

兩人游了半小時，朋友因為海水太冷，抽筋得很厲害，決定放棄。他則繼續往前游，想說既然已經下了水就不再回頭。只是過了一會兒，他改變主意，回去找朋友。

「我花了半小時才找到他。」李可紹說：「他問我幹麼回來，我說：『要是我們被抓到了，至少還在一起。假如成功了，也是兩個人一起。』做朋友就是這樣。」

四小時後，他們爬上澳門發電廠附近的岸邊。那年很多偷渡客都在這裡上岸。兩人不敢隨便招手要公車停車，倒是找到了一個三輪車車夫。對方同情他們的遭遇，願意載他們到李可紹的姑姑家。

「我那天晚上根本睡不著。一直覺得太不可思議，居然偷渡成功了。」李可紹在三十多年後講起這段際遇，仍似歷歷在目。

「這真的可以拍電影了。」我對他說。哪怕類似的故事我已經聽過太多，還是驚歎他居然度過這樣的難關。

「噢，這沒什麼啦。」他說。「你想要自由就沒得選擇。」

❖

今晚全巴西如坐針氈。傳奇前鋒羅納度的狀態理想嗎？巴西能順利擊敗德國，成為世界盃史上第一個贏得五冠王的國家嗎？巴西球風熱情奔放、靈活隨興；德國則如機械，精準嚴謹。巴西要是輸給德國，可是天大的打擊。

二〇〇二年世界盃足球冠軍賽的前兩天，我和夸、馬克．瓦利諾來到聖保羅。全市熱血沸騰，一心等著週日的冠軍爭霸戰。「Nessun dorma」，今晚沒人睡得著嘍。（Nessun dorma，字義是「誰都不許睡」，也就是普契尼歌劇《杜蘭朵》中的詠嘆調〈公主徹夜未眠〉，是義大利一九九〇年主辦世界盃足球賽的非官方主題曲。）

聖保羅光是市區就有兩千萬人口，不僅是南美洲第一大都市，人口也是葡語系國家中排名第一，還有全世界數量最多的黎巴嫩、義大利、日本、葡萄牙等國僑民。

你可以沿著幾條知名的大道漫步，穿過高檔區，參觀市中心的植物園，欣賞藝術博物館的現代主義建築，還可到舊城區中心的聖本托（São Bento）走走。

但聖保羅更常見的景象，是沒完沒了的塞車，是不時就會路過、永遠人滿為患的貧民區和棚屋區。打赤腳的男孩在高架道路下的泥土地踢足球。工業區已成荒地，任憑廢棄的廠房日曬雨淋。

然而今天市區正熱鬧。三月二十五街（Rua 25 de Março）的購物區周邊人聲鼎沸，大夥兒都在幫國家隊加油。代表巴西隊的黃藍兩色碎紙和飾帶滿天飛。不時有人放沖天炮。酒吧的顧客湧向街上，擋住車流。好幾條大街上汽車喇叭聲不斷，車流也不動了，不為別的，只為了幫國家隊加油。

此刻離在橫濱舉行的冠軍賽正式開踢，還有三十六小時呢。

❖

鋪著薑絲和蔥絲的清蒸石斑魚上桌了，被醬油調製的醬汁一淋，散發晶瑩的光澤。這條魚是當天早上我和李可紹去聖保羅的農產品運銷中心（CEAGESP，全球第三大生鮮批發市場）買的。烹調方式一如香港頂級的海鮮餐廳，作工講究，熟度也恰到好處。

我們在李可紹開的「香滿樓」（Restaurante Huang）愉快享用抵達巴西的第一頓晚餐。他刻意把這間餐廳開在高級住宅區「瑪莉亞娜村」（Vila Mariana），這裡綠意盎然，有不少新潮餐館，也因為這區有大學，很有大學城的氣氛。「香滿樓」門口的招牌寫著「Qualidade em Culinária Chinesa」（一流的中國菜）。

和我們同桌的還有渡邊潤（Jun Watanabe），是我三個月前在亞馬遜勘景時偶然認識的。他的身形以日本人的標準而言算是大塊頭，任職於瑪瑙斯（Manaus）一間日本公司，葡語講得還不錯，加上大學時學過西班牙文，切換到葡文「sem problemas」（不成問題）。

渡邊的際遇和我幾乎如出一轍——他是日本人，在馬來西亞和新加坡長大；我是新加坡華人，中學時代都在日本度過。我和他都在美國主修工程學，最後去了不同的國家工作。我們都會說對方的母語，雖然不算流利——他中文說得還可以，也會一點點廣東話；我可以用日語和人輕鬆交談。

他在我們到聖保羅的一個月前搬來這裡，不僅善盡地主之誼，甚至安排各種夜間娛樂活動——有些實在太猛，在此就不提啦。畢竟累了一天，這些活動我大半都沒去，由體力和酒量都綽綽有餘的夸和馬克繼續跑行程。但我最喜歡的還是和渡邊一起吃飯，他在東南亞長大，對中國菜自然再熟悉不過。

樓上有一桌是巴西的臺灣僑民，端上樓的菜我們也都有一份——家常風味的西洋菜排骨湯、廣式燒臘拼盤、生菜葉包片皮鴨，搭配青蔥和海鮮醬（比傳統的北京烤鴨健康些），重頭戲是香菇燴海參。

香菇燴海參這道菜結合了「質地」和「風味」。中國人喜歡在餐點中吃到各種不同的質地，或者就像美食作家扶霞．鄧洛普（Fuchsia Dunlop，首位在四川烹飪高等專科學校受過專業廚師訓練的西方人）所稱的「口感（mouthfeel）」。海參的口感很類似吃海蜇皮、鴨舌、雞爪這種帶點嚼勁的東西。

形似蛞蝓的海參是海洋底層的生物，雖然沒什麼味道，卻富含蛋白質。中國人欣賞它有彈性的質地，也倚重它的療效——海參據說可治療關節炎、高血壓、頻尿，甚至陽痿。香菇在這道菜的功用則是提供鮮味（umami）。

哇！這還真是「流動的饗宴」。

倘若李可紹是建築師，這一桌菜應可說是他展現折衷主義的傑作。

「這些菜夠道地嗎？」晚餐近尾聲時，李可紹從廚房出來問我們。

「好吃得要升天啦。」我忍不住由衷誇讚。

「這些菜都是為樓上那些客人做的。」他說：「我們平常的菜單完全不是正宗中國菜——都是拿來騙『鬼佬』[1]的啦！」他點名四道在巴西賣得最好的中國菜：腰果雞丁、芥蘭牛肉、咕咾肉、洋蔥牛肉絲。

「沒關係啦，這裡的人就是愛吃這些嘛。」我附和道。

「巴西人學做中國菜，就是只會用味精、醬油調味，但不用鹽。」他很不以為然：「這裡的中餐廳一直都是這樣做菜。」

以我吃遍世界各地中餐廳的經驗，很清楚如果當地顧客喜歡的並不是「正宗」中國菜，要忠於原味有多難。無論哪種烹飪風格，都會吸取異國影響，融合不曾用過的食材。好比腰果並非出自中國本土，而是一五五〇年代，葡萄牙殖民巴西時對外出口腰果，才進入中國成為食材，但這並不影響腰果雞丁是正宗中國菜的事實。

「這麼說，腰果雞丁還真的是中國巴西菜呢。」李可紹笑著說。

對我而言，菜做得道地與否，就看那廚師能不能喚起我童年對某道菜的記憶。這時李可紹的妻子黃豔湘（Wong Yim Sheung）端著我記憶中的最愛來到桌前：一盤熱騰騰剛出爐的蛋撻（臺灣稱蛋塔）。

「哇，你們自己做蛋撻耶！」夸頓時樂得猛然起身。我腦中隨即浮現他之前在多倫多飲茶時狂吞蛋撻的畫面。

「對啊，我們也是學著做啦。我們這裡只是小餐館——什麼都得自己做。」黃豔湘甜笑道。我覺得她未免太謙虛啦。

渡邊先嘗了一口蛋撻，發表心得：「不會太甜，也不太鹹，剛剛好。」那口吻完全就是童話中挑剔的金髮女孩歌蒂拉（Goldilocks）。

---

1 譯註：作者與李可紹的訪談係以粵語進行。「鬼佬」即指巴西人。

「全聖保羅就我們一家這樣做蛋撻。」李可紹講得眉開眼笑。「其他人做的餡沒我們這麼滑順。」

蛋撻是香港麵包店和茶餐廳的熱賣商品。廣式蛋撻的內餡是細密濃郁的卡士達蛋漿，盛在烤得金黃酥鬆的塔皮中，比這裡街頭隨處可見的葡式蛋撻（pastel de nata）口感更清爽。

據說蛋撻的靈感來自英國的吉士撻（custard tart）。我則認為由葡萄牙人引進澳門的葡式蛋撻（香港稱為「葡撻」），對廣式蛋撻的影響比較大。

「師傅，你有沒有想過把手藝傳給下一代？」渡邊問李可紹。「師傅」這兩字也是中國對武術家的稱謂。

「有啊，我教過中國人，也教過巴西人。」李可紹說著嘆了口氣。「但是他們都學不會，我也沒辦法。」

「有那麼難學嗎？」

「我也不知道。我自己就是看著師傅做，邊看邊學，可是他們好像怎麼看也學不會。每天做出來的菜味道都不一樣。不管我教了多少次，就是學不會。我教過他們烤肉該怎麼烤，可是他們連轉烤肉架都學不好。」

隔天下午，我看著李可紹用整整四個小時做廣式燒乳豬。烤爐在廚房深處一角，是自己用磁磚砌的炭爐。他把乳豬串在烤肉叉上，不時轉動，等肉慢慢烤熟，一切手工作業，考驗著廚師的細心與耐心。大功告成後，有個臺灣客人把 BMW 停在店外，將烤得金黃多汁的脆皮乳豬放進後車廂，滿意地開走了。

❖

「我通常是把一切都規畫得好好的那種人。」年已半百的黃豔湘講得低調，語氣卻很堅決。「我那時候沒什麼特別要操心的事，也不用到農場做工，所以就在我們那區四處走走看看，找偷渡的管道。」

在這個熱得讓人不想動的下午，李可紹和黃豔湘終於暫時放下廚房的事，繼續講起他們逃亡的故事。

文革時期，紅衛兵響應毛澤東提出的「繼續革命論」，開始審判所有被視為「走資派」、「反革命分子」的人。那時他們倆才十幾歲，由於家庭背景，全被歸為「黑五類」——李可紹的祖父是地主；黃豔湘的父親是當地名醫。換言之，這種人就是階級敵人。

黃豔湘說她十五歲起就計畫偷渡。「我就是非常想離開這裡。」她說。

就在她策畫偷渡的期間，在李可紹住的那個村子認識了他。「我不是去那邊談戀愛啦。」黃豔湘笑著說，看了丈夫一眼。「他那時候在農場幹活，根本沒時間準備這些事情。我安排好會面的時間，就叫他一起來。」

「我當時不許參與政治活動。」李可紹說：「就是那個時候，我也開始考慮偷渡。」

他們決定一起走，只是問題來了——黃豔湘不會游泳。李可紹一九六七年決心偷渡的那個晚上，沒法帶她一起走。她說：「隔年我就開始學游泳。因為怕給別人看到，我就到小河自己練習。」

一九六八年，她和三個夥伴頭一次嘗試偷渡，但沒成功。出了村子還不到幾小時，就在山裡被抓了。她扛起全部責任，供稱自己是整個計畫的主謀，也為此坐了三個月的牢。但她即使在坐牢期間，仍繼續盤算著下一次逃亡。

「大家都以為我很勇敢。也許是因為我看到自己家裡一夜之間什麼都沒了。我對中國完全沒有信心了。」四個月後，她又和不同的三個夥伴一起偷渡。當時天氣已經很冷，但她不願意等到隔年。

他們四人和李可紹當年一樣，都得先從村子走六十公里的路，才能到正對澳門的那個海灣。身上既沒有換洗衣物，也沒帶什麼吃的東西。黃豔湘說他們經過某個村子時，「有狗看到我們，一直叫，村民出來追我們，我們只好一直跑一直跑，腳都流血了。」

一行人在山裡走了四晚，還迷了好幾次路，終於到了海邊。即使大海就在眼前，還是得小心避開護衛犬。一有信號彈發射，就得趕緊躲到大石後面。最後這兩男兩女的四人組，用繩索把彼此串在一起，近午夜時分下了水。

沒多久，有個男生突然抽筋，另一個男生幫他擦紅花油，兩個女生則領頭拖著大家往前游。游了兩小時，黃豔湘已經很累了，不由得擔心他們是否到得了彼岸。

四人在海上唯一的指標就是岸上發出的信標燈燈光，看到的最後一盞是澳門發電廠煙囪上的燈。大夥兒拖著疲憊的身軀爬上岸——那正是一年前李可紹和朋友上岸的地方。黃豔湘確定自己安全之後，隨即聯絡在香港的親戚。對方馬上趕搭開往澳門的渡輪前去接應，還開了香檳慶祝他們終獲自由。

「我真的好開心好開心，完全忘了肚子有多餓。好幾天沒吃飯了。」她回憶道：「但我一直很有信心偷渡會成功。」

那年她還不到十八歲。

這時李可紹已經在澳門一間知名粵菜餐廳做學徒。「澳門的生活還不錯。我學校沒畢業，現在有機會學做菜，就想說該學的一定都要學會。」

兩人在澳門團圓，共處了三天，黃豔湘便在親戚的協助下偷渡香港，在工廠找到差事。薪水「勉強過得去」，最重要的是廠方幫她取得了居留權。我們談著談著，她有點悵然，忍不住好奇當年母親怎麼會准許她做這麼危險的事。她母親不久前剛過世。

「我媽跟我說過，這是我的命。」她說：「我爸也讓我自己決定自己的事。他們都知道我的目標是要去香港。」

「這都快三十年前的事了，好像跟昨天一樣。」李可紹的語氣帶了點懷舊之情。

「他膽子沒我大。」黃豔湘望向丈夫，調整了一下心情。「我天不怕地不怕。大家都不敢相信，我真的翻山越嶺，還一路游到澳門。」

「她在這之前沒幹過一天勞力活。」李可紹跟著說：「連五公斤的袋子都扛不起來。」

「我爸是醫生，我根本沒下過田。」她笑道：「我連打赤腳走路都不會，非得穿鞋不可！」

李可紹在兩年半後也偷渡到香港，透過親戚找到送貨的工作，也拿到居留權。只是六〇年代末，文革的浪潮已波及香港。香港的親共人士不僅發動示威，甚至演變成後來的「六七暴動」。

他們覺得這樣的日子過得很不安穩，香港似乎有點太小了。於是兩人一同再次做出扭轉命運的決定——這次終於不用像當年那樣冒著送命的風險。他們宣稱已經訂婚，拿了觀光簽證去巴西，黃豔湘有個伯父住在那邊。

「哇，你們兩個還真是專業的非法移民耶。」我說，三人都笑了。我在香港的童年正值六〇年代中期，早聽過自由泳士的事蹟。如今我對面竟然就坐著其中兩位。

❖

李可紹和黃豔湘在一九七二年抵達里約熱內盧，結了婚，和親戚合開了一間小吃店（pastelaria）。華人移民到巴西，通常最先做的工作就是做賣炸餡餅（pastel）的小吃店。這種派是用薄餅皮包起司或肉，做成半圓形或長方形再油炸而成。巴西的廣東人稱之為「角仔」。有一說是日本僑民改造中國炸餛飩的成果，在街頭市集當點心販售。

這點心竟然在異鄉回到了源頭。

我對這「角仔」入了迷，一天要去店裡吃個兩、三次（而且這種小吃店似乎到處都有），嘗嘗不同口味的內餡，照例配上一杯現榨甘蔗汁（caldo de cana）。原本經營小吃店的多是義大利移民，但在這幾十年換成了中國人。

「中國人做的餡餅比較好吃，因為加了味精。」李可紹冒出這麼一句。我不確定他是不是拿中國菜的刻板印象開玩笑。

他們夫妻倆在兒子路易斯出生後，舉家搬到聖保羅，繼續開小吃店。黃豔湘說：「一開始實在很辛苦。孩子還小，店裡生意也不理想。我們沒什麼本錢，只能勉強撐著。」

過了十年，有個臺灣朋友聽說李可紹燒烤手藝過人，鼓勵他自己開餐廳，於是他在自由區（Liberdade）開了「金月酒家」（Lua D'Ouro）。由於他認真打拚，又有生意頭腦，在接下來的二十年間，他又陸續開了五間餐廳。先是一九九六年開張的「紅港樓」（Restaurante Porto Vermelho），一家人至今仍住在餐廳樓上。三年後開了「香滿樓」，我們在那裡享用了難忘的晚餐。

去年他在聖本托廣場開了「黃河樓」（Restaurante Huang Hei），供應自助式午餐，很受上班族歡迎（公司會發餐券給員工，到餐廳兌換午餐）。自助式午餐是以拿的菜秤重計價（comida por kilo），這種方式在拉丁美洲很普遍。

從聖本托廣場往山下走，就是熱門購物區三月二十五街。這裡賣的東西無所不包，便宜又大碗：從包包、慢跑鞋、電器、玩具、珠寶，到仿冒的古馳、勞力士等品牌，應有盡有。巴西在十九世紀歷經數波黎巴嫩移民潮，到了八〇年代，則有來自中國、韓國、希臘、葡萄牙等國的移民。這條街上有棟五層樓的「東方購物中心」（Shopping Oriental），內有三百多間商店，大部分由初來乍到的中國移民經營。

中國在八〇年代開放國界後，許多人移民到巴西。李可紹夫婦至今已協助三十多個親戚在巴西定居。黃豔湘這麼說：「有時一次來五、六個人，我們就讓他們到餐廳來，先從這裡開始做。」

「我們現在開了這幾間餐廳，萬一有人想來我們這裡做，我們還是會幫他們安插工作。」李可紹說。「只要有人需要工作，我們就讓他來做。」（自由區那間餐廳目前由李可紹的堂兄負責管理。）我們訪問的許多人，都是以開中餐館為初到異鄉的立足點，也藉此協助新到的同胞安頓下來。

李氏夫婦七〇年代搬到巴西時，這裡約有三萬名華僑。很多人是「紙兒子」，跟著中國同鄉的長輩一起過來。當時臺灣移民的數量也很可觀。

巴西並不算是華裔移民的首選。薩爾瓦多、哥斯大黎加等中美洲國家因為移民門檻較低，更受華人歡迎。也有人先去巴拉圭，再偷渡到巴西。如今巴西已有五十多萬名華人，其中將近二十萬人住在聖保羅。還有很多是八〇年代非法入境，經過數次特赦，成為巴西公民。

❖

聖保羅有一點和我走訪的許多城市不同——這裡沒有傳統的唐人街，不過有些華裔移民倒是在自由區的「日本城」開起餐館和商店。

一九〇〇年代初，由於日本廢除封建制度，推動工業革命，導致農村民不聊生，大批日本人隨之移民到巴西，大多數是來尋求工作機會，尤其是咖啡莊園。如今扣掉日本不算，全世界日本人最多的國家就是巴西，人數多達百萬以上——若把日裔混血兒也算進去，共有將近兩百萬人。

有天下午，我和李可紹一起到自由區走走。日本城入口處的鳥居歡迎我們入內，往裡走即可見許多日本料理餐廳、日本食品店、紀念品店、佛寺、藝廊，還有許多旅行社，門口貼著飛大阪的機票優惠廣告。

這二十年來，搬來巴西的中國人和韓國人多了。自由廣場（Praça da Liberdade）的週日露天市集成了亞洲小吃的天堂：有壽司、烤雞肉串、大阪燒、日式炒麵、煎餃。還有韓式年糕、中式春捲等等。

有間中國人開的雜貨店販售黃豔湘做的臘味，包括臘腸、膶腸、臘肉等，都是她在紅港樓的小廚房親手做的。

「這其實是我先生的嗜好啦。」她說：「有些朋友請我們幫忙做臘味，生意就這樣慢慢做起來了。」

這對夫妻檔的廚藝已經讓我驚歎連連，他們還有多少沒曝光的絕招啊？賣這種手工臘味，和大量生產的製造商一比，根本賺不到什麼錢。再說，就算他們完全不賣燒乳豬（只有少數客人會訂製），要維持生計也完全不是問題。

不過對他們倆來說，這麼做不完全是為了謀生，更重要的是一股熱情——對廚藝的熱情。

巴西還對一種東西很有熱情：牛肉。

渡邊帶我去一間很熱門的燒烤餐廳（churrascaria），主打的是吃到飽的牛肉大餐。服務生在各桌間忙碌穿梭，直接從超大的肉串切下炭烤牛肉放到我們盤子裡。牛的各部位應有盡有，從腰脊肉、肋肉、牛胸到牛舌、牛頰肉等，毫不浪費。餐廳中央有個超大的沙拉吧，提醒大家飲食要均衡。每桌都擺著迷你版的紅、黃、綠三色鐵路小旗。想讓服務生暫緩一波接一波的牛肉攻勢，就豎黃旗。實在吃不下要收工了，就舉紅旗。

萬一吃膩了紅肉想換個口味，隨時都可以回自由區來客綜合生魚片。

❖

「我回來有很多原因。我很想念巴西，想家，也想這裡的人。」路易斯．李（Luis Lee，中文名李忠涵）對我說。時間是世界盃冠軍賽的前一天，我和他一起走在保利斯塔大道（Avenida Paulista）上。「我想找份好工作，把我太太接過來。現在住在巴西還是有很多好處。我覺得在某些方面，這裡的生活品質會比較好。」

或許是因為世界盃狂熱？也或許因為他體內流的終究是巴西血？理著平頭的路易斯今年二十七歲，幾週前才從加拿大回來。他在那邊求學、工作，住了十年之後，現在想搬回巴西。然而這個決定牽涉的層面很複雜，他得說服委內瑞拉裔的妻子和他一起回來。兩人是在多倫多認識的。

「你娶外國太太，你爸媽沒問題嗎？」這是想當然耳會問的問題。

「我小時候我爸媽總說希望我以後娶中國人。一直都是這樣。」他點頭道。「可是我比較喜歡巴西女生。我和卡莉（Carly）交往之後，我爸媽明白我想和她走下去，就接受她了。現在都很順利。」

那，種族歧視的問題呢？

路易斯說巴西是文化非常多元的國家，比加拿大更能接納多種民族。巴西的黎巴嫩裔族群比黎巴嫩全國人口還多。即使各族群都盡力保有自己的文化，還是普遍認同自己獨特的巴西身分。

「你看，我們都團結起來，為同樣的足球隊加油。」路易斯說。前一晚他帶我去當地一間叫「佛后搖擺」（Forró Remelexo）的舞廳。「佛后」（Forró）是深受此地年輕人喜愛的一種音樂類型，源自巴西東北部，結合鄉村音樂、巴西民俗搖滾和迪斯可的節拍。舞蹈風格有阿根廷探戈的親密，也有騷莎舞的快節奏。路易斯有些拘謹，顯然對跳舞沒什麼興趣。

但他真正熱愛的是「futebol」（足球）。

「足球在這裡不僅是種運動，應該可以說是宗教了。」他說：「大家都有自己支持的球隊，但到了世界盃，我們會團結一致為國家隊加油。（他通常支持「黑珍珠」比利〔Pelé〕所在的桑托斯足球俱樂部〔Santos FC〕。）

保利斯塔大道是全拉丁美洲最知名的大街，兩側都是巴西的一流企業：巴西石油（Petrobras）、巴西銀行（Banco do Brasil）、巴西電信（Telefônica Brasil）。隔天一大清早，成千上萬的球迷就會湧到這條大道看戶外轉播的冠軍賽。

但這天傍晚，這裡卻有種異樣的寧靜。

「你覺得明天結果會怎樣？」我問。

「二比一。巴西贏德國。」他答。

附近有個報攤外放著許多運動報刊，頭版照片大多是羅納度為冠軍賽剪的新髮型——他把頭髮全剃光，只在額頭上方留下一叢半圓形的頭髮。我拿了一份，請路易斯翻譯頭條標題給我聽。

「我們希望巴西贏得最後勝利。」

❖

天亮了。地鐵擠滿球迷，人人臉上畫著黃色綠色的圖樣。酒吧通宵營業，酒客成群湧入街道。渡邊頂著一米八的高個子，身穿夏威夷衫，頭戴綠黃相間的小丑帽，在地鐵車廂裡就興奮得蹦蹦跳跳，活像隻超大的絨毛玩具熊。路易斯則穿著巴西國家代表隊（Seleção，國家隊暱稱）的藍色上衣，沒有那麼大動作，但跟著大夥兒的歌聲唱得很起勁。

八線道的保利斯塔大道架起超大螢幕轉播球賽。球迷肩併肩擠在螢幕下，看得聚精會神。每當巴西隊發動攻勢或未能成功進球，就會一陣鼓譟。有人猛啃指甲，有人閉眼向足球之神喃喃禱告。我和馬克坐在螢幕下方的鷹架上，觀察群眾的表情，找尋適合的反應鏡頭。

中場休息時我和夸會合，他之前一直跟著渡邊和路易斯擠在人群裡。羅納度率先射門拿下一分，頓時歡聲雷動。渡邊簡直靜不下來，見人就抱。我們後方還有個樂團不斷演奏。就在大夥兒喧鬧得不可開交的當兒，羅納度又得分了。樂團這下子更是奏得震天價響。渡邊和路易斯緊緊相擁跳起舞來。

比賽結束的哨聲響起，巴西贏了！世界盃五冠王到手！在世界另一頭的橫濱，巴西隊浴著五彩亮片站上頒獎臺。這裡下的則是黃綠色碎紙雨。「Penta（五）！Penta！」群眾如癡如醉高喊。街頭成了派對天堂。簡餐店、雜貨鋪、咖啡館全部爆滿，人人樂不可支。路過的車打開天窗，亮出巴西國旗。放鞭炮的人愈來愈多。這會兒還不到午餐時分呢。

其實這幾週巴西的貨幣黑奧（real）一直貶值，金融市場急遽衰退。但這些都無所謂，一切又重回正軌。全國國民今晚可以安然入睡。隔天是週一，這一天馬上會變成國定假日。聖保羅，以及這個充滿種族多元和矛盾的國家，都會一同歡慶，直到夜深，直到隔週。

李氏夫妻為慶祝國家隊奪冠，午餐在餐廳擺了慶功宴。我和路易斯回餐廳的路上，他坦白對我說：「我是華裔巴西人，但在很多方面，我覺得我比較像巴西人，不那麼像中國人。」

我問他，父母歷經千辛萬苦才走到今天，他有什麼感想。

「我爸媽能逃出中國，到巴西來展開新生活，真的非常勇敢。這裡的華人社群都很喜歡他們。他們能努力實現自己的夢想，真的很棒。我媽乍看之下好像不太講話，其實我們家大小事都是她作主。很多人都說從來沒看過意志這麼堅強的人。」

「這裡是我們的家。」李可紹也加入談話。「我們離開中國時才十幾歲，在香港和澳門待了五、六年，但在巴西已經過了大半輩子。」

「我已經習慣住在這裡了。巴西就像自己家。」黃豔湘說：「巴西人真的對生活很有熱情。」

第十二章

亞馬遜之心

巴西・瑪瑙斯

巴西第五度贏得世界盃足球賽冠軍的隔天早晨，我、夸、馬克三人組動身北上，前往亞馬遜河流域的中心。

第一站：里約熱內盧。我這種超級巴薩諾瓦（bossa nova）迷，必定要去「依帕內瑪的女孩酒吧」（Bar Garota de Ipanema）朝聖。這間咖啡館兼酒吧是因為安東尼奧・卡洛斯・裘賓（Antônio Carlos Jobim）於一九六二年創作的巴薩諾瓦經典曲〈來自依帕內瑪的女孩〉（"The Girl from Ipanema"）得名。據說裘賓當時坐在這裡，望著某個十七歲的女生纖腰款擺步向海灘，譜出這首曲子的旋律。若要論世上哪首樂曲錄製次數最多，它絕對名列前茅。

我在豔陽下啜飲瑪格麗塔調酒，幻想有個曬得渾身棕黑、高䠷的妙齡美女就在此刻走過身邊。

接著當然不能免俗要搭一下觀光客必搭的纜車，登上糖麵包山（Pão de Açúcar），欣賞夕陽在救世基督像後方灑下的金色光環。望向另一端則可遠眺以裘賓命名的國際機場，這是全世界我最愛的都市景觀——有起有伏的平緩山丘、波光粼粼的碧藍大海，和無邊無際的海灘。

下一站，我們來到巴伊亞州（Bahia）首府薩爾瓦多（Salvador），這裡也是非裔巴西文化的重鎮。街上正舉行嘉年華，彷彿就要這樣一直歡騰到夏季終了。許多人跟著某種很有律動感的音樂轉圈跳舞——這種音樂源自這州盛行的坎東伯雷教（Candomblé，結合天主教與西非的約魯巴〔Yoruba〕民間信仰）儀式。他們沿著上城區下坡的鵝卵石街道邊跳邊走。

我們走進一間社區中心，這裡外觀毫不起眼，裡面卻擠滿了人，室內四壁漆成粉藍色，空空的毫無裝飾。這一屋子人不知是受了集體催眠還是醉到神智不清，一起搖頭晃腦念念有詞。夸還被一把拉起站到桌上，來個名副其實的「與攝影機共舞」，一群穿著傳統巴伊亞那圓長裙（Baiana dress）的女人為他歡呼。二十出頭的馬克還是初出茅廬的小伙子（他一路上都戴著無邊羊毛帽，連這種大熱天也不例外），這一幕看得他目瞪口呆，完全不知該拿自己的攝影機怎麼辦。

夜幕低垂，教堂廣場（Praça da Sé）還有卡波耶拉（capoeira）可看。

卡波耶拉是古老的非洲武術，由非洲奴隸帶進巴西，融合巴西音樂的節奏，表面上看似舞蹈，免得當時的主人起疑。進行的方式是兩人一組站在樂手們圍成的圈內，眾人一同打拍子吟誦，配上打擊樂和貝林保琴（berimbau，源自非洲的竹製單弦琴）獨特的嗡嗡聲，聽得人如痴如醉。

要延續這種嗨翻天的氣氛，最好的辦法莫過於暢飲「凱普琳尼亞」（caipirinha）——這種傳統巴伊亞雞尾酒，是用當地甘蔗製成的烈酒卡夏薩（cachaça）混合萊姆汁和糖而成。等我們終於躺上床，早已過了凌晨兩點，一大清早還得趕飛機去首都巴西利亞（Brasília）呢。

我們在巴西利亞有二十四小時略做休息。這首都可說是個經典案例，為全世界示範都市規畫居然可以做得這麼沒創意。這裡在一九五〇年代中期之前是一片荒土，從零開始造鎮，卻造成一個既無靈魂也無色彩的城市。唯一的例外，是建築師奧斯卡·尼邁爾（Oscar Niemeyer）設計的幾棟政府機關大樓，呈現現代主義的建築風貌。稱他是巴西最有名的建築師應不為過。

我們三人花了五天搭機轉機，終於到了瑪瑙斯的兩河匯流處（Encontro das Águas）。有兩條流經秘魯與哥倫比亞的亞馬遜河支流在此匯集，分別是黑褐色的內格羅河（Rio Negro）與淺沙色的索利蒙伊斯河（Rio Solimões），又名上亞馬遜河（Upper Amazon）。

由於這兩條大河的溫度、流速、稠度不一，交會時黑黃兩色相接，好似黑咖啡碰上那堤咖啡，如此長達六公里，從太空中也看得到。這裡也是下亞馬遜河（Lower Amazon）的起點，綿延一千七百公里後流入大西洋。

❖

我在聖保羅臺灣社群的聯絡窗口說，孫華傑（Jack Sun）開的「真善美餐廳」（Restaurante

Mandarim）是全亞馬遜唯一的「正宗」中餐廳。大家都說那邊天氣太濕熱，沒人願意過去住，不過孫「先生」（senhor，葡文）實在很勇敢，已經在那裡待了三十年。

「真善美」座落在瑪瑙斯市中心的卓金．薩拉門托街（Rua Joaquim Sarmento）上，是棟淡粉赭色的葡式殖民風三層樓房，這一區人潮不算多。餐廳內約可容納六十人，還有適合團體用餐的大圓桌。二樓有辦宴會的用餐區，樓下若客滿也可開放。三樓則是廚房。

一進門，我首先注意到的是擺在最前面的兩層式不鏽鋼自助餐檯。用餐區沒有太多的中式裝潢。有面牆上掛了一幅裱框的書法，寫著「食而康　食乃健」六個大字。

孫華傑年近六十，微禿的頭上已見白髮，略顯佝僂，但以他的年齡來說，體態維持得還算不錯。他讓員工來顧店，自己則在店內四處走動，細心照顧一些小地方，好比隨時保持自助餐檯乾淨整齊；餐檯上的菜餚保溫盤要夠熱；還不時攪動一下湯鍋和燉菜，免得鍋底燒焦。

這裡的自助餐是秤重計價。孫華傑的妻子吳南麗（Lina Wu）負責餐檯盡頭的收銀臺，逐一幫顧客的餐盤秤重，管理顧客動線，做來一派氣定神閒，談笑風生。

「用秤重的方式，是因為巴西經濟不好，大家看自己能吃多少，就拿多少。」孫華傑向我解釋。「這樣計費很合理。」

自助餐的菜色除了常見的煎餃、炒飯、炒麵外，還有些比較道地的中國菜，如紅燒牛尾、香菇乾燒伊麵、魚香茄子等。

不過孫華傑的招牌菜是麻婆豆腐。

這道經典川菜要做得好並不容易，所需食材如四川紅辣椒、花椒、豆瓣醬等，在巴西也不好找。這道菜的關鍵是花椒在口腔中產生的那股酥麻勁兒，配上紅辣椒，方能「麻」、「辣」兼具。英文中形容辛香料常用的「spicy」和形容辣度用的「heat」兩字，並未區分「麻」與「辣」的差別。

「新鮮的花椒大多得從中國空運過來。」孫華傑說：「這裡買不到，我只能用馬拉圭塔（malagueta）。」

馬拉圭塔辣椒在巴西非常普遍，在巴伊亞州更是常用。它的辣度若以「史高維爾辣度單位」（Scoville Heat Units）計算，是六萬至十萬；四川花椒則是五萬至七萬五。

我免不了要問他是否因當地喜好而調整口味。「我們的客人百分之九十八是巴西人，所以我們就慢慢改成合乎客人的胃口，也供應巴西菜。做生意嘛，有客源最重要，不是你的菜有多道地。」

自助餐檯上的巴西菜有黑豆燉肉（feijoada）、炒木薯粉（farofa）、椰奶燉海鮮（moqueca，把海鮮與洋蔥、大蒜、番茄、香菜、椰奶同燉）。

考慮到現代人講究飲食健康，他還供應壽司。「中國菜嘛，炒菜都用很多油，沒有油又不好吃。現在大家都喜歡日本菜，比較清淡。日本餐廳生意都很好。」

對初到異鄉的華人而言，開餐廳是低風險的職業——中國菜已風靡世界，永遠會有市場需求。然而要把生意做得好，不但相當辛苦，工時又長。從孫華傑臉龐浮現的少許皺紋與某種疲憊即可見一斑。他以前還用過中國來的廚師，只是這些人因為當地天氣太熱，都做不久。

「而且他們都想自己當老闆。」他說。

「用巴西人呢？」我問。

「我們是這裡唯一一間家族經營的中餐館，他們好像也滿喜歡在這兒工作。當員工是還可以，但我覺得他們有時候動作慢，也不太負責任。要花很多工夫訓練、調教。」

他認為巴西人懶散的態度，是因為這國家既富裕又太平——這裡已經好幾百年沒有戰爭。「他們只想過好日子，這樣就夠了。和我們中國人不一樣，我們總是想出頭、想贏，一定要打敗對手。」

我朝自助餐檯上的麻婆豆腐一輪猛攻。縱使飄洋過海，這道菜的原汁原味也未減損分毫。豬絞肉和板豆腐宛如天作之合，優游於豆瓣醬製成的辣醬，綴以點點青翠的蔥花，映著晶亮的紅油。花椒的酥麻和辣椒的灼熱在我的口中迴盪。

噢，實在太過癮啦！

為這一餐收尾的是巴西咖啡，也就是冷的義式濃縮咖啡加上許多糖，裝在保溫壺裡，讓客人拿小紙杯裝來喝。這邊的餐廳多半免費供應這種咖啡。我很喜歡巴西咖啡，要是它不加糖（sem açúcar）就好了。

❖

瑪瑙斯位於亞馬遜雨林中央，和秘魯的安地斯山脈及大西洋之間距離相當，市區沿著亞馬遜河岸恣意蔓延。

這裡最大的特色就是浮塢，會這樣設計是因為河水漲落的落差可達十四公尺。遊客從世界各地前來觀賞此一奇景，不斷有渡輪在此停靠，上下乘客與貨物。渡輪自瑪瑙斯一路往上游到哥倫比亞和秘魯需時一週。乘客會自己帶吊床到上層甲板吊起來——這可說是亞馬遜河版的臥鋪火車。（從南部出發沒有陸路可達，必須走水運或空運。）

瑪瑙斯於一九六七年成為法定自由貿易區。大批移民從巴西各地與鄰近國家蜂湧而至，尋找新的黃金國，甚至還有人從智利過來。人口因此從四十萬暴增至一百五十萬。

這裡豐厚的減稅優惠吸引許多跨國企業前來，如三星（Samsung）、松下（Panasonic）、哈雷（Harley-Davidson）等，即使這代表產品必須花五天用平底載貨船運到貝倫（Belém），再花兩天由卡車運送，才能抵達聖保羅的物流中心。本田（Honda）在瑪瑙斯的工廠每年可生產一百萬台機車。

不過這個都市還是有種邊境之城的氛圍，感覺法紀在此毫無作用。賣酒喝酒稀鬆平常隨處可見。老百姓好像只要馬上有錢賺，做什麼都可以，無論合法與否。我坐在路邊一間撞球場兼酒吧，點了瓶巴西獅威（Skol）啤酒，但不知怎的總覺得四周都是壞蛋和殺手，大家好像都在暗中交易著什麼。隔桌有兩個打赤膊的男人低聲交談。還有個穿了迷彩裝的男子也在喝啤酒，惡狠狠地朝我瞟了幾眼。

葡萄牙語的歌聲從音箱傳來，是翻唱加拿大歌手安・莫瑞（Anne Murray）的暢銷金曲〈你需要我〉（"You Needed Me"）——你需要我。你需要我。

我繼續上路，經過一個人擠人的購物區，這裡賣的都是從邁阿密和中國進口的廉價電器用品和玩具。所見之人無不行色匆匆。也正因此，我改往另一條街走了一會兒，竟發現富麗堂皇的亞馬遜劇院（Teatro Amazonas），著實大吃一驚。

亞馬遜劇院是法國美好年代（Belle Époque）的產物，稱得上是全世界數一數二的美麗歌劇院，建於十九世紀末巴西橡膠熱潮的黃金時期，用義大利產的大理石打造而成。跨進金光閃閃的前廳，頓時有種異樣的寂靜，與外面喧囂的街道恰成兩個世界。這座劇院體現了：在那個逝去的時代，它背負「把歐洲的上流藝術與文化帶進這片雨林」的使命，而成為不惜重金大手筆建設的巔峰之作。

這座歌劇院也提醒了我們：這是個邊境之城。世界各地的人（包括十九世紀的歐洲人）蜂湧至此，只求一夕致富，也多少把自己祖國的特質帶了進來。

上當地市場採買是所有中餐廳老闆的例行公事。有天一大早，我跟著孫華傑去碼頭旁的市立市場（Mercado Municipal）。這座用鑄鐵打造的市場建於一八八〇年代，那時巴黎的中央市場（Marché Les Halles）方完工不久，它即是仿效中央市場，以鑄鐵和玻璃為建材。

孫華傑已經在這兒買了三十年的菜，對所有的商家瞭若指掌。這裡賣的當地魚類、肉類、蔬果品項之豐富——從我完全沒聽過的熱帶水果，到五花八門的原生淡水魚，甚至包括俗稱的「食人魚」（piranha），種類之繁多，令我嘖嘖稱奇。

「食人魚的肉滿甜的，但刺很多。」他說：「不適合做菜吃。巴西人都拿來煮湯。」

回程他講到自己一星期買兩次菜：「不能一次買太多，像我太太一買就是一個月的量，把冰箱塞得滿滿的，最後東西都爛掉了。員工不是老闆，不會在意這種事。當老闆真的不簡單，太辛苦了。我真的累到不想做，但我也不希望兒子接手。」

他太清楚在亞馬遜中心這種邊陲地方，要讓這間餐廳經營下去得花多大工夫、投注多少心血，因為他三十多年前正是選擇了這條路。

孫華傑最初是從《讀者文摘》中某篇文章認識巴西，得知這國家地廣人稀，樂於接受亞洲移民，尤其歡迎農工去協助當地開發。與美國相較之下，移民去巴西容易得多。

加上臺灣當時在國民黨統治下實施戒嚴，海峽兩岸局勢始終緊張，人心惶惶，許多人因而決定移民。

那時孫華傑對自己的工作並不滿意，想出去見見世面，便自稱在農場工作，順利申請到巴西移民簽證。他於一九六七年搭上貨輪前往南美洲。

這兩個月的航程行經東南亞、印度洋、非洲南部等地。他向來喜歡冒險，但這一程的每個停留點——從香港、新加坡、馬爾地夫、模里西斯，到德班、開普敦，讓他逐漸領悟海外華人過的是怎樣的生活。到了馬來西亞的檳城，朋友說要帶他去吃燒乳豬，那是他這輩子第一次吃到廣東菜。

最後他終於在聖保羅州的聖多斯（Santos）港下船，立刻愛上了巴西。他覺得這個國家就像年輕小伙子，充滿新想法，處處新機會，或許尚未開發，但比他臺灣老家發展的速度快得多。他眼中的巴西人非常熱情、積極，最重要的是很有禮貌，和臺灣人很不一樣。他這麼形容：「巴西人甚至會在公車上跟你說早安。」

他一開始先在聖保羅市和堂哥一起住，一邊熟悉環境，一邊學習葡語。頭一年他先後做過不少工作——在加油站當加油員、幫人開長途卡車往來巴拉圭運送黑市貨，也當過公司的司機。

然而兩年後，他厭倦了這種四處打零工的生活。（「我老是餓肚子，賺的錢不夠用。」）朋友建議他試試學做中國菜，學會了到哪裡都有差事做。於是他先幫一間知名中餐廳當司機，之後才進廚房和老師傅學做菜。這樣在巴西待了六年後，那間餐廳有個廚師問他要不要合夥去瑪瑙斯開餐館。由於沒有華人廚師願意北上，單身的孫華傑無牽無掛，立刻抓住了這個機會。

「真善美」餐廳是亞馬遜地區的第一間中餐廳。

沒想到他的人生在一年後轉了個大彎。那年他休了一個月長假，回臺灣幫父親過七十大壽。壽宴上，有人介紹他和吳南麗認識。

「她個子高，長得又漂亮，我滿喜歡她的。」孫華傑對我露出心照不宣的微笑。「起先我只是開玩笑。我當下就問她想不想出國。她說想，只是不知道怎麼出去。我說我可以幫她辦。」

他們三天後就結婚了。吳南麗問他萬一辦不成呢，他說可以離婚，她還是能保有處子之身，他則回巴西去。兩人就這樣在臺灣相處了一個月，只是住在各自的家。

孫華傑坦承：「她跟我到這裡來，膽子真的很大。她那麼年輕，我工作又不穩定。」最初吳南麗想搬去聖保羅，但他覺得那邊太危險，綁架和搶劫案太多。瑪瑙斯治安好得多，生活比較單純，華人也比較少。

夫妻倆從臺灣搬到巴西的一年後，當初拉孫華傑合夥的那個廚師不幹了。（「亞馬遜太熱，他受不了。」）兩人就這樣攜手度過三十年，生了三個兒子，在亞馬遜打造了屬於他們自己的人生。

❖

「我想念這裡的魚餐館（peixaria）。」孫家的二兒子艾迪（Eddy Sun，中文名孫成寧）一邊挑出魚骨上的肉一邊說。「Peixaria」是葡萄牙文「魚市」的意思，但在瑪瑙斯也是指專賣魚的小餐館。

我和艾迪一起去附近的餐館「卡波洛」（Cabral's）吃飯。老闆卡波洛酷愛釣魚，幾年前才從「本田」的亞馬遜分公司退休。他的魚餐館位於住宅區的空地，隔壁是座足球場。說是餐館，其實就是個路邊攤，在空地搭起棚子、吊起燈泡、擺三張桌子就開張了。但客人會老遠從鎮上的另一端開車過來，光顧這個露天小餐館。

「卡波洛」的招牌就是魚，而且只賣兩種，都是亞馬遜盆地出產的淡水魚，肥美清甜。一是兩者間體型較大的亞馬遜河石脂鯉（Matrinxã），包在香蕉葉中炭烤。二是先切再炸的細鱗肥脂鯉（pacu，食人魚的遠親）。由於這種魚的刺超多，炸得香酥之後，刺就可以吃了。我們把炸魚沾上老闆自製的超猛胡椒醬一起吃，搭配巴西風味飯——也就是把白飯和大蒜及洋蔥同炒後再蒸過。

「美國吃不到這麼好吃的魚。那邊的東西既沒個性又沒味道。」艾迪說著，又吃了一口飯：「瑪瑙斯就是產魚的鎮。我和朋友出去都是去魚餐館，不會去燒烤餐廳。」

他大學四年都在西雅圖度過，養成對美國人的認同感。不過他終究是華人家庭的兒子，出國留學後還是得回家。他目前在自由貿易區的某臺灣晶片廠當經理。

他講到自己的英語怎麼會有美國西岸口音：「我在西雅圖培養出美國人的個性。我的朋友全是美國人，我平常都跟他們在一起，一舉一動、講話都很像他們。」

他笑說連吃東西也和朋友一樣，用叉子不用筷子。

但等他回臺灣找工作、面試、探望祖母的時候，又會變回華人的樣子：「回到自己的根當然很開心、很棒，感覺很好。我內心深處覺得自己是華人，但我在精神上是巴西人。」

在不同身分間切換自如，是海外華人的看家本領。我們依據各自在不同時空的人生經驗，有各自的自我認同。大家似乎都是變色龍，只是本領高低各不同。我自己的言行舉止就會隨環境而變——講帶新加坡口音的英語；有香港人和廣東人的大嗓門；像日本人低調重分寸；又有美國人直來直往的帥氣。

我向艾迪問起他的巴西女友。

「這個嘛，不同國家的女朋友，態度不太一樣。」他回得若無其事：「我發現，在美國你只能跟一個對象交往。要是你同時還有別人，她們就不玩了。在巴西正好倒過來，她們都知道你大概還有別人，但她們也不能怎麼樣。」

巴西南部種族多元，北部的瑪瑙斯亞洲人卻很少。我問他這裡的種族主義、種族歧視情況怎麼樣。他沉吟一會兒，喝了口啤酒，說當然還是有。「尤其如果你是一個團體中唯一的亞洲人，更能感覺到那種緊繃的氣氛。他們會朝你喊：『噢，有東方人來了。』」

那他對這種嘲弄有什麼反應？

「我某種程度應該算適應了吧，反正也不能怎麼樣，就只能自己吞下去。我有些華裔巴西朋友，都是這裡土生土長的。不過我們內心裡都是巴西人。」

❖

幾天相處下來，我漸漸熟悉的這個孫華傑，從不大嗓門，也不太表露情緒，但可以感覺得到，這不是過去年少輕狂的那個他。為了他不惜前來亞馬遜的女人，吳南麗也不是第一個。他住在聖保羅的期間，有個名叫愛麗絲的波蘭女子愛上了他，甚至在他搬到瑪瑙斯的頭一年，兩度前來向他求婚。

「但她家人反對，因為我不是基督徒。」他說：「她是非常虔誠的基督徒，一星期要去兩次教會。」

他當時對宗教毫無概念，也不理解宗教對巴西人的重要性。既然他們這麼相愛，為什麼不結婚？

「她堅持要我先改信基督教。我說，『我們先結婚，要是我真的想，我再信教，不應該反過來。說真的，妳是要跟我結婚？還是跟耶穌結婚？』

愛麗絲第二次來瑪瑙斯時，要孫華傑帶她回臺灣，他沒答應。臺灣民風保守，和外國人談戀愛相當罕見。他擔心自己要是帶個金髮女郎回來，別人不知會怎麼想。

「我跟她說我很快就回來。不過她心底早就知道我最後會娶中國人，不會選擇她。」

我問孫華傑有沒有愛麗絲的照片，他說全都燒了。那，有沒有遺憾？

「沒有。她可能沒想到我會在瑪瑙斯待這麼久。我也沒想到自己三天內就結婚了。」他居然沒等我提，自己開口邀我去他那個長老教會走走，又說他七年前信了基督教，這還真出乎我意料，他從沒提過自己信什麼教。或許他內心深處還是獨來獨往的圈外人，始終在尋找生命的答案。

這個長老教會是十年前成立的。孫華傑最初會進來，完全是為了社交。瑪瑙斯的華人社群很小，小到「想和別的華人互動，大概只能去教會」。

「真善美」向來週日營業，所以孫華傑一家人只能等傍晚餐廳打烊後才能去教會，此外就是聖誕節、西曆除夕這類節日。後來他們決定每週日公休，才開始去教會做禮拜，這樣過了三年後才受洗。

「信基督教真的讓我心裡很平靜。」他說：「受洗之後我們就沒去教會了，因為我們是用心去信，不是嘴巴說說而已。」

我在瑪瑙斯的最後一天，回「真善美」去吃午餐，也當然要吃麻婆豆腐。我問孫華傑有沒有想過退休後回巴西南部。

「這邊我都習慣了。」他說：「氣候也很好，沒有冬天。年紀大了就怕冬天。」

這些年來瑪瑙斯也有過幾間中餐館，但「真善美」是唯一還在營業的。他感嘆其他同業都有歲數，漸漸做不動了。「他們都把店收起來，不幹了，下一代又沒人願意接手。

「我自己年紀也大了，沒那麼多力氣照顧生意。或許再過幾年，我會把餐廳收起來，或是頂給別人。我不管吃多少苦，還是盡力把孩子帶大，讓他們受好的教育。我只希望他們過正常人的生活，別做我這行。」

如同塔希爾．夏（Tahir Shah）在《虎王之家：追尋失落之城》（*House of the Tiger King: The Quest for a Lost City*）一書中寫的：「森林對身心的脆弱並不寬容。只要展現一絲弱點，森林會毫不遲疑把你生吞活剝。」

孫華傑的語氣有些頹喪，似乎疲憊已極。他這一生中必然有過闖蕩天下的熱血衝勁，才會飄洋過海，來到這片雨林中心成家立業。但他在亞馬遜河畔找到了宗教、平靜、友誼，讓這裡成為自己的家。

第十三章

印度之旅

印度・孟買與德里

我在阿姆斯特丹史基浦機場（Schiphol Airport）附近的旅館沉睡之際，第二次伊拉克戰爭開打了。我前一天才從多倫多飛來，當天跑了一趟巴黎，預計搭隔天一早的班機到孟買和夸會合，但我要搭的那班西北航空班機取消了。

飛孟買的幾家航空公司都被迫繞路避開戰區——也好，我可不想被防空飛彈打下來。但這也代表這段長途飛行多了三小時，勢必需要額外的機組人員換班，西北航空調不出這個人力。

所幸荷航每天都有班機飛德里，而且航線拉到更北，飛越俄國。總之我終於在最後關頭弄到那班飛機的機票。

凌晨兩點。飛機降落在德里的英迪拉．甘地國際機場（Indira Gandhi International Airport）。我隨即陷入機場大災難——標誌和指示方向都不清不楚。有行李員想來拿我的行李，天知道要拿去哪裡。航廈外的車流亂成一團。我等著始終不見影子的航廈接駁車，卻有一堆嘟嘟車、計程車、私家車、小巴司機爭相朝我攬客。最後我上了計程車。

我原先的打算是去飛國內線的機場（大約一小時車程）待一晚，再搭隔天第一班飛機去孟買。我那計程車司機卻說服我去一間破旅館過夜：「就花一點點錢嘛，巴巴（baba，譯註：印度語的敬稱），睡幾個鐘頭也好。」

我感覺得出來，他介紹客人過去應該可以抽佣金。

隔天，我終於走進珠湖海灘（Juhu Beach）「假日飯店」（Holiday Inn）的咖啡廳，和正在吃早餐的兩名組員會合。「怎麼這麼晚才來？」阿傑．諾朗哈（Ajay Noronha）以半開玩笑的語氣問我。

「唉，打仗啊。」我盡可能裝出印度口音，把頭一歪。「打仗，恐怖啊。」

夸興味盎然地看著我。他也是從多倫多飛了二十四小時過來，還在香港轉機。香港是SARS疫區，他一路戴著口罩。

阿傑是果阿邦（Goa）人，是我在多倫多的朋友克莉絲汀．品托（Christine Pinto）的親戚。他在電視臺上班，副業是拍紀錄片。我請他當我們這次拍片的二機攝影師和收音員。三人一會合，立刻進入拍片模式，把攝影機、收音設備等等攤了飯店房間一地。窗外就是阿拉伯海，浪濤一波波拍打沙灘，好一幅海濱風光。（夸前一天才放下行李，就趕緊拍了海灘落日的鏡頭。）

舟車勞頓了這麼久，若能休息一下該有多好。我們三人卻擠進一輛沒有空調的黃黑色計程車，一頭栽進孟買又吵又亂、廢氣滿天的車流。

還有兩個月才是梅雨季，此刻空氣卻已悶濕黏膩。有一千五百萬人在此地討生活。這城市不僅很有紐約那種快節奏的都會商業氣息，拍出的電影數量還勝過好萊塢。

塞車太嚴重，我們坐的計程車改道而行，一陣轉轉繞繞，在巷弄間鑽進鑽出。這種時候，三輪嘟嘟車確實比四輪更能穿梭自如。我們在車裡洗三溫暖（實在沒有別的詞可以形容）之餘，阿傑講起之前有個加拿大攝影師被孟買嚇壞了，馬上掉頭搭飛機走人，阿傑便接替了他的工作。

❖

我們與尖峰時間的車陣纏鬥了一個半小時，才抵達「林閣酒家」（Ling's Pavilion）。駛進克拉巴（Colaba）這一區，即可察覺路上的喧囂漸漸褪去。孟買市區延伸至兩座半島，克拉巴區就在其中一座半島上。英國殖民印度時期，孟買稱為「邦貝」（Bombay，字義：良港），即是以此區為中心。這裡有一條濱海大道，以壯觀的拱門「印度門」（Gateway of India）為起點。這是印度為紀念英王喬治五世於一九一一年來訪所建，可說是印度版的凱旋門。如今放眼克拉巴區，盡是高級時尚精品店、歷史悠久的咖啡館、裝潢新潮的餐廳，還有專做觀光客生意、販售手工紀念品的露天小攤。

「林閣酒家」位於「帝王戲院（Regal Cinema）後面的蘭斯頓路（Lansdowne Road）」，轉個彎就是古色古香的「泰姬瑪哈酒店」（Taj Mahal Hotel）。一九九五年希瓦吉軍黨[1]（Shiv Sena）執政後，把蘭斯頓路更名為「馬哈卡維・布山路」（Mahakavi Bhushan Marg）。這和把帶有英國殖民色彩的「邦貝」改名為孟買，是一樣的道理。政治人物一心要展現這座城市承襲馬拉塔（Maratha）帝國的傳統，徹底抹去英國的遺緒。

我前一年來訪時，英印裔的美食作家安托萬・路易斯（Antoine Lewis）就向我介紹「林閣酒家」。他是這麼說的：「孟買有大大小小五百多間中餐館，就屬這家的菜最好最道地。」

我和他那天吃了好幾道菜，其中包括廣式椒鹽大蝦、客家梅菜扣肉。

那頓飯簡直棒得沒話說。

這次一走進「林閣酒家」，裡面的裝潢讓我不禁想起明朝背景的武俠片中那種小酒館，彷彿隨時就要上演刀光劍影的場面。

店中一角有座鋪滿圓石的池塘和小小的瀑布。池上有座中式拱橋，橋的另一端是一段仿石砌階梯，拾級而上即可達夾層。用餐區是清一色中式裝潢，擺著仿清朝風的高背椅。

尼尼・林（Nini Ling，中文名林森懋）上前招呼我，帶我四處參觀，一面說明：「這裡的客人從各地慕名而來，因為他們知道我們有全孟買最好的中國菜。」

尼尼年近六十，個子很高，膚色偏深，濃密的小鬍子白多於黑，加上金屬框眼鏡，有種嚴肅端莊的氣質。他和弟弟巴巴・林（Baba Ling，中文名林森典）共同經營「林閣酒家」，不過巴巴大部分時間都在德里打理另一間名為「御花園」（Imperial Garden，意譯）的餐廳，同時還在籌備「新南京酒家」（New Nanking）的開幕事宜。

這裡的廚房明亮寬敞又整潔。每道菜所需的食材，在正中央的備餐檯上排得整整齊齊，就等幾名華人二廚把它們全部下鍋，以快速有效率的粵菜手法大火翻炒。此刻是早晨的準備時間，五名廚師正全神貫注，在厚實的中式木製圓砧板上俐落揮動菜刀，剁塊、剁碎、切片、切丁，手法之迅捷令人目眩神迷，彷彿用快轉看電影。

切菜是一門學問，也是中菜烹飪的基本功。中式菜刀則是中菜廚房必備的萬能利器，也是廚師最信賴的好夥伴。這種菜刀不僅具備快速切菜應有的重量，或許還有個最實用的優點，就是它的刀刃很寬，可以一次鏟起所有切好的食材。

主持電視烹飪節目《甄能煮》（*Yan Can Cook*，港譯《食得是福》）的名廚甄文達（Martin Yan），就是捨其他刀不用，獨獨偏愛中式菜刀，即使煮的不是中國菜也照用不誤。他有次當著我的面，菜刀一揮就把一塊薑剁成薑末，這只有神乎其技四字可以形容。

「林閣酒家」的當家領班強尼・池（Johnny Chi，音譯），是十二年前開幕以來就在此服務的

1 譯註：據牛津大學出版社於二〇〇九年出版的印度語辭典解釋，「Shiv Sena」字義為「希瓦吉大帝之軍」（the army of Śivājī）（Johnson, 2009）。學者劉奇峰曾於二〇一八年倡議較精確的譯名應為「希瓦吉軍黨」。然中文世界長年普遍譯為「濕婆神軍黨」，疑誤解為「Shiva」（濕婆神）所致。

元老。他之前在對街的一間中餐館做了十八年，被巴巴挖角過來。強尼有種獨特的個人魅力，一口印度口音的英語格外悅耳，因此成為行銷「林閣酒家」的最佳代言人。

「香港很多鑽石商都到我們這裡來用餐，不會去別的餐廳。有時候他們也會試試其他地方，但最後還是會回來跟我們說：『那邊的菜不行，只有你們這裡才吃得到正宗的中國菜。』」他對我說的這番話，不正是「林閣酒家」的顧客推薦詞嗎？

寶萊塢的明星與模特兒也會來光顧。「你真的應該來看看。女生全都正到不行；男生嘛，嗚—啦—啦。」他說著眨眨眼。

我望著菜色豐富又齊全的菜單，樣樣看來都很美味，實在難以抉擇。不過最讓我心動的還是新鮮海產那部分——有龍蝦、螃蟹、明蝦、牡蠣、淡菜、魷魚，均可「依您喜愛的方式烹調」。作法從「以辣椒或大蒜乾燒或帶湯汁」，到「以粵菜手法與碎肉、香菇、皮蛋、薑一同清蒸」，可謂五花八門。

這時強尼從廚房華麗登場，一手螃蟹一手龍蝦。這是香港高級餐廳的作法——服務生從餐廳的水族箱裡現撈海鮮（故稱為「生猛海鮮」），先拿給客人看，然後才下鍋。

「我們這裡只賣活海鮮。你看，還會動耶。」他雙手晃了晃，手中的蝦蟹緩緩動了動螯和腿。

「林閣」的招牌就是活蟹。強尼說韓、日兩國的僑民一週會光顧好幾次，「就是要吃大螃蟹！」某次甚至有人提前好幾週從倫敦打電話來預訂螃蟹，強尼原本沒當一回事，結果對方真的照自己說的時間上門。

我點了豉椒炒蟹、薑蔥龍蝦、椒鹽鮮魷，外加中式蔬菜（「都是我們在浦納〔Pune〕的農場種的」）和香菇蟹肉伊麵。

我正想繼續點菜，強尼卻投來勸阻的眼神。「我覺得你目前點的菜應該夠吃了。我們這裡的分量滿大的喔。你看到很多菜都想點，但未必吃得下。我先幫你做這幾道吧。萬一你點得多了，沒辦法反悔；但要是點得不夠，永遠可以加點。」

只是尼尼不來這套，非要我們嘗嘗這裡的川椒雞（chin jiew chicken）不可。「我父親是潮州人。」他解釋原因。

幾百年來，廣東省東北沿海的潮州地區，一直是中國人出海遷移至臺灣與東南亞的重要地點。香港的潮州人有一百多萬，占總人口約六分之一。潮州人有自成一格的菜系和獨特的方言——對潮州以外的粵語人士和潮州北方的福建人來說，潮州話完全是陌生語言。

川椒雞這道傳統潮州菜是把雞丁與四川紅辣椒略微翻炒，故得「川椒」之名。搭配的食材通常是珍珠菜（loosestrife leaves），油炸後變成墨綠色，薄如蟬翼，口感酥脆。但以「林閣」所在之地，珍珠菜不易取得，就用油炸羅勒代替。這道菜堪稱是道地潮州菜的極致表現。

海外華人總是會把自己故鄉的菜色與廚藝帶到異鄉。這是他們與身世源頭連結的一環，也是遠離故土之際自我療癒的美食。

❖

強尼總是笑臉迎人，開朗健談，樣子根本不像五十歲。加上細皮白肉和一張娃娃臉，外人不易看出他的真實年齡。身上那件精美的寶藍色繡花絲質唐裝，更讓他年輕了好幾歲。在我看來，他或許早已不愁吃穿，社交生活多采多姿，經常出入各種潮店。餐廳的客人都喜歡他，常送他外國的昂貴禮物。還有人邀他到家中作客，下廚款待他，把他當一家人。

但強尼已經在「林閣」找到了自己的家。

「我在這裡過得很好。大家不分你我，就像一家人。老闆兩兄弟各有各的優點，他們的太太人也都很好，很親切，不像我知道的某些地方，天哪，他們好嚴格，跟希特勒一樣。」

只是他覺得尼尼人未免也太好：「他從來不發脾氣，就算有人犯錯他也不發火。我偶爾會不高興，跟他說：『你心腸太軟了，應該要凶一點。』」

他眼中的巴巴則正好相反——巴巴是生意人性格，比較外向也比較強勢。「不過他骨子裡還是有副好心腸。還記得我母親過世的時候，巴巴對我說：『強尼，不用擔心，你替我做事，我會照顧你。』他會講這麼貼心的話，我真的很感動，一輩子不會忘。」

後來強尼自己跟我說他有一半波蘭血統。他母親少女時期是華沙的難民。二次世界大戰爆發，蘇聯入侵波蘭後，多達百萬名波蘭人被流放到西伯利亞和蘇聯某些地區的集中營。一九四二年後，有一萬名以上的波蘭難民從蘇聯集中營出發，繞遠路跨越中東，抵達印度。（納瓦納加邦〔Nawanagar state〕當時的土邦主〔maharaja〕在許多國家拒絕這批難民入境之際，收容了逾五百名孤兒。）

這讓我想起二戰期間有些猶太人逃離納粹德國，遠赴上海。他們在法國南部上船，穿越蘇伊士運河來到孟買，盼望英屬印度收留卻遭拒，只能繼續航行。最後這批猶太人終於設法進入日軍占領的上海，在日本劃定的「無國籍難民限定居住區」安頓下來，這裡之後就成了大家所知的上海猶太區（Shanghai Ghetto，或稱上海隔都）。

強尼的父親於一九四七年從香港到孟買，恰好在印度宣布獨立前。他在馬哈拉施特拉邦（Maharashtra state）的難民營認識了未來的妻子，就帶著她一起走。

「他們是一見鍾情。」強尼說：「我媽長得很漂亮，信教信得超虔誠。她是羅馬天主教徒，從早到晚都在禱告。她過世後我覺得天都塌了，但日子還是得過下去。」

混血兒在印度這樣的環境成長已經很不容易，加上父母都不是印度裔，處境肯定更艱難。我問強尼對自己的身分會不會又愛又恨。

「不會。」他毫不猶豫答道：「不管你生在哪裡，那就是你的國，你的家，這就是你的土地。」

他始終認為自己是印度人。

「只有我照鏡子的時候才會說，『噢，不對，其實我不是。』」

隔天強尼帶我去他幾乎每天光顧的小館吃午餐，他必點奶油雞。我發現那裡的菜單約有一半的菜是中式炒飯和炒麵。

這間小館的老闆拉斐爾（Raphael）是強尼的朋友，對我說明菜單這樣安排的原因：「這個趨勢是八〇年代末開始的，大家都想吃中國菜。我們請華人廚師來教我們怎麼做這些菜，就這麼賣起來了。中國菜膽固醇比較低，也沒那麼油、那麼辣，不會加那麼多別的東西。」

回程路上，強尼故意去鬧路邊一個小販，跟他開玩笑——他們彼此認識，當然是很熟了才會這樣。只是我忍不住納悶，脫口而出：「你都不會惹上麻煩嗎？」

「我又沒說不會。」他打趣道：「誰不會惹點麻煩呢，只是萬一真的有事，我三兩下就能解決。」

我就跟他說了當天早晨和夸在教堂門火車站（Churchgate station）遇上的狀況。我們在月台拍攝，有個收票員看到了，硬是把我們帶到站長辦公室。我們主動說要刪除他們不滿的內容，我還出於本能奉上一疊盧比，沒指望拿到收據，結果也真的沒有。

「啊，你惹上麻煩了，是吧？」強尼拋來一個「這種事我見多啦」的眼神。「這裡的政府機關、公共建設都不能拍。」

一年前我在加爾各答也碰過同樣的狀況。那時我在「文員大樓」（Writers' Building）拍照，也就是西孟加拉邦（West Bengal）祕書處的所在地。保全人員要我交出底片，我照辦了，只是暗中迅速掉包，把還沒用過的膠卷給他。

不過最麻煩的一次是我八〇年代中期在西藏旅遊的時候。我的攝影機拍到拉薩一場支持藏獨的示威運動。在我步行越過邊境去尼泊爾的途中，中國邊防衛兵發現這段影片，把我拘留了三天。最後他們命令我刪除影片，我才得以脫身。

此刻我終於明白為何阿傑那時決定不和我們一起去教堂門車站，說晚點再去車站對面板球場旁邊的咖啡館和我們會合。他是印度公民，扯上這種事的後果應該更嚴重。我和夸在這裡畢竟只是觀光客。

❖

尼尼的父親林宜生（Yick Sen Ling，音譯）於一九三七年從香港來到印度，幫忙伯父經營家具及古玩店，店名是「中國博物館」。但他酷愛下廚。二戰終了，伯父家具店對面的「南京酒家」出售，他不僅買了下來，還在同年娶了一名羅馬天主教徒——來自南印度港都曼加羅（Mangalore）的瑪麗．科里亞（Mary Correa）。

「南京酒家」於一九三四年開業，是孟買最老牌的中餐廳，也曾經是全孟買唯一的中餐廳，各國外交官與名流均是座上嘉賓，印度獨立後的首任總理尼赫魯（Jawaharlal Nehru）也曾蒞臨。

我和尼尼坐在他位於「林閣」一樓的小辦公室。他望向庭院，回顧起「南京」的種種：「它就是很簡單的小館子，我們就是從這麼普通的小店做起。我覺得現在的人不會去那種地方吃飯了。現在的餐廳一定要做得富麗堂皇，看起來貴得不得了，生意才會好。」

林宜生是出了名的樂善好施，也把這種精神傳給了下一代。

「我們待人從來不會因為他們的社會地位而有差別，他們原本怎樣就是怎樣。」尼尼說：「對員工也是這樣，大家互相體諒。要讓他們覺得在這裡工作很自在、很開心。」

一九六二年，中、印兩國在喜馬拉雅山一帶的邊境不斷發生小規模軍事衝突。印度政府開始質疑當地華僑的忠誠度。中印戰爭僅僅持續了一個月，卻對印度華人社群造成難以磨滅的深遠影響。

「我們一夜之間從兄弟變成敵人。」尼尼嘆道。

有華裔姓氏、華裔血統，甚至華裔配偶的人，全部成為眼中釘。這些人不但得去當地警察局登記身分、接受分類，進出活動也受管制，想去某些地方還得申請許可。印度公司行號不得雇用華裔員工，政府也不鼓勵印度人光顧中餐館。

「南京」的生意大受影響不說，林宜生一家更深恐會被送到拘留營。尼尼說：「我們早就打包好行李，裝了一堆羊毛衣物，因為北印的拉賈斯坦邦（Rajasthan）很冷。儘管我們始終認為自己是印度人，再說我爸早在印度獨立前就過來了，大家還是一直叫我們『支那』（cheena）。我想是因為我們有東方人的五官。政府也把我媽當成『支那』，因為她嫁給中國人。」

即使緊張的局勢趨緩，當地社會對華人的汙名與疑心依然存在，許多華人因此搬回中國或移民他國，原本為數不多的華人就更少了。孟買的華人區原本集中在海軍造船廠一帶，因為中印衝突前這裡會雇用懂得造船的華人，但在華人外移潮後，只有寥寥幾戶人家和一座中國寺廟。

尼尼於一九六九年赴加州留學，在那邊和越南移民南西．阮（Nancy Nguyen，音譯）結了婚。由於正值越戰最烈之時，美國移民也是徵兵對象，留在美國反而不利。於是夫妻倆決定完成學業後就移民加拿大。尼尼成為電腦工程師，在加國發展得相當不錯。

十八年後，父親要他回印度接管「南京酒家」。

「我想中國人嘛，都希望一家人在一起。我是長子，所以得由我決定要不要接管生意。」尼尼說：「當時我很兩難，不知是該聽爸媽的話，還是做自己想做的事。我為這個思考了很多層面。不過我太太也贊同，所以我們就決定試試看。」

「我還真不知道他是中國人。」南西也過來和我們一起坐。和藹可親的她，很容易和客人打成一片，也是讓餐廳順利營運的關鍵人物。「我一直以為他是印度人。結果我們也過得很幸福，婚姻很美滿。我從沒想過自己會到印度來生活，但十六年就這樣過去了。」

巴巴的妻子曼蒂．施（Mandy Shi，音譯）也幫忙打理餐廳。她端來剛出爐的拿手菜——巧克力夾心蛋糕給我們品嘗。她出生於印度東北部、鄰接不丹的阿薩姆邦（Assam），父母都是華人。父親後來在加爾各答開餐館，全家就搬了過去。

她當年是否想找個華人伴侶？

「也沒特別這麼想，但我總覺得假如他是華人也滿好的。我們彼此會更適合，相處上也比較容易。」

當年的中印邊境衝突對她有什麼影響？

「我們都很緊張。當時很多華人都給帶走了。他們關了所有的華文學校，還把老師帶走了。」

她連自己的國籍也無法選擇。

「父親是中國人，就得拿中國護照。直到一九七五年嫁給巴巴，我才能改拿印度護照。」

「南京」的那棟樓房於一九九〇年進行整修工程，不得不暫停營業。這時尼尼和巴巴已經在附近開了「林閣酒家」，便決定永遠關上「南京酒家」的大門。

❖

清晨六點半，沙遜碼頭（Sassoon Docks）一片寂靜。漁船已連夜進港卸下漁獲。幾隻鴿子在半空中頻頻撲翅。這座一八七五年落成的碼頭，見證著孟買昔日興盛的貿易活動及繁榮的漁業經濟。

沙遜（港譯「沙宣」）家族是來自巴格達的賽法迪猶太人，於十八世紀定居邦貝，財力雄厚，有「東方的羅斯柴爾德家族（the Rothschilds）」之稱。他們以邦貝為基地向外拓展，遍及亞洲、非洲、倫敦，從事銀行業及貿易（尤其是鴉片），累積巨富。某些來自巴格達等中東地區、後移居印度的巴格達迪猶太人家族，還與大英帝國聯手掌控香港的商業和政府，尤以沙遜、嘉道理（Kadoorie）、庇理羅士（Belilios）這三大家族最具代表性。

尼尼和我們在沙遜碼頭魚市（Sassoon Docks Fish Market）會合，這裡是孟買最大的海鮮市場。「魚這種食材每天都得買新的，中國菜這一點特別重要。魚很快就會變質，不耐放。」

魚市內人聲鼎沸，已經逼近我能承受的極限。濃重的魚腥快要蓋過清晨的空氣。魚販忙著開膛破肚，內臟與血滴齊飛。流浪貓四處恣意穿梭覓食。魚販和買家為了討價還價，你來我往吼成一團。有個魚販得意展示身長和他一樣高的魚。

夸在這裡簡直像到了自己家。他在香港的傳統市場長大（他自稱「我不吃不會動的東西」），向來偏愛活跳跳的海鮮，不愛「美國、加拿大超市那種包得乾乾淨淨的死魚」。此刻他一雙橡膠涼鞋配短褲，為了跟拍某個魚販，扛著攝影機嘩啦啦踩過地上一灘灘髒水。我不禁蹙起眉頭。但夸就是這樣，別的攝影師不敢去的地方，他毫不遲疑。

尼尼跑這一趟，也是幫巴巴在德里的餐廳採買。商家會把他挑的海鮮包裝好，送上下午兩點飛往德里的班機。（龍蝦是例外，前一晚從阿拉伯海運來，坐隔天早上七點的飛機送到德里。）

尼尼、巴巴，和排行老二的迪迪（Didi）夫婦（他太太來自彭加邦〔Punjabi〕），同住在一棟挑高的三層樓房，和「林閣酒家」只隔一條街而已。林宜生全家在一九四二年住進這棟豪宅，身後把房子留給三兄弟。

我和尼尼同坐在三樓，望向窗外的景色。「以前從這裡還看得到『印度門』，現在被泰姬瑪哈酒店擴建的分館擋住了。」他說：「很可惜啊，這棟房子現在沒什麼人住了。我們家房間很多，就是沒人。」

這個家的陳設頗有品味，這些藝品應該是他父親經營「中國博物館」時期留下來的。客廳擺著精雕細琢的清朝風家具；高聳的展示櫃陳列著精緻的瓷器與漆器；牆上掛著水墨畫和書法卷軸。

「你打算什麼時候退休？」該問的問題總是要問。

「昨天呀。」他大笑道：「人生走到這時候，我有好多事想做，最好趁還能做的時候趕快做。」他幾年前愛上了果阿邦，夢想退休以後去那邊開一間民宿。

「巴巴是怎樣的人？」

「很多方面和我都不一樣。他個性很外向，我比較內向，不怎麼喜歡出風頭。」

「你覺得他在德里會做出一番成績嗎？」

「我相信他一定會。我們家從我爸那時候起就建立了好名聲，所以我們現在才能充分利用，拓展事業。」

「要是你和巴巴都退休了，餐廳怎麼辦？」

「這真是大哉問。我也不知道。我想船到橋頭自然直吧。這實在很難說。一旦進了這一行，要抽身真的很不容易。」

❖

愛穿全套獵裝、體型圓滾滾的巴巴，是三兄弟中年紀最小，也最敢衝的——他勇於衝進有潛在風險的未知領域，將道地中國菜介紹給德里中上階層的印度人。「御花園」供應新鮮的綠色蔬菜（「印度菜都把蔬菜煮到爛」）、現撈海鮮（「每天兩次由孟買空運過來」）、自製的多種醬料（「醬油和辣椒醬都是我們自己做的」），也建立了自己的忠實客群。

巴巴是典型的美食家，愛吃也愛嘗鮮。他小時候常跟父親去市場，觀察食材有多新鮮。回家進了廚房，父親就教他怎麼做菜。

「印度做中國菜，不是做得一片紅就是一團黑。但現在我們這裡的菜既不紅也不黑，比較接近真正道地的中菜風味。」巴巴說。此刻我和他在「御花園」地下室的一張大圓桌前對坐。這個空間可以辦私人宴席，也可作為其他樓層客滿時加開的用餐區。

「我們這裡有很多道菜是清蒸的，這樣最能保留原味。要做出這種味道，就得用最新鮮的食材。「我到德里開餐廳，很清楚我們這裡的主打就是海鮮，但我當時真沒想到海鮮在這裡可以賣得這麼好。新加坡來的客人都跟我說，我們的辣椒蟹做得比新加坡正宗的還好。」

星洲辣椒蟹是把螃蟹和大蒜、紅蔥頭、辣椒用大火快炒，加入番茄醬和醬油調成的醬汁，再用高溫蒸過，最後加上青蔥和萊姆收尾。講起來簡單，但要做得好並不容易。

這道菜的關鍵在於火力要夠，還要有隻養得好的炒鍋，以炒出廣東人所謂的「鑊氣」。美食作家楊玉華（Grace Young）在所著的《鑊氣》（*The Breath of a Wok*）一書中，給了「鑊氣」兩字更適切的形容：「那種難能可貴、難以捉摸的焦香味，只有用炒鍋翻炒時才會出現」。

巴巴相信善念和因果報應。我說這還滿佛教的，但他說這和宗教無關，就是常識。他說：「我從不把員工當員工。我們一起吃飯，一起談笑。所以有些人才會在我們這裡做了非常多年。我不管做什麼都是發自內心的。對。」

巴巴並不以「御花園」的成績為滿足。他正在進行的新計畫，是在簡稱「VK」的高級住宅區瓦桑．昆茁（Vasant Kunj），重啟「南京酒家」的招牌。這間餐廳會是「御花園」的三倍大，從傳統中國風裝潢到內部照明，全部由他的馬來西亞建築師朋友設計。

大家都說尼尼長得很像父親，巴巴則承襲母親的外貌和性情。

「我媽真的是全家的支柱。」巴巴說。「爹地個性比較軟弱，誰都可以欺負他。但媽咪絕對不是這種人。他們兩人的許多優點傳給了今天的我。我覺得自己身為華人，在這裡與眾不同。印度滋養我們、影響我們，我們才有今天，但我們的根在中國，飲食習慣也還是中國的。」

他示意服務生上菜。「好，我們吃飯吧。」

辣椒蟹隨即上桌。好大一隻帝王蟹切成了十幾塊，蟹殼已貼心地預先敲裂，澆上甜、鹹、辣俱全的番茄辣醬，再打入蛋汁增加稠度。我們毫不客氣朝它進攻——將蟹殼好好舔舐一番，刮起蟹黃送進口中，再一一吮吸蟹腳，伸指挖出螯中甜美多汁的蟹肉。

這口感簡直不可思議，風味更是無與倫比。吃螃蟹吃的不就是這個嗎！

第十四章

喜馬拉雅山的下午茶

印度・加爾各答與大吉嶺

我一直想在大吉嶺飲下午茶，凝望世界第三高峰干城章嘉峰（Kangchenjunga）。

此刻我在「國園旅館」（Hotel Valentino）的屋頂享用雞絲三明治，這裡視野絕佳，下方的山谷一覽無遺。我年少時住過不同的英國殖民地，養成了下午茶的習慣，尤其必須搭配雞絲三明治——也就是烤奶油吐司夾手撕雞腿肉，只有英國人會這麼做。（別問我原因，我只能說手撕雞的味道就是特別好。中國許多地區的名菜都有手撕雞。）

只是不見干城章嘉峰。喜馬拉雅山罩上厚厚濃霧。

「這裡的天氣總是變化無常。」旅館老闆葉添盛（Samuel Yeh）對我說：「前一秒還出太陽，下一秒就霧濛濛。不過這也是大吉嶺美的地方。」身穿灰色法蘭絨外套的他，已屆花甲之年，體格卻很結實。

他二十五年前初訪大吉嶺，立刻愛上了這地方，更說動家人在這裡蓋一間旅館。

我和夸與阿傑三人組，從加爾各答起飛，抵達巴格多格拉（Bagdogra）的小機場，再搭了三小時計程車，一路開上大吉嶺山區。四輪驅動車載著我們穿過深谷、跨越急流、沿著羊腸小道轉轉繞繞，沿路天氣漸漸涼爽起來。途中不時可見茶園和寺院，瀰漫的霧氣讓此地蒙上一層神祕色彩。

快進市區前的道路會與「大吉嶺喜馬拉雅鐵路」（Darjeeling Himalayan Railway）並行。這條窄軌鐵路是聯合國教科文組織認定的世界文化遺產，長達八十八公里，從新賈派古里（New Jalpaiguri）到大吉嶺，好似市內電車通過大吉嶺市中心，還有乘客攀在車廂門外。

我們愈接近城鎮，都市開發就愈密集。窄路兩側滿是商店和低矮的樓房，在進入市中心前，居然還有個髮夾彎。卡車、小巴和計程車全部擠在路上，喇叭按個不停，無論上坡下坡。人行道更是逼仄，行人往往得互相推擠才能前進。崇山峻嶺間，這往昔的人間仙境，如今已過度開發，壅塞難行，空汙肆虐。

我對這處高山勝地的遐想瞬間粉碎。

我的香格里拉在何方？

「英國殖民印度的時候，只准我們在這裡蓋茅屋。」葉添盛後來對我說，帶著「想當年」的口吻：「他們也不准我們在路上開重型卡車。不過現在不同了，全都變了。」

「國園旅館」座落在很窄的街上，從我們下計程車的地方，還要爬一段很陡的坡才能到。三名尼泊爾婦女把我們那堆沉重的行李綁在頭上，一路扛到旅館。

目前正值淡季，要過夜的客人似乎只有我們。不過有桌印度年輕人正在附設的餐廳用餐，一面開懷談笑，感覺喝酒的興致還比吃飯高。餐廳用日光燈照明，讓室內散發某種藍綠色調的詭異之氣。我們被這燈光一照，簡直就像在半明半暗之間用餐的幽魂。

菜單上都是典型的印度式中國菜。開胃菜有酥炸綜合蔬菜（Vegetable pakoras）和西藏的餃子饃饃（momos）。客家炒麵則是高麗菜、豆芽、麵加上咖哩粉同炒，變成一團黃。還有幾道不同的肉類菜餚，表面都是厚厚一層褐色醬汁。但沒有海鮮類。

「哇噢，把肉煮成這樣已經很奇怪了，醬更怪。」夸看得有點發毛，邊說邊望向隔桌，看他們點了什麼菜。印度式的中國菜必有醬汁。全世界應該只有這裡會在你點菜時問「要乾的還是含醬汁的」。

「喂，嘴不要這麼刁好嗎。」阿傑忍不住念他：「我們印度人就是想吃這種中國菜。」

我說想看一下廚房。七名印度男性加兩個小男生在裡面忙得團團轉，完全沒有中國人的影子。有兩人負責掌勺。夸請其中一人讓鍋子「噴火」，也就是用酒嗆鍋，在鍋內燃起熊熊火焰，讓他可以拍下「炒鍋師傅」火力全開時的英姿。

我們點了菜，請廚房少放點醬，邊吃邊狂灌印度「翠鳥啤酒」（Kingfisher beer），結束了這一天。

❖

印度與中國間有長達三千公里的邊界，長久以來紛爭不斷，而大吉嶺正位於邊界附近。一九六二年十月，中國入侵邊界上一區有爭議的領土，引發戰爭。儘管戰事只持續一個月，儘管華裔印人已在印度生活兩百多年，政府依然質疑他們的忠誠度，把他們視為敵國的僑民。

戰爭結束後不久，印度政府通過一項法案，允許「逮捕、拘留凡疑有敵方血統之人」，也適用於有華裔姓氏，甚至包括有華裔配偶的人。約一萬名華裔印人因此被押進空無一物的載貨火車，從加爾各答顛簸七天七夜，來到拉賈斯坦邦，關進沙漠中的拘留營。葉添盛和前一章的林家一樣，記得自己早就把行李打包好，只是不知何時會有人來敲門。

「他們也不事先通知，夜裡就上門，把你帶上卡車。我們受到的待遇就跟戰俘一樣。」葉添盛的語氣中並無怨恨。

印度政府拘留的這些華人都被控以間諜罪，但最後罪名都不成立。一九六四年，許多人慘遭強行遣送出境，妻離子散。歷經整整四年，拘留營中最後一批華人才重獲自由。

中印戰爭後，華裔印人完全沒有就業機會，只能從事餐飲、鞣皮、製鞋等行業。不僅平日進出活動都受管制，還得按規定每月去指定的警察局報到。若想去離家幾公里以外的地方，必須申請特殊許可——這項規定到一九九〇年代中期才取消。

「你要是在加爾各答土生土長，就只能待在加爾各答。」葉添盛說：「除了這個城市以外，哪裡也不准去。那段時間真的很苦。」

很多人因此離開。全印度的華人數目從三萬銳減至三千左右。留在印度的華人處境雖然無比艱困，還是咬牙苦撐。所幸他們挺了過來，努力為自己打造了新生活。

我對葉添盛說，加拿大和美國的日本人在珍珠港事變後，也被當成敵國僑民，關進內陸的拘留營，公民權慘遭剝奪。

❖

我回到加爾各答，去喬瑞基路（Chowringhee Road）上的「國賓餐廳」（New Embassy Restaurant）拜訪葉添盛的三兄弟——大哥森盛（Samson）、四弟廣盛（Stephen）、五弟福盛（Henry）。喬瑞基路就在梅丹（Maidan）公園東側。在空汙嚴重的加爾各答市中心，竟有這樣一片廣闊的綠地，因此人稱這座公園是「加爾各答之肺」。公園內矗立著白色大理石建造的維多利亞紀念堂（Victoria Memorial），是加爾各答最著名的地標，現在則成了博物館。這棟圓頂建物是為了紀念維多利亞女王統治時期而建，也或許是英國殖民時期在這個國家留下的最鮮明印記。

加爾各答的居民對政治運動是出了名的激進，常選出左派政府。想當然耳，我們去餐廳的途中，碰上共產黨在美國領事館前發起的反戰示威，抗議第二次伊拉克戰爭——極其諷刺的是，美國領事館就在胡志明路上。處處可見紅旗飄揚，映著夕陽餘暉閃爍點點金光。卡車上的大聲公傳出慷慨激昂的抗議聲浪，淹沒了車馬喧囂。

「國賓餐廳」是獨棟一樓，大門做成拱門狀，漆上嬰兒藍。門上方架著廟宇似的飛簷，在附近較高的建物中顯得獨樹一格。室內是傳統的紅色中國風陳設，用餐區是整面的白色磚牆，沒有窗戶。地方不算大，不到三十個座位。雖有日光燈照明，但不算亮。兩台空調驅走了暑氣。只有顧客推門而入時會帶進些許自然光。有幾桌上班族靜靜吃著午餐。

歷經塵土、酷熱、噪音的夾攻，真覺得這家餐廳宛如綠洲。

「我們這裡的菜單和大吉嶺那間不太一樣。」葉森盛向我招呼時說。他看來頗為硬朗，頭幾近全禿，留著灰白的小鬍子，自帶一種威嚴。六十四歲的他排行老大，有七個兄弟、四個姐妹。四個兄弟分別經營「國賓」和大吉嶺的「國園」。

這裡的菜單包山包海，有一百多種菜色——包含湯、飯、麵、蝦、魚、雞、蟹等類別，每一類都有十幾種選項，外加二十幾道素菜，同時不忘照顧印度客人，也有辣炒蔬菜起司（chili paneer）。含豬肉的菜只有三種，沒有牛肉，畢竟這裡印度教是大宗。

中國移民來到印度，為了適應新環境和新食材，不得不大幅改變原本的烹調方式，進而催生了印度式中國菜。粵菜和客家菜變成咖哩味；辣椒、芫荽、孜然紛紛入菜。油炸是家常便飯。

我點了幾道菜來嘗嘗：辣椒雞、蒜味起司、滿洲魚。結果和我在大吉嶺的經驗一樣——每道菜都裹了層濃濃的褐色醬汁。

「是啊，我們老家的客家菜，為了適應印度這些兄弟姐妹的口味，做了一些調整。」這餐飯快結束時，葉森盛對我說：「我們這餐廳不能全靠中國客人，他們很少上門。我的顧客百分之兩百是印度人。」

他又補了一句：「他們喜歡中國菜，但主要是喜歡辣椒雞。」

我很慶幸他提到了辣椒雞。這道菜我在多倫多太常吃，吃到決心趁這趟旅行找到最初的作法。

「這道菜是我們上一代客家人發明的。」他對我說明：「他們覺得很適合當地人口味，因為印度人喜歡帶點辣，也喜歡雞肉用炸的，要是再加上一點豆瓣醬，就非常好吃了。」

辣椒雞的作法千變萬化，「國賓」的方法則是：雞肉切大塊，裹上薄薄一層麵粉，炸至金黃酥脆，再與洋蔥、薑、大蒜、紅辣椒、青辣椒、孜然、芫荽粉一同翻炒。另用老抽、米醋、蜂蜜和滿滿一匙豆瓣醬調成醬汁，最後再下，上桌前撒上切碎的香菜。

不在中國發明的菜，能稱為正宗的中國菜嗎？

除了印度客家辣椒雞以外，美式左宗棠雞也不是在中國發明的——左宗棠的故鄉湖南省可沒人聽過這道菜。旅美華裔記者李競為《幸運籤餅紀事》一書做研究時發現，關於這道菜的起源有兩種說法互別苗頭，但兩種觀點一致認為這道菜源自一九七〇年代的紐約市，由來自台灣的廚師所創。

「從油炸、甜味、青花菜這三點，就可以判斷這是美式作法。」李競對我說。「青花菜不是中國的蔬菜，左宗棠這輩子不可能見過。」

那麼，具體來講，哪些要素才能成就一道「好」的中國菜？葉森盛認為：「中國菜必須色、香、味俱全，三者合在一起才能成就好菜。少了其中任何一個元素，就達不到那個標準。」

他們菜單如此豐富多樣，經營這種餐廳的艱鉅可想而知。加上廚房這麼小，設備簡陋到只有一口炒鍋，更是雙重考驗。我問他訓練印度員工的難度。

「我們不准他們立刻就上炒鍋。他們得先洗碗，再學備料——哪些食材要配哪道菜、該抓多少分量。這些都會了之後，我們才讓他們站在炒鍋旁邊，邊看邊學。」

葉森盛很像在鄉下學校任教的嚴師。夸在廚房拍到一幕——他嘗了某道菜，覺得味道不夠到位，隨即一掌揮向一個印度員工的後腦勺。誠如葉森盛自己說的：「我的原則是，你自己滿意，就能讓顧客滿意。你自己不滿意，客人也不會滿意。」

他兩個弟弟廣盛和福盛也在廚房工作。等忙碌的一天終於結束，我請三兄弟到用餐區一起聊，問他們有沒有吵過架。

「有時候會吵啦，不過我們不會記在心裡，也不會真的計較。」葉森盛先開口。

「洗碗嘛，總會碰來碰去。」葉廣盛也附和：「只要碗洗得乾淨就好了。」

「我們是客家人，大家庭嘛。」葉福盛說：「我們非團結起來不可——否則就會被別人踩在頭上。」

一陣短暫的沉默後，葉家大哥做了總結：「很多姓葉的都有血緣關係。我們是全印度最大的家族。」

❖

葉森盛的祖父來自廣東省梅縣，在加爾各答開了間製鞋店。他循海外華人慣例，年紀到了就回中國娶妻生子。葉森盛的父親九歲那年來到印度，最後繼承父業，大幅拓展製鞋生意的規模。

葉森盛十五歲起就在家族事業工作，四年後父親去世，他成為一家之主。「我很清楚這是我的責任。我是長子，必須照顧家裡每個人。我責任感很強，遇到各種困難都是勇敢面對，不躲也不逃。」

然而製鞋業在七〇年代初逐漸走下坡，葉家幾個兄弟決定轉投餐飲業，「國賓餐廳」就這麼開張了。

客家人以自己的傳統大家族為榮。整個家族常住在同一屋簷下。他們認為無論自由戀愛或透過說媒，結婚對象最好是客家人，可說是「肥水不落外人田」。

葉家自己蓋的住宅名為「國賓別墅」（Embassy Villa），座落在梅丹公園附近的巷弄間。通往正門的巷子兩旁種滿熱帶植物，綠蔭宜人。屋內每層樓都有傳統中式圖樣與特定主題的裝飾。從事餐飲業的四兄弟與自己的家人各據一層樓。有道開放式樓梯連接各樓層，結合為這棟家族大宅。（其他三兄弟分住各地。可惜幾個姊妹因為都已出嫁，不算在葉家家族之內。）

客家土樓又常稱為「圓樓」，特指客家人在福建省山區建造的鄉村住宅。這種封閉式的土造建築早在十二世紀就已興建，常呈環狀結構，可達五層樓高，足以容納八百人，有如中世紀的堡壘城市。（美國中情局在八〇年代一度以為它們是飛彈發射井。）

客家圓樓已獲聯合國教科文組織宣布為世界遺產，視為「建築傳統與功能的傑出典範，示範了一種特定類型的集體生活和防禦組織，又能與周遭環境和諧共處」。

這段話正說明了全天下客家家族的本質。

「印度的中國人從前過得非常苦。」葉森盛說：「你去過世界上那麼多地方，應該知道中國人非常吃苦耐勞，有耐心、有毅力。我們是炎黃子孫，龍的傳人。大家都是從頭開始努力奮鬥，達成目標。就像英文那句諺語『慢慢來，才捉得到猴子』。」

「是我們去適應新環境，不是環境來適應我們。」他又說。

❖

華人於一七七八年起來到英國稱為加爾卡達（Calcutta）的加爾各答，正逢英國把此地指定為英屬印度首都之時。大英帝國以這顆「帝國中的明珠」為據點，藉由東印度公司拓展統治疆域，東至新加坡和當時稱為馬來亞（Malaya）的地區。鴉片戰爭後，英國強迫中國割讓香港，使得英國的統治範圍更擴及香港（後於一九九七年將香港歸還中國）。

加爾各答位於印度東北部的西孟加拉邦，是從中國走陸路最易抵達的城市。全印度有中國血統的人，追本溯源的結果幾乎都回到此地。如今加爾各答是華裔社群發展的起點，華人人口最多時曾達兩萬人，但一九六二年中印戰爭後華人不斷外移，現在僅餘兩千人。

我們的車駛過以現代中國之父命名的孫逸仙街，不難看出這裡的唐人街曾盛極一時，但此刻只剩廢墟處處，一片蕭條破敗，不時可見廢棄的寺廟和木板封死的店鋪。

然而這裡卻有相當熱鬧的早市。你可以站在街上大啖各種酥皮點心、春捲、叉燒包，或逛逛小型傳統市場，看顧客和小販討價還價，旁邊的鄰居則在一旁喝茶看好戲。

客家華人在印度專門從事兩種行業：製鞋和製革。由於皮革在印度被視為不潔之物，印度教的種姓制度禁止所有階級從事與皮革相關的工作，唯有賤民例外。印度教徒不願意碰的工作，華人毫無怨言立刻接手。皮革加工是西孟加拉邦一大重要產業，提供數萬名賤民就業機會。

我到塔壩（Tangra）的「亞添皮廠」（Ah Tiam Tannery）拜訪潔西卡．葉（Jessica Yeh，音譯）和她的父親葉詩炎（Shih Yen Yeh）。潔西卡在多倫多念大學，趁放暑假回到印度的家。我當初想在印度的客家社群找個聯絡窗口，有個教授朋友幫我牽線認識了潔西卡，她和「國賓餐廳」的葉家屬於同一家族。

位於加爾各答東區的塔壩曾是一片沼澤低地。一九一〇年左右，有幾間華人製鞋商搬到塔壩，開設自己的製革廠，同時也從事製鞋。到了五〇年代，華人被迫遷離加爾各答中心，紛紛搬到塔壩，當地的華人族群因此更為壯大。全盛時期曾有六百多間客家華人開設的製革廠。

我到這裡最先察覺的是空氣中的惡臭，也看到路面上和路邊排水溝中流淌的汙水——這正是製革廠造成的汙染。扣掉這點不算，這裡可說是生活機能相當完備的中國城，有中文和英文學校、零售店、批發商、佛寺、餐館、社團，和世界各地唐人街都可見到的關帝廟。

葉詩炎是葉森盛的堂弟。他請我去「錦華餐室」（Kimfa Restaurant）吃飯。我們吃了客家炒麵、辣椒雞（據說正是在塔壩發明的），和另一道塔壩原創的「棒棒雞腿」（chicken lollipops）。這「棒棒」就是雞的小腿肉。把附著在雞骨上的肉切開，讓骨肉分離，再把雞肉推到另一端，露出不帶肉的細長雞骨，就形成棒棒糖的外觀。上桌時再搭配四川辣椒醬食用。

「真不好意思，這地方這麼臭。」葉詩炎對我說：「我們沒得選擇。在這個國家，客家人不是做鞋匠就是做皮革。」

如今印度的華人社群以塔壩為家，但這樣下去能多久還是個未知數——印度政府再次為這個族群帶來動盪。數年前政府公布時間表，要華人從塔壩遷往加爾各答的最東邊，官方理由是製革廠危害環境。華人因此再度面臨不確定的未來，不僅有可能再次遷移，對他們的適應力和韌性也是更艱鉅的考驗。

這天是夸的生日。從塔壩回來的路上，我和阿傑在公園街的某間麵包店買了蛋糕，三人再去孟加拉餐廳「丘比」（Kewpie's）吃塔利（thali）晚餐。這是我們吃遍全球的旅程中第二次為夸慶生。

❖

奇妙的是，不同的華人族群在印度分別找到了自己的特長——廣東人大多做木匠；客家人製鞋和製革；在中日戰爭期間來到印度的湖北人成了牙醫；山東人則經營絲綢買賣。

但華人之中不分族群，最常做的職業就是開餐廳。開美容院的華人女性也很多，在加爾各答幾乎成了獨占事業。今天早上葉森盛帶我到「國花美容院」（Sunflower Beauty Salon）。這裡由他的妻子派西（Patsy）與兩個弟媳（廣盛和添盛的太太）和兒媳莎比娜（Sabina）一同經營。

莎比娜是來自大吉嶺的尼泊爾人，年輕開朗，很好相處。她和葉森盛的兒子大衛在大吉嶺讀大學時相識。兩人目前和葉森盛夫婦住在葉宅的同一層樓。我好奇：她嫁進這個客家大家庭是什麼感受？她為了符合眾人的期望，要如何適應夫家的文化？

「坦白說，我嫁過來倒是沒有適應上的問題。」她倚著收銀檯說：「只有上班比較不習慣。我們早上七點開門，晚上七點打烊。以前我經常趁我婆婆不在的時候偷哭，也會一直念我先生，因為我不習慣做得這麼累。」

她嫁給華裔印度人，爸媽有沒有意見？

「不算有。我原本以為我爸媽會反對，但他們很開明，只有一個願望，就是希望我的婚事能按照佛教禮俗來辦。我們在大吉嶺就照做了。後來我們在加爾各答又辦了教堂婚禮。我父親是佛教徒，母親是印度教徒，先生是基督徒。」

❖

身為華裔卻在印度出生的葉添盛，對未來如何自處倒是沒什麼情緒糾結。他愛印度，也愛大吉嶺。「這是我們的家鄉。我們會留在這裡。這是我們的家，我們的土地。」

大眾常認為印度有正常運作的民主制度，卻在社會發展、消弭貧窮這兩方面遠遠落後中國。「問題在於印度人太驕傲。」葉添盛說：「民族自尊心太強，不願意承認自己落後別人。」

他對我說，民主是好事，但有時還是需要威權主義的政權，事情才做得起來。他很欣賞英迪拉．甘地的鐵腕作風。「只有靠這種作法，才能解決印度貧窮和低度開發的問題，加入已開發國家的行列。」

英國統治印度的那些年，華裔印度人無法取得印度公民身分，只能拿中華民國護照過日子。他們的中華民國護照，若不是當年入境印度時帶來的，就是上一輩傳下來的。

印度於一九四七年獨立後，華裔印度人成了種族與國籍上的特殊族群。印度獨立前出生的人必須申請印度護照，但要拿到並不容易。

「就算你在印度出生長大，還是會被歸類成中國人。你永遠是外國人。」葉添盛很感慨：「他們就是把你分類成中國人，實際上是怎樣他們根本不管。只要你有中國血統，就應該歸到那一類。」

他講起之前去印度其他地方的經歷──飯店櫃檯人員一看他的模樣，就把他登記成外國人。他抗議說他是印度人，有可以證明公民身分的文件。對方起先不相信，但他一說起印度語，對方便笑臉相迎。「對，你是印度人沒錯。」

「那你認為自己是中國人還是印度人？」我問。

「我當然是中國人。」他答：「但如果你想繼續留在印度，就得有公民身分。你必須說自己是印度人。」

❖

我問葉文賢（Robert Yap），印度客家人和多倫多的客家人有何不同？「我想應該是我們的印度口音吧。」他呵呵笑著說。

我索性跟他一搭一唱：「對啦，要和牙買加口音搞混還不容易呢。」

多倫多的客家移民據估計超過兩萬五千人，其中百分之七十五來自牙買加和印度，其餘則來自模里西斯、南非、千里達、秘魯、蘇利南等國。大溪地也有客家人，但我想應該沒什麼人搬到多倫多。

我和他在「福利酒家」（Federick's）午餐，這間餐廳的客人多半來自南亞國家。九〇年代多倫多的印度客家餐廳有如雨後春筍，而且特別集中在南亞移民最多的幾個區。（不知什麼原因，印度的中餐廳常取某些特定的英文名字，好比「Federick's」〔費德瑞克〕和「Waldorf」〔華爾道夫〕。我至今無解。）

在多倫多，印度式中國菜就等於印度式客家菜，集中國菜的精妙與印度的香辣於一身。

我們點了客家炒飯、辣椒雞和滿洲牛肉。滿洲醬據傳是孟買的「少林村」餐廳（China Garden）的老闆黃玉堂（Nelson Wang）發明的，以大蒜、薑、糖、醬油、卡宴辣椒醬或紅辣椒醬小火燉煮而成。很接近糖醋醬，只是多了辣味。

「印度裔和巴基斯坦裔的計程車司機午餐都會來這邊吃。」他邊吃炒飯邊說：「因為他們就是想吃老家熟悉的那種中國菜。」

葉文賢的父親一九三七年從廣東省梅縣移民到印度，不僅開了乾洗店和餐廳，還是兩所中文學校的校長，並身兼印度華僑協會會長，也是臺灣政府在加爾各答有實無名的代表，肩負領事的職責，如辦理簽證等。（印度在一九五〇年成為第二個承認中共政權的非共產國家後，臺灣的外交地位隨之從大使館降為代表處。）

他說：「一九六二年那陣子真的很恐怖，那種狀態持續了超過十五年。每個人都想走。」

一九七三年，十八歲的葉文賢遠赴加拿大讀工程學，在職場一路往上爬，最後做到電力公司的高階主管。他到多倫多數年後，父親也移民過來，但還是固定回加爾各答打理家族事業。他全家人——包括七個兄弟和兩個姊妹，最後都來到加拿大定居。

「我們在這裡是大家族。」他說：「我和葉森盛他們家很熟……他們家小孩大部分都在這裡。」（葉森盛和葉文賢雖然都姓葉，但姓氏拼音不同。葉森盛的葉是「Yeh」，是華語發音；葉文賢的葉則是「Yap」，是客家話發音。）

華人應可說是地球上離散最廣的民族，其中若再以地理或語言角度來看，遷移範圍最廣的支系或許是客家人。客家人先從中原遷至現在廣東省和福建省的數個縣，十八世紀先移居東南亞，十九世紀又遷徙至印度洋和南太平洋地區、加勒比海和美洲。

全世界的客家人據估計有八千萬至一億人。

幾世紀以來華人不斷遷移，尋覓第二故鄉，只求能在免於戰火、飢荒、政治動亂之地安居樂業。之後他們的子孫或許會再次離開僑居地。從六度分隔理論的角度來看，如今他們和中國等於是「兩度分隔」，在沒有更好的詞可形容的情況下，姑且稱他們為第二代的跨國移民。

歷經殖民的大英國協諸國中，第二代和第三代華人間尤其可見前述這種現象，就像來到加拿大求發展和穩定的這些人，一心希望免受社會動盪、政治動亂、種族迫害之苦。

但這條路總有崎嶇波折。一九七九年，加拿大某電視網的時事評論節目中，播出一節稱為「校園大平賣」（"Campus Giveaway"，「平賣」即低價出售之意）的專題報導，聲稱加拿大大學中的華裔學生占走加拿大學生應有的位置，宣揚排華的種族主義。問題是這些「外國學生」其實全是加拿大人，有的是加國出生的公民，有些則是移民至加國歸化所致。這節報導隨即引發抗議（我也親身參與），最終演變為爭取華裔加人平權的全國性運動。

葉文賢和我同輩，都在七〇年代移民加拿大，因此這場平權之爭對我們而言來得正是時候。我們各有不同的身世與背景，最後卻都來到這世上最適合我們的地方。

第十五章

阿根廷最後探戈

阿根廷・布宜諾斯艾利斯

「如果你退休不做事了，會想回中國嗎？」我問身邊這個七十一歲的老先生。我們搭的計程車正在布宜諾斯艾利斯的街頭轉轉繞繞。車外飄著細雨。

「以前是有這個想法，落葉歸根嘛。但是現在歸不得，扯不清了。每次回大陸都有很多麻煩的事情。」江福清（Foo-Ching Chiang）說。計程車裡一片暗，街燈昏黃的光影透過車窗上的點點雨珠，在他飽經風霜的臉上挪移。

江福清已經在阿根廷住了大半輩子。我會找到他，真要拜六度分隔理論之賜。我妹妹有個朋友的親戚名叫馬秀文（Eileen），住在里約熱內盧。我停留巴西期間，和她在一間可遠眺糖麵包山的餐廳共進午餐。席間她主動提起有個繼子住在布宜諾斯艾利斯。

既然在阿根廷有這層關係，我決定請夸先去布宜諾斯艾利斯勘景。夸那時正在和某個當地女子大談網戀，我樂得讓他先過去，趁聖誕假期和對方「熟悉熟悉」。他抵達後聯絡上馬秀文的繼子吳冷輝（Stephen Wu）。對方帶他去見一個多年好友，就是江福清。

我問江福清阿根廷是不是他的家。這天正逢聖亞納紀念日（the feast day of Santa Ana），我們剛去聖特爾莫區（San Telmo）的教堂聽完音樂會出來。音樂會開場演奏的是阿根廷國歌。

「好像是，又好像不是。對我來說，『家』的概念已經慢慢變淡了。」他說：「我覺得你講的國際主義是唯一的出路。地球這麼小，我們在世上的時間又這麼短。既然生長在地球上，當個地球人就好了。我覺得地域觀念實在是很糟糕。」

「很多人想在走了之後把骨灰放到中國。」我說，但沒有要他回應的意思。

「我已經跟我的子女講了，以後就把我的骨灰撒到大海上。」敲打車窗的雨勢愈來愈猛。我明白自己已經找到了知音。

❖

和煦的冬陽、空氣中淡淡的「高盧」牌（Gauloises）菸味、車窗外漫著薄霧但不減綠意的鄉間，無不令我憶起從巴黎戴高樂機場搭計程車進城的情景。布宜諾斯艾利斯很有國際大都會的氣氛和時尚感，林蔭大道上隨處可見咖啡館，果真不負「南美洲巴黎」之名。就連猶太人密集的成衣區（這裡有許多開在廢棄閣樓裡的探戈舞廳〔milonga〕），都讓我想起巴黎的第十三區。

我們此行的住宿，再次拜三度分隔理論之賜，讓夸在市區找到一間天花板挑高的巴黎風豪宅。屋主是法國外交官薇拉麗．提歐（Valerie Tehio）。她先生是中國作家，兩人有個不到三歲的兒子。他們一家三口去度假，留給我們的不僅是這間華麗的公寓，居然還附帶一名女傭，每天早晨盡心為我們準備早餐。

我們到了公寓，阿傑和妻子莎拉妲．拉馬薩山（Sarada Ramaseshan）早已等著。他們倆為了這次拍片老遠從孟買飛來，還得搭加拿大航空每晚從多倫多直飛聖保羅的班機，比我們早一天到。九一一事件後，在美國轉機麻煩許多，為了讓我們的印度組員飛到南美洲而無需在美國轉機，我也只能想到這招了。

我們坐下享用早餐之際，露茲．艾爾格蘭提（Luz Algranti）也來了。她是我們在此地的聯絡人和口譯，是夸透過他那個（已經分了的）網路女友找到的。有時找劇組成員就像拼拼圖，突然之間一切到位。

❖

「中國之家」（Casa China）是維亞蒙特街（Calle Viamonte）上的一棟三層樓房，離布宜諾斯艾利斯市中心的哥倫布劇院（Teatro Colón）只隔幾條街。大門是兩扇沉重的紅色門扉，門把上各有一個「福」字。門開處有條自然採光的甬道，有好些中國藝品和傳統的中式圖樣點綴其中。穿過古典中式庭園常見的半月形拱門，再進去就是餐廳的大廳。

江福清一九六四年來到阿根廷，幾年後生出「中國之家」的構想。當時在阿國定居的臺灣家庭寥寥可數，他想像能有一個空間，成為這些臺灣人在異鄉的家。後代的子子孫孫也可在此聚會，享用美食，開懷聯誼。

「世界的未來，有賴於能將生命的本質與希望傳承給後代的人。」他在〈「中國之家」的故事〉（"The Casa China Story"）一文中這麼寫道。他也期望有朝一日中國與阿根廷建交，就會有更多的中國人過來，他便可以擴大「中國之家」的規模，把活躍的中華文化中心帶到不同的城市。

布宜諾斯艾利斯的「中華之家」一樓是餐廳。二樓是活動空間，開設太極、烹飪、中藥等課程，週日晚間甚至還有為華裔移民開的探戈班。三樓是江福清的住處。

瑪麗雅．亞力罕德拉．吉洛拉米（María Alejandra Gerolami）已經在「中國之家」服務四年。這天下午她身著藍色唐裝，為學員示範怎麼做最具代表性的中菜文化輸出品──炒飯。

二樓的大廳架起了長桌，放上食材和小瓦斯爐。瑪麗雅俐落地邊做邊解說炒飯的祕訣──記得一定要用冷飯，放了兩、三天的隔夜飯更理想；用鍋鏟把結塊的飯弄鬆；比較硬的蔬菜先下鍋，再倒入蛋液快速攪動。她把許多食材放進鍋內，如荸薺、竹筍、香菇等等，一面對學員形容：烹飪之道就是把色、香、味三者調和得恰到好處。

放眼中國菜，炒飯或許可說是其中最變化多端、包羅萬象的代表。只要飯對了，翻炒的過程中可以隨心所欲混合各種食材，我最喜歡加的是臘腸。炒飯還有很多種類，如揚州炒飯、福州炒飯、潮州炒飯、客家炒飯、秘魯炒飯，和印度才有的星洲炒飯。

「我們會讓大家開開心心的回去。」瑪麗雅對學員說：「我們會按照各位的需求來做。有人喜歡蔬菜多一點，有人不吃豬肉，有人不吃辣，完全看各位。好的，我會幫大家把每個步驟都寫清楚。Sin preocupaciones（別擔心）。」

江福清帶我去位於地下室的廚房，介紹這裡的主廚江亞芳（Yafang Jiang）給我認識。他說這是他從中國來的姪女，我沒理由懷疑，畢竟他們同姓——「Jiang」、「Chiang」都是「江」，只是中國與臺灣的羅馬拼音不同而已。

然而這種家族關係有時也可能扯得很遠。全球各地的中餐廳老闆有個人盡皆知的共通點——他們會把遠親安插在自己的店裡做事，連完全沒血緣關係、只是同姓的同鄉也一樣。對於才離開中國、初抵異鄉的華僑而言，這是馬上就能賺錢謀生的管道。

這會兒江福清親自下海，證明他寶刀未老，依舊是「春捲大王」。

「祕方就在調麵粉要調得不乾不濕。麵團要放幾個小時以後才能做。」他把一小坨麵團鋪在圓形鐵板上。「鐵板的溫度要剛剛好，不夠熱就會沾黏。」

「今天的麵團有點濕。」主廚這時開口，但沒特別對著誰講。

也正因此，每天的麵團都不一樣。要做出薄如紙片的春捲皮，學問就在針對周遭環境濕度的變化，調整每批麵團的水粉比例。江福清說完，繼續在爐上攤春捲皮，做到他姪女直喊別再做了——他礙到她做事啦。

「我現在每天把這個當運動。」江福清笑道：「我覺得只要我們還有這一技之長，在這裡過下去應該不會有問題。」

❖

中日戰爭爆發後，日軍於一九三七年十二月十三日攻進南京城門，僅僅數週內便殺害逾二十萬名平民，史稱南京大屠殺。事件結束後沒多久，江福清就被送去南京和親戚一起住，那年他才七歲。他在一九三一年生於江蘇省，國共內戰之初便成了孤兒。當時南京是日軍占領區，汪精衛在日人扶植下於此成立國民政府。然而大家對慘絕人寰的屠城事件絕口不提，即使是他投靠的親戚，在事隔多年後仍避而不談。

二戰結束後，江福清在上海住了一陣子，一九四七年去了臺灣，那年他十六歲。蔣介石領導的國民黨則於兩年後撤退至臺灣。

由國民黨專政的國民政府掌控了臺灣的社會、文化和政治走向。原本殖民臺灣的荷蘭人於一六六二年因戰敗退出臺灣後，有大批中國人渡過臺灣海峽遷移至臺定居，逐漸成為臺灣的主要人口。

但江福清在臺灣過得並不快樂。

他始終未完成學業，只能打打零工。有人邀他加入國民黨，他因不想捲入「政治漩渦」而拒絕。當時國民黨一心一意要「反攻大陸，消滅共匪」，江福清的心情卻和許多本土臺灣人一樣，對這批新來的外省人甚為不滿。

「現在想想很幼稚，覺得不是朋友，就是敵人——沒有中間地帶。」他說著，回想起當時臺灣年輕世代的感受。那時中共已在大陸建立新的共和國，臺灣的年輕人覺得大勢已去，再打仗毫無意義。

江福清不久便被徵召入伍，前往金門服役，距對岸的共軍砲火不過咫尺。他一直帶在身邊的是英語字典和一本《老人與海》。

他視海明威為英雄，也和海明威一樣有主見——他勤奮自學，獨來獨往，感性浪漫，不願隨波逐流。他在軍中寫了一封長達三十八頁的情書給未婚妻，詳述戰爭的殘酷和不義。結果這富含反戰思想的反動之舉，讓他遭到關禁閉四個月的處分。

他退伍後與未婚妻結了婚，卻一直沒有穩定的工作。兩個孩子陸續於五〇年代末出生後，他覺得待在臺灣沒有出路，有了離開的念頭，只是當時平民不得出國旅遊。後來透過他在臺北認識的阿根廷外交官夫妻安排，一家人移民到了阿根廷。

❖

博卡區（La Boca）曾經是藍領階級區，居民主要是熱那亞來的義大利移民；如今則是藝術家聚落和觀光景點，碼頭邊是一排排漆得五彩繽紛的樓房。這一區犯罪率高，卻也孕育了「世紀球王」馬拉度納（Diego Maradona）效力的悍將球隊「博卡青年」（Boca Juniors fútbol team）——有兩名警員過來告訴我們要留心攝影器材。

我帶江福清到舊港口的碼頭邊，問他當年對新世界的第一印象——這裡應該很接近四十年前他全家自臺灣出發、航行個把月後的下船之地。

「Las chicas como estrellas en el cielo.（女孩似天上繁星。）」他講得眉飛色舞。

我和他的訪談是透過口譯員露茲以西班牙語進行。我在英語系國家長大，對會講別種語言的海外華人總是很感興趣。江福清的西語算是可以應付日常生活的程度，用的大多是現在式，常省略複數和助動詞，也會混淆陰陽詞性。這些都是我從南美洲回來好幾週後才聽翻譯說的。我跟她說沒關係——中文原本就沒有動詞變化，名詞也沒有陰陽屬性之分。

「我們不曉得布宜諾斯艾利斯這麼現代，這麼漂亮。」他說：「我確實很有信心，因為這城市這麼大，肯定有我們容身之處。」

他移民過來時，布宜諾斯艾利斯只有約兩百名華人，大多是廣東人。他發現華人過得並不寬裕。「所以得非常努力工作。」這裡的唐人街在貝爾格拉諾（Belgrano）區，我問起那邊的中國雜貨店和電器行。

「那是後來的事，是八〇年代臺灣和中國來的移民開的。」他對我說。

他打了幾個月零工後，舉家搬到阿根廷的第二大城哥多華（Córdoba），也就是哥多華省的省會。這裡人口較少，居民更為友善，互動也比較緊密。他去美國領事館求職卻落空，原因是他不會講西語。

不過，他會做菜嗎？

就這樣，領事館雇用他當家庭廚師。許多華裔移民都是毫無烹飪背景卻當了廚師，江福清至此也成為其中一例。

許多拉丁美洲的華僑都在自家廚房做起小生意，他也不例外。他做的是小餡餅（empanadita），一開始規模並不大。領事館的總領事鼓勵他把小餡餅做成春捲。不久後他便在妻子的協助下開了間小工廠，每天製作的春捲多達六百個。

最終他還是把家搬回了布宜諾斯艾利斯，相信那裡市場會更大。口碑與廣宣交互作用下，他開始為數間連鎖超市大量生產冷凍春捲（他說「其中一間連鎖還是洛克菲勒家族的呢。」），成為「阿根廷春捲大王」。

❖

這趟前往南美洲的旅程，讓江福清首次認識海外華人的世界。他們全家搭乘的貨輪自臺灣出發，先後停靠香港、新加坡、馬來西亞、模里西斯、莫三比克、南非，繞過好望角，才抵達南美洲。他很意外到哪裡都看得到華裔移民的身影——模里西斯的路易士港、莫三比克的馬布多（Maputo）、南非的德班和開普敦，甚至連巴西的聖保羅、烏拉圭的蒙特維多（Montevideo）都有華僑。

江福清這一輩的臺灣移民，也就是五〇、六〇年代遷來南美洲的這一群人，並非在阿根廷定居的首批華僑。第一波華裔移民約在一九一九年至一九四九年間抵達，多為廣東省東南沿海地區的粵語人士。但此時江福清對我說，有個身世不明的華人部落，一次大戰後從法國來到查科省（Chaco）東北區定居，鄰近巴拉圭。

這些人後來成為阿根廷的牛仔（gauchos）。

江福清對查科省的這批華人印象極為深刻，後來也真的去了那邊一趟，卻見到這些移民的第三代後裔已不會講中文。他想到自己的子女。「要是他們不講中文，中華文化就要失傳了。」

我提起一戰期間，英國與法國招募逾十四萬名的中國勞工團，在大後方從事支援工作和勞力活。戰後大多數人被遣返回國，但是否可能有人去了阿根廷？他說他知道有這回事，但還是堅稱：去查科省的這些人和在歐洲從事後援工作的人來自中國不同的省分，也沒去法國打過仗。

江福清曾在六〇年代末數度暢遊世界，「看看其他的華僑是怎麼過的。」這份對海外華人的好奇心，逐漸形成他的世界觀，比方說，他明白了種族主義如何迫使華裔鐵路工人離開美國，遷往中南美洲——卻未轉赴巴西或阿根廷。他連忙補上一句：因為南美大陸有兩大障礙：安地斯山脈和亞馬遜河。

他遊歷各地後，精心撰寫了一份文化宣言，還在我到阿根廷前寄了份副本給我。原稿是用中文寫的，另翻譯成西文和英文，闡述他的願景——他展望中華文化能在「生命和諧與世界和平」中扮演要角。文中並探究生命力的陰陽調和、保存五千年中華文化等數項議題。寫作靈感則來自《未來的衝擊》（*Future Shock*）、《寶瓶同謀》（*The Aquarian Conspiracy*）等書，及英國學者羅素（Bertrand Russell）、印度思想家克里希那穆提（J. Krishnamurti）等人的哲學。

他也提及貝多芬的《第九號交響曲》對他的人生有極大影響，並引述弗里德里希·席勒（Friedrich Schiller）的詩作〈歡樂頌〉（"Ode to Joy"）。貝多芬在這首交響曲最終的合唱樂章用的正是這首詩：

習俗造成的裂痕
在你魔力下消弭
在你溫柔羽翼下
眾人皆成兄弟

我則引用中國諺語回應他：「四海之內皆兄弟。」

❖

「就是咻一下飛越安地斯山脈而已。」一早從智利首都聖地牙哥飛來的江嘉音（Chia-Yin Chiang）說，她常來看江福清。「我們父女都很喜歡這種偶一為之的長談。」

四十多歲的她，離家生活已經十五年，很珍惜和父親相處的時光。我深受感動，也老實跟她說了。某個世代的中國男性大多不夠坦率、拙於表達，很難和女兒這樣長談。

「我們家已經四分五裂了，大家也沒時間見面。一個在北，一個在南，這樣一家人怎麼維繫感情呢？」她說。

我們在陽臺上，俯瞰江福清住處外浴著陽光的庭院。夸在架機器時偷偷往屋內瞄了幾眼。裡面滿是蒙塵的老家具，不但髒亂，還堆著許多舊中文報，讓他想起五〇年代的香港，有些「老伯伯」就是在這種讓人看了不忍的地方度過晚年。

「我父親這輩子過得很苦，先是小時候經歷對日抗戰，後來到臺灣遇上冷戰時期，接著到了阿根廷，一個人也不認識。」江嘉音說：「但我覺得他不但沒因此消沉，反而變得更堅強。這種處境讓他對人生抱著無比樂觀的態度。

「要住在阿根廷這個國家並不容易。二〇〇二年的情況最糟糕。」擔任聯合國經濟發展專家的江嘉音，指的是阿根廷的經濟危機，那時披索貶值一半以上。

「我每次打電話跟他說我很替他擔心，他都會回我，『擔什麼心？這很正常嘛。這麼不安定、這麼亂的局勢我們過慣了，用不著這麼擔心。』」

江嘉音在此地特別顯眼，大家叫她「支那」（china 西語發音）。她和弟弟小時候在哥多華，是全校兩千名學生中僅有的亞洲人。同學會湊過來摸她的頭髮，盯著她雙眼猛看。「我覺得自己像火星人。」她回憶道：「其實有次我很不舒服，覺得自己不受歡迎，就逃出學校了。」

少女時期的她沒有出去約會的經驗——她總是在餐廳幫忙，九歲就在甜點檯工作；十三歲支援外場；十九歲那年，父親和弟弟環遊世界三個月，留她負責打理餐廳。「那是我這輩子最難熬的三個月。」

她已經料到我接下來要問的問題：「對，當然，我父親希望我嫁給中國人。我二十一歲那年我爸去中國，把他小時候一個朋友的兒子帶來阿根廷，想說我和他或許有機會。」

她對這個年輕人並無反感——兩人語言相通，對方也很好相處。然而他在中國長大，她則是西方背景。「我們對未來的想法不一樣，就是不合適而已。」

江嘉音決定離家去紐約求學，多少是為了不想讓父親再幫她安排婚事。二十出頭的她，覺得生機盎然的紐約令她煥然一新。「那時是八〇年代，紐約是世界一流的大都會。我看到形形色色的人，聽到各種優美的語言，真的大受刺激。」

一九八二年英阿之間爆發福克蘭戰爭（Falklands War），阿國情勢使得家中再也無法負擔她海外生活的費用。有個朋友勸她應徵聯合國的工作，因為她能說三種聯合國官方語言。當時只有一個祕書類的職缺，她答應了，就此過起白天上班、晚上在紐約大學念研究所的日子。後來她在聯合國終於有了固定工作，晉升為派駐日內瓦的經濟發展專員。

儘管她三十好幾，又在歐洲生活，父親還是不死心，想再次撮合她和一名臺灣男性。她覺得對方還不錯，但和上次的結局一樣，兩人並不合適。

旅居瑞士七年後，她思鄉之情漸深，希望離父親近一點，便應徵聯合國拉丁美洲總部在智利聖地牙哥的職缺。那時她已經認識一名美國物理學家。

「我們原本是朋友，後來開始交往。」她說：「他覺得要是少了我，待在日內瓦也沒意思，願意和我一起去智利。我們就決定結婚了。」

由於母親和弟弟目前都住在紐約，搬到智利，也算是某種待在父親身邊的方式。

當年江福清經人介紹，認識了還在讀初中的劉永芬（Yong-Fen Liu）。他比對方大四歲，把她當小妹妹。幾年過去，一九五七年兩人結了婚。

「是她媽媽作的主。」江福清用中文對我說：「她媽媽很喜歡我。她是很偉大的女性，都八十多歲了還搬到阿根廷和我一起住。她跟我說，『希望我的生命能在你身邊結束。』」

但對劉永芬而言，在阿根廷的僑居生活並不快樂。

「有一天我發現我媽在哭。」江嘉音回憶道：「我媽娘家很有錢，過的是好日子。她傷心的是自己沒錢回臺灣。」

夫妻倆到了阿根廷沒多久便漸行漸遠。劉永芬終於在一九八一年搬去美國和兒子住。「我想就放她自由吧，所以沒怎麼挽留她。」江福清向我解釋：「她每天要花一個鐘頭化妝，過得像貴族。我只想過很簡單的生活。

「人在二十多歲以前，講到結婚都很興奮，但過了一陣子，你開始要負責任的時候，就不能像以前那麼衝動了。在我們那個年代，負責任是非常重要的。我到現在還是覺得對我太太和岳母有責任。」

江嘉音對我講了椿心事——假如她得在父親晚年「孤單無人照顧」和「有個老伴照顧」之間二選一，她會選擇後者。「這是為他自己好。」她還告訴母親，萬一在紐約遇見合適的對象，就「儘管去吧」。

「我覺得他們不應該因為某些傳統中國家庭觀念，限制住自己的選擇。我們畢竟都是大人了。我認為他們的幸福才是最重要的。只要他們幸福，不管身邊有沒有伴，那都看他們自己，那是他們的選擇。」

❖

一開始幫我牽線的吳冷輝，打從江福清剛到阿根廷就認識他，兩人已是四十年的老友。這天我們一行七人（包括吳冷輝的岳父）擠進一輛老賓士，開往吳冷輝的鄉間別墅，出了市區沒多久就到。「Porteños」在西班牙文是「港口人」的意思，卻成了布宜諾斯艾利斯人的自稱。布市居民的這種鄉村別墅主要是有大院子的獨棟房舍，大多在市區外，遠離港區。

吳冷輝以前是魔術師，也當過馬戲團老闆——他在那個馬戲團認識了表演空中飛人的義大利女子，兩人結為夫妻。現在他把馬戲團交給兒子經營。看得出他事業有成——他在車上和岳父一直在談生意的事。

吳冷輝的原生家庭不僅富裕，人脈也廣。他父親是對日抗戰和國共內戰期間的高階軍官。我們的對話中不時出現蔣介石與汪精衛這兩個名字，但他並未透露父親站在哪一邊。

「整個社會就像漁網——什麼都牽扯在一起，但很難分得出誰好誰壞。」他引述他父親的話。一九四九年中共執政前夕，吳家與大批流亡人士一起移居巴西。（正因如此，他的繼母馬秀文最後也來到巴西。）

我們駛進吳的鄉村別墅之際，我看得出這裡占地比附近大多數的住戶都廣，四周以圍牆和樹木與外界區隔，中有小溪流過。前院一側有輛廢棄的馬戲團拖車。傭人們忙著布置阿根廷傳統烤肉（parrilla）大餐，用後院的磚砌烤爐，現烤各種部位的牛肉。光是這頓大餐，我們就會吃掉半邊的牛。

「這分量在中國可以給整個村子的人吃了。」一夸板起臉來。他這樣講當然有點誇張，但和現實也沒差太多。

我們在院子的露臺用餐。不同部位的牛肉接二連三上桌——肋排、沙朗、腹脅肉、腱子和牛腩（華人特別喜歡牛腩軟嫩中帶點彈性的質地），每一道燒烤的焦度與熟度都恰到好處。吳冷輝一直要我們每種都嘗一嘗。果然是樣樣軟嫩多汁，淌著燒焦的油脂，香氣四溢。

吃了幾輪後，我已經到極限了。什麼時候該踩煞車呢？

大夥兒在宜人的鄉間氣氛中談笑風生。和煦的冬陽灑落滿園金粉。啤酒、葡萄酒、烈酒不斷輪番上陣。午餐後人手一杯白蘭地，漫步林間摘果子。我的醉，是陶醉於此情此景。在中國千萬里外，世界的另一端，我們僅在午後匆匆一會，卻如老友久別重逢。

吳冷輝談興正濃，江福清也跟著打開了話匣子。兩人聊起愛與情人，講到江和妻子分居兩地，也論宇宙、觀世界，還談到掙脫家庭的種種牽絆。

「所有的朋友都希望他和太太趕快破鏡重圓。」吳冷輝刻意拉高了嗓門，好讓江福清聽見。

「你得尊重別人的選擇。人家有權利做她自己想做的事。」江福清隨即回敬：「不應該用家庭把兩個人綁在一起。」

「我女朋友不少，但我還是想一直和我太太在一起。」我不確定吳冷輝是不是開玩笑。

「我跟我太太說，她有三個選擇。」江福清說：「要是她想和女兒住，她可以去找女兒。假如她想和我在一起，我們就一起住。要不她可以去紐約和兒子住。」

他向我們詳細闡述了他的愛情觀、對戀愛與純精神戀愛的種種想法，也講到都這個年紀了，需要有個伴照顧他。我問他是否還愛著妻子，他只給我很籠統的答案，好比「愛到底是什麼呢？」

❖

聖特爾莫是布宜諾斯艾利斯最古老的區，特色是西班牙殖民式建築和鵝卵石街道。當地居民和遊客每逢週日齊聚於此，享受美食與購物之樂。我們走過滿是骨董店、跳蚤市場、街頭探戈藝人的一區，江福清精神大振，向我解釋他怎麼會在這裡開設自己的古玩店。

「我去過很多地方的唐人街，但那邊的紀念品店都很小很擠，不像我這間。」他邊說，我們邊走進他的店，我也因此認識了店長——七十歲的王壽昌（Shou-Chang Wang），是江福清的老朋友。他向我介紹架上的商品。江福清說得沒錯，每件物品都擺設得好似藝廊的藝術品。

我建議我們去隔壁的咖啡館兼酒吧坐坐。店裡只有幾個男人喝著咖啡和金巴利酒（Campari）。牆上掛著探戈守護神卡洛斯・葛戴爾（Carlos Gardel）的照片。電視正播著足球賽。

「我在七〇年代跳船到這裡。沒什麼好怕的，我不偷又不搶。」王壽昌用廣東話對我們說：「阿根廷資源豐富，馬上就吸引了我。」「跳船」這詞指的是某些非法移民原本在商船上工作，靠岸後便留在異鄉，銷聲匿跡。

「現在我太太、孩子、孫子都是『鬼佬』。」他說。「Así es la vida.（這就是人生。）」「鬼佬」，廣東話這個半貶義半暱稱的詞，指的是歐裔人——中國人自認為天朝之「人」，其他人都是「鬼」。

王在阿根廷這一跳船，等於把元配和幾個孩子留在臺灣。元配去世後，他與臺灣的孩子們也斷了關係。「我和他們失去聯絡了。」

他讓我想起年輕時便離開中國的老一輩華人。他們與原本的家人分隔兩地，而且往往過得很苦——新世界國家有嚴格的移民政策，這些華人於是在當地結婚，有了第二個家庭。我行經南、北美洲之處，總會遇上這樣的故事。

❖

我一直很喜歡探戈——喜歡它撩人性感的音樂；喜歡舞中蘊含的情欲和渴求。我也一直想找個可以整夜跳探戈的中餐廳老闆，可惜江福清辦不到。我只好拍他在「中國之家」的探戈課上嘗試和學員共舞，也拍了他在某家餐酒館欣賞探戈學校兩名學員的舞姿。

「南方酒吧」（Bar Sur）是聖特爾莫區的探戈酒吧，鋪著黑白方格磁磚地面。觀光客一車車至此報到，欣賞每晚都有的探戈舞表演。我們在布市的最後一晚，到它附近的某間烤肉餐廳又大吃一輪，暢飲門多薩馬爾貝克紅酒，飯後再和江福清一起走到「南方酒吧」。

他站在大門口卻沒進去。大門上方的燈散發暖橙色的光。雨後的鵝卵石路面潤澤晶亮。夜裡涼意襲來，他本能豎起領子，叼起菸。夯持攝影機倒退著走，好似化身推軌臺車，把拍他的鏡頭逐漸拉成遠景。透過攝影機，我看到一名千山獨行之人，佇立探戈酒吧前——在這給了我們憂傷之舞的國度。

之後，我叫了輛計程車送他回家，望著車子消失在霧中，迅即駛入黑夜。

第十六章

吃飯沒？

秘魯・利馬

這裡的裝潢、喧鬧、氣味，各方面都讓我想起典型的香港餐廳。這天是星期日，餐廳裡滿是大家庭聚餐，老老少少一同享用中國菜。

然而我們是在利馬的「山海樓餐廳」（Chifa San Joy Lao）。它在閹街（Calle Capón）上，是秘魯唐人街歷史最悠久的中餐廳。這裡的顧客都是秘魯人，每人佐餐的飲料都是印加可樂（Inca Kola）。

我、夸和阿傑夫妻共四人，前天一起從布宜諾斯艾利斯飛到這裡。我們這四年走遍五大洲的探索長征，即將在此畫下句點。

我和法比歐拉・卡斯塔涅達・張（Fabiola Castañeda Chang，音譯）共進午餐，她答應介紹這間餐廳的老闆給我認識。我之所以認識她，要說回一年前的古巴行，當時幫我口譯的朋友毛範麗是華裔秘魯人。她則是範麗的遠房親戚。

「秘魯的『chifa』這個字指的是『中餐館』，還有『中國菜』。」法比歐拉對我說。「好比我們會講『vamos a comer chifa』（走！去吃中國菜吧）。」

我們的午餐是美味的港式點心組合，有蝦餃、燒賣、雲呑、春捲，還有我沒見過的炸豬五花（chicharrón），類似粵菜的叉燒。

就這麼剛好，「山海樓」的老闆路易斯・陽・塔塔耶（Luís Yong Tataje）走到我們桌前來自我介紹。我馬上認出他，因為一早才在飯店房間的電視上看到他在第二頻道主持烹飪節目。他身穿藍色繡花唐裝，為觀眾示範怎麼做秘魯炒飯。此時的他仍是那身藍色唐裝。

「秘魯這裡吃中國菜不喝香片。」他說：「吃『chifa』一定要喝印加可樂。這個怪可樂啊，賣得比可口可樂還好。」

五十二歲的他，舉止帶點表演性質的浮誇，是喜歡交朋友的那一型。頭有點禿，身材圓圓胖胖，很和氣的模樣——正是華人喜歡的「富貴相」（妙的是禿頭是要件之一）。有富貴相，代表家境富裕又好命，而且吃得很好。

那「chifa」這字是怎麼來的？

「我祖父祖母是廣東人，他們會說『炊飯』，就是『煮飯』。我外祖父是客家人，用他的話會說『吃飯』」。

「你祖父母之中有三個中國人。」我想了想，腦中很快算了一下：「代表你有四分之三的中國血統。」

「我也許是混血兒（mestizo），但文化和思想上是百分之百的中國人。」他說。

「我只有四分之一的中國血統。」法比歐拉也附和：「但我老是被人叫『中國小妞』（chinita）。」這個字是對中國女性的暱稱。

我還沒開口問，路易斯就滔滔不絕論述起五千年中華文化與哲學傳統的優點。不過關鍵是他盛讚中式飲食對健康全方位的益處。他是有專業醫學資歷的腸胃科醫師和外科醫師，執業已二十多年，最近才高掛白袍，把全副心力投入餐廳事業。

「中華文化裡的『吃』和吃的東西都很重要。」他加重了語氣：「我們吃的方式、吃進去的食物，都有助於調和體內的陰陽之氣。」

他的餐廳名為「山海樓」，「山海」一詞令人想起成書於西元前四世紀的經典文學《山海經》，集神話地理志與怪獸紀之大成。壯麗的山川景物、玄祕的神怪異事、絕美的奇幻世界，讀來好似歷歷在目。

這天是週日，路易斯一家人都到餐廳幫忙。他自己負責廚房；妻子布蘭卡（Blanca）招呼客人，引導客人到夾層的用餐區；兩個女兒凡妮莎（Vanessa）和薇隆妮卡（Veronica）則隨時支援有需要的地方。

位於三樓的廚房十分寬敞，井然有序，光線充足，設備齊全，在我見識過的廚房之中，絕對排得上前三名。（另外兩間在千里達和孟買。）路易斯忙著監督廚房員工，仔細檢查每道準備上桌的菜。他很清楚怎麼在鏡頭前表現自己，不時會在鍋裡翻炒兩下，讓我們的攝影機拍到熊熊火焰。

「我的中國菜是跟我父親學的。我母親秘魯菜做得很棒。」他邊說邊瞟了旁邊一名二廚。「所以我們家有中國和秘魯兩種文化，我以這點為榮，也覺得自己很幸福。」

「山海樓」原本由他人經營，一度破敗不堪，路易斯在一九九九年頂了下來。「我這種個性的特質，管診所不太行，但開餐廳就不同了。賺不了大錢，但讓我非常有成就感，我可以結合飲食與醫學的專長。」

❖

正如法比歐拉所說，「chifa」這個字指的不僅是餐館，也是食物本身——這種菜集中國和秘魯菜式於一身，融合多種香料、食材和烹飪法。有些國家把中國菜視為「異國風味」，但「chifa」早已深植秘魯日常飲食，變成了秘魯菜。其實也可說這個國家將中菜國有化，讓它成為自己的特產。

秘魯約有兩、三萬間中餐廳，一半以上在利馬。對一個人口兩千七百萬的國家而言，這數字還滿大的。事實上，秘魯的中餐廳數量比其他種類的餐廳全部加起來還多。

秘魯的中國菜在十九世紀末、二十世紀初發跡於利馬，逐漸擴散開來，連最偏僻的地方也吃得到。七〇年代更「出口」至鄰國，如厄瓜多、智利、玻利維亞等，安地斯山脈及沿海地區的傳統菜餚均受到影響，經年累月下演變為新種的正宗秘魯菜。

「有句俗話說，有菜單就有中國菜。」路易斯講得眉飛色舞：「在秘魯開中餐館，一定有生意上門。」

其實秘魯菜與中國菜之間往往沒有那麼清楚的界線。許多秘魯餐廳的菜單有很大一部分是中國菜；有些餐廳則乾脆自稱為中餐廳，供應中式秘魯菜（comida chino peruana）。

「秘魯式炒牛柳」（lomo saltado）這道最具代表性的秘魯菜，是他們心目中的國菜，卻完全是中國出身——將牛柳切塊，用醬油醃過，和薑、青蔥、紅洋蔥、番茄、紅椒、大蒜、香菜、豆豉醬、秘魯黃辣椒（ají amarillo）同炒。

但這道菜卻有幾點秘魯獨門特色——首先是微甜而辛辣的秘魯黃辣椒，是秘魯菜十分常見的食材。其次是用印加黃金馬鈴薯炸的薯條，可以倒進鍋中與牛柳和配料一起炒，也可當白飯的配菜。再來是用發酵葡萄汁蒸餾而成的皮斯可酒（pisco），這種酒精度極高的烈酒，常在烹飪時用來代替紹興酒。

「我們透過秘魯人的胃征服了他們。」路易斯或許是開玩笑，但這樣講當然有它的道理。

中國菜已成為主流，「sillao」（醬油）、「chaufa」（炒飯）和「kion」（薑）這些字已成為秘魯專有詞彙。菜名中有「saltado」一字的秘魯菜大多源自中國。西班牙文的「saltar」是「跳躍」或「輕輕躍起」的意思，用來形容在鍋中翻炒的食材極為貼切。

「我根本不知道這是中國菜。」「山海樓」的一名顧客邊吃秘魯中式炒麵（tallarín saltado）邊說：「很難分辨哪些餐廳是中餐廳，哪些菜又來自中國。不都是秘魯嘛。」

❖

闍街顧名思義，附近中央市場（Mercado Central）的豬會帶來這邊去勢，因而得名。閹過的豬會變肥，這樣炸豬五花會更好吃。

華人於一八〇〇年代末脫離契約工身分後，在中央市場一帶定居，做起生意，成立各種社團、公會，將這一區變為利馬的唐人街。前來秘魯的華工人數迅速攀升，與十九世紀後半定居古巴和加州的華工人數不相上下。利馬、舊金山、哈瓦那三地的唐人街，規模是美洲前三大。

「我的祖父母住在唐人街的邊界。」路易斯說：「中國人這麼做有他的用意，這樣既能從市場買到新鮮的食材和蔬菜，又找得到上工、做生意都方便的地方，日子比較好過。」

許多華人曾在秘魯北部的甘蔗田當廚師，在闍街一帶定居後，就開起自己的小吃店（fondas），賣起中國菜，質粗價廉卻大受歡迎，和專賣辛辣食物的秘魯小吃店（picanterías）直接打對臺。較正式的中餐館（也就是 chifas）就是從這種小吃店演變而來。一九一〇年代，第一間中餐館在唐人街開張，很快便擴散至全利馬，到了五〇年代更遍及全秘魯大城小鎮與村莊。

利馬的唐人街在二〇年代有六間相當氣派的大餐廳，山海樓是其中之一，在全盛時期著實相當風光，現場有樂隊伴奏，客人可跳舞至深夜。然而唐人街在七〇年代逐漸沒落，這些大餐廳的光環也隨之黯淡，由更新、效率更高的小餐館取而代之。

一九六八年，軍政府實施貨幣管制措施，進口商品價格飆漲。醬油、蠔油、五香粉、各類發酵豆製醬料都變得稀缺。中菜也隨之沒落。

但在秘魯總統藤森謙也（Alberto Fujimori）於一九九五年推動自由市場經濟後，中菜的頹勢有了轉機。華人經營的生意再度欣欣向榮，華人社群也與市政府攜手重振唐人街。一九九九年，趁著首批中國契約工抵達秘魯的一百五十週年紀念日，重整後煥然一新的閹街誕生了。

往昔的閹豬小巷搖身一變成了觀光景點，滿是刻板印象的表徵：燈籠狀的街燈、做成寶塔型的小店鋪，入口處的紅色牌樓頂端漆成了綠色。行人徒步區的地磚上刻有捐款人的姓名，地面還有十二只混凝土製圓盤，上有十二生肖的圖樣。

街道兩側都是整修後煥然一新的店家：有中餐廳、銀行、紀念品店、電器行、一小時快照店。再往中央市場的方向走下去，就是尤卡亞利街（Jirón Ucayali，這條街很長，閹街是它的其中一段），街上有一整排由華人經營的炸豬五花專賣店。

炸豬五花是拉丁美洲的大眾小吃，各國都有自己的版本，可以是炸得酥酥脆脆的炸豬皮零嘴，也可能是把炸五花肉做成一道菜。秘魯的作法是把五花肉放在加了調味料和香料的水中煮沸，等水分全部蒸發，高溫會逼出豬肉的油脂，就是現成的炸油。秘魯人甚至把炸豬五花做成三明治，名為「pan con chicharrón」，是民眾趕路時常吃的早餐。

「人人會做炸豬五花，但做得就是和中國人不一樣。」路易斯自豪地說：「因為炸成金黃色起鍋前，我們會加一點醬油，讓它就是多了那麼點味道。」

路易斯的父親菲力克斯・陽（Felix Yong Loo，音譯）是華裔移民第二代，原本學的是會計。他在一九六〇年開了「老中三明治店」（Sanguchería El Chinito），專賣炸豬五花三明治，大受歡迎。

當地街頭甚至流傳一首關於華人炸豬五花攤販的歌：

炸豬五花小攤的那個華人
吃炸豬五花三明治
少加點油，多加點肉
炸豬五花就更好吃。

儘管中國人在炸豬五花這行做出了一番成績，唐人街真正的特色還是高檔的大餐廳，而且間間生意興隆。闤街另一頭的「湯繼城酒家」（Chifa Ton Kin Sen）總是客滿；和山海樓僅兩店之隔的「中華樓」（Salón China Restaurante）同樣座無虛席。還有以蘇東坡命名的「東坡樓」（Chifa Thon Po），我敢說他們一定有賣東坡肉。

「我們挽救了一項傳統。」路易斯說，或許這是所有秘魯中餐館老闆的心聲吧。「開餐館對我們來說不稀奇。中國人本來就知道怎麼處理食材。重要的是藉由中國菜推廣中華文化。」

然而秘魯不是每間中餐館都像山海樓生意那麼好，也不是每個老闆都像路易斯那樣春風得意。

在一個灰沉沉的陰天，法比歐拉的親戚郭偉雄（Alfonso Koc Fong）帶我去利馬某個不太起眼的郊區，到一間叫「新來酒家」（Chifa San Luís）的中餐廳。這裡和閣街真的是兩個不同的世界。

這間中餐廳的老闆是現年五十歲的姚鳳萍（María Yiu），她是郭偉雄家的朋友，身穿緊身牛仔褲和高跟鱷魚皮靴，走了過來。二十二歲那年她在香港，有個華裔秘魯廚師上門來，說希望找個太太。

「我就照我媽的意思。她說最好嫁給個性成熟、工作穩定的人。」姚鳳萍說：「我那時是『飛女』（小太妹）嘛，還有個男朋友，但我媽不喜歡他。我也沒別的選擇。」

她那時覺得未來的丈夫怎麼樣？

「我一開始不喜歡他，大概是因為他只不過是個廚師，長得又不帥。我一直夢想嫁給坐寫字樓、穿襯衫打領帶的男人。我不知道，大概老天就是這麼安排吧。」

新婚的她急著適應新國家，甚至把自己的基督教教名從瑪麗（Mary）改為瑪麗亞（María）。只是多年下來，異鄉的婚姻生活還是對她造成相當的傷害。兩人生了三個孩子，也陸續開過幾間中餐廳，但她最後還是和丈夫分開了。

她會希望孩子接手餐廳的生意嗎？

「我不希望他們做餐廳。我在這裡除了孩子就沒別人了。如果有機會的話，我想把什麼都賣了，回香港照顧我父母。我所有的親戚朋友都在那邊。」

她忽地泣不成聲。我向攝影師示意，請他用特寫鏡頭拍她滾滾而下的淚水。

「我做的一切都是為了孩子。假如我帶他們回香港，他們又不會說廣東話，在那邊生活太辛苦。我希望他們能去美國或加拿大，想去哪就去哪。我不怎麼喜歡秘魯。他們對我並不好。這裡從來都不是我自己的國家。秘魯人看不起我們中國人。」

這不是我頭一次聽到某人好似郵購新娘遠嫁海外，最後卻是這種遭遇。一旦婚姻破裂，困在一個從來不是自己家的國度，「回家和自己家人團聚」就成為最終的目標。

❖

一八四九年十月十五日，七十五名中國契約工搭乘馬尼拉大帆船（Manila-Acapulco galleons）從澳門出發，航行四個月後終於抵達秘魯。我見過的華裔秘魯人都知道這個明確的日期。沒有哪一國（或許除了古巴）可以把中國契約工抵達該國的日期講得如此精準。

這是我和人類學家伊莎貝爾．羅桑—艾勒雷拉（Isabelle Lausent-Herrera）會面時，她最先提起的事。她任職於秘魯的「法國安地斯研究院」（Instituto Francés de Estudios Andinos），研究領域是華裔秘魯人社群。我因此來向她請教秘魯的華人移民史。

她說：「秘魯在十九世紀中葉實際廢除了奴隸制度，所以需要苦力來工作。」

「苦力」（Coolie）是印度語，意思是「移民工」。十六世紀歐洲商人行遍亞洲，這個詞因此流行起來。到了十九世紀，這個詞指的則是在農莊勞動的亞洲契約工。這些苦工原本是非洲奴隸做的，廢奴後便由亞洲的工人接手。

中國人取「吃苦耐勞」之意，把 Coolie 音譯為「苦力」。華人已經把吃苦這種特質轉化為美德，還進一步延伸為成語「先苦後甘」，卻可能反而在無意間制約了自己，接受種族主義和種族歧視是移民生活的必然。

第一波引進的華工被送到沿海的甘蔗田和北方的農莊。有趣的是因為得在農莊炊煮，華人首次將種稻引進秘魯，也確立「米」成為秘魯飲食的主食。

「中國人的日常飲食少不了米飯。」羅桑─艾勒雷拉說。「米的每日配給量都寫在契約裡。」

第二波華裔移民則在秘魯北方外海的幾座島（統稱為瓜內拉群島〔Guaneras Islands〕）上辛勤採糞（guano）。這種糞是海鳥糞與蝙蝠糞日積月累的成果，富含鹽殘留物，常用於肥料，價值極高。秘魯為了爭奪這種糞的控制權，一八七九年還和智利及玻利維亞打了太平洋戰爭（War of the Pacific）。

第三波華工是鐵路工人。當時美國有個叫亨利・梅格斯（Henry Meiggs）的企業家，擅長蓋鐵路，也很會靠剝削他人致富。他聽說加州的鐵路工人工作很賣力，便當起華人苦力的承包商。他在一八六八年移居秘魯，和當時的總統合作，使用大量苦力蓋了兩條鐵路，其中一條橫越安地斯山脈。

二十五年間，總計約有十萬名以上華人來到秘魯。幾乎有一半的人因虐待、過勞喪命，或因不堪孤苦而自殺。直到一八七四年在各國強烈抗議下，不人道的苦力販賣才告終。

這些契約工重獲自由後，有些人並未返回中國，而是搬到利馬，在中央市場附近開商店、做小吃生意。然而當地的種族主義和仇外心態依舊，華人成了所有社會問題的罪魁禍首，例如食物價格過高、缺乏就業機會等等。華人也因飲食習慣「不衛生」遭到鄙視。（最常聽到的說法就是中國人「吃老鼠」。）

太平洋戰爭期間，智利軍隊一度入侵秘魯，承諾解放華工。華工也支持智利軍隊，期望他們履行諾言。

「一八八三年後，秘魯全國上下都罵中國人是叛徒。」羅桑－艾勒雷拉說。華人被貼上賣國賊的標籤，成為眾矢之的，謀殺時有所聞。這波排華殺戮直到一八九〇年代末才終止。

秘魯華人的處境，和古巴華人形成強烈對比。古巴為脫離西班牙獨立而戰時，有兩千名華人投入叛軍。為此哈瓦那有一座向他們致敬的紀念碑，上面寫著荷西・馬帝的話：「沒有一個古巴華人是逃兵；沒有一個古巴華人是叛徒。」

儘管如此，身在秘魯的華人還是奮鬥不懈，終於闖出一片天。首先是開雜貨店，再賣起炸豬五花，最後開餐館。照羅桑－艾勒雷拉的說法，秘魯有句諺語「el chino en la esquina」（轉角的中國店），指的是每個城市街角的小雜貨店。這些小店日後逐漸發展成「tambos」（批發商），也就是印加語的「糧倉」。

「中國商店會讓秘魯客人賒帳，也因此在兩個民族間建立了信任。」她說：「中國人工作向來勤奮，也這樣教育孩子，在社會裡一步步往上爬。」

秘魯華人僅占該國人口的百分之三，不過據估計，約有百分之二十的秘魯人有華裔血統，這種人稱為「tusán」，是中文「土生」的羅馬拼音。秘魯唯一的奧運金牌得主艾德溫．巴斯凱斯．卡姆（Edwin Vásquez Cam）就是「土生」，一九四八年於倫敦奧運會上贏得五十米手槍金牌。

講到華裔秘魯人的成就，或許沒有比黃炳輝（Erasmo Wong Chiang）更好的例子了。這位超市大王於一九四二年從一間小店發跡，就是那種「轉角的中國店」。如今「E. Wong 超市」的廣告看板隨處可見。大家公認他是愛國的秘魯人，對員工和顧客都很好。

❖

路易斯帶我去唐人街最古老的寺廟，就蓋在一棟三層樓建物的屋頂。我們在屋頂欣賞風景時，他說：「我心裡有秘魯文化，也有中華文化，這兩者並不衝突。我相信這兩種文化綜合起來，可以發揮更大的作用。」

他在年少時期就立志破除「華人只能待在闤街」的迷思。受好的教育往往是達成此一目標的途徑。「我們家三兄弟有兩個是醫生，一個是心理學家。」

他對食物如此熱愛的獨特之處，在於他融合了自己的醫學知識與中醫的全人養生之道。他對薑是這麼形容的：「把洋蔥和薑混合，它們會在呼吸系統內發揮作用，可以去除支氣管裡的痰。」

對醬油，他則說：「醬油的原料是大豆，是植物性蛋白質的主要來源。像豆腐、醬油這種大豆製品都含有抗氧化劑，可以降低癌症風險。華人女性很少得乳癌，男性也很少得攝護腺癌，就是因為他們的飲食。」

但他說中國菜的特色不僅是健康，更是感官的享受——也就是色、香、味俱全。中國菜必須包含酸、甜、苦、辣、鹹五味，他邊說邊扳下右手手指數著。

「就像五香粉。」我說。中國菜的五香粉成分大多是茴香、丁香、肉桂、八角、花椒，與中國的五行之說「金、木、水、火、土」相互呼應。

「中國菜還有第六味，就是『鮮』。」他豎起左手食指。鮮味是日本科學家於一九〇八年在貝類、魚露、蘑菇、起司、醬油等食物中發現的物質，稱為麩胺酸（glutamate）。味精（ＭＳＧ）中的「Ｇ」就代表麩胺酸。

我們走出寺廟，路易斯不禁再次強調中國菜的內涵。「中國菜和『氣』息息相關。我們體內的氣順暢流通，陰陽才能調和。我們做菜就是為了達成這個目標，這不僅是烹飪的藝術，更是哲學、情緒、知識、健康四者的綜合。」

如果這不是文化大使的稱職表現，我也不知道什麼才算是了。

❖

陽家是三層樓的獨棟樓房，社區很幽靜，還有鐵柵門管制，與日本駐秘魯大使館為鄰。這時我實在忍不住好奇，問他：一九九六年不是有個革命運動組織，挾持好幾百人當人質？有高級外交官、政府官員、軍事將領、企業高階主管等等，就是在這裡對嗎？

「噢，不是這裡，是大使官邸，在聖伊西德羅（San Isidro）區。」路易斯答道：「不過那整件事稱為『日本大使館人質危機』就是了。」

走暴動路線的秘魯共產黨組織「光明之路」（the Shining Path）曾多次以革命之名發動恐怖攻擊（藤森總統對其鎮壓成為政績），所以利馬隨處可見鐵柵圍起的社區，也就不意外了。我還因此請夸在下機前脫掉以色列國防軍的迷彩服。我可不想在交火中一命嗚呼。

我以為主人款待的這一餐會是秘魯式中國菜，端上桌的卻是從「老中三明治店」外帶回來的炸豬五花三明治。女主人布蘭卡殷勤張羅，確定我們都吃得飽飽的，還泡了香片。餐桌上幾副筷子擺得整整齊齊。

「來，嘗嘗看——這是我們這裡的叉燒。」路易斯把一盤貌似廣式叉燒肉的肉放在我面前。吃起來並不像正宗叉燒，但確實有五香的味道。

布蘭卡和路易斯當年是在派對中認識的，兩人一見鍾情，但布蘭卡融入華人社群的過程並不順利。「我搬來和他家人一起住，剛開始很多事情都不適應，不過漸漸的就成為他們的一分子了。怎麼說呢？很像石頭，他們就像這樣。」她用緊緊互握的雙手來表達。

她也漸漸學會品嘗中國菜。「我現在很愛吃中國菜。一開始我不知道怎麼用筷子（palillos），現在我吃飯都用……你們怎麼說的——筷子（fai chi）。嫁給東方人就有這個好處。」

他們的兩個女兒都二十好幾了，我問這兩個女生：爸爸會不會希望她們和華裔秘魯人結婚？

「會，他是這麼想啦，不過……」先開口的是二女兒薇隆妮卡。「我不知道有沒有這個可能。我覺得沒有。」

「我呢，我是不知道以後會怎樣。」大女兒凡妮莎說：「不管這個人是華人還是秘魯人，父親都會尊重我們的決定。我希望以後的對象是積極上進的人，只要他心地善良，什麼種族、膚色都不重要。就算他不是華人，我們也會讓他轉變呀，poco a poco（漸漸的）。」

我們都笑了。

「我嫁給中國老公，所以是全世界最幸福的女人。」女主人講得一本正經：「我總是跟兩個女兒說，我希望她們認識的對象和爸爸一樣，是個好兒子、好兄弟、好朋友、好丈夫。我會幻想我的中國小外孫有中國小眼睛，好可愛！跟他們外公一樣。」

大夥兒又笑起來。

「我們的生活很單純，很樸實。但最大的財富就是一家和睦。」路易斯從廚房出來，又加入我們的談話：「這種家教是我爸媽傳下來的。我從他們身上學到尊敬父母兄長，學到家庭的價值，還有兄弟同心的重要。與其跟兩個女兒解釋該怎麼做，不如我自己以身作則。」

「Una familia unida es fundamental.（家庭和睦是一切的根本。）」他說。

❖

「我太太不喜歡那個主持人吃我豆腐。」路易斯輕聲對我說。這天我和他一起去「有線特快台」（Cable Express）第二頻道的攝影棚，我們要上「原民女力」（La Chola Energía，「chola」是秘魯對原住民女性的暱稱）主持的節目《生活大小事》（*Cosas de la Vida*）。「原民女力」本名是歐琳達．卡瓦耶羅（Olinda Caballero），是秘魯相當有名的原住民藝人。她一身傳統印加服裝，對現場的人不斷又抱又親。等輪到我們輕吻她雙頰打招呼，我盡可能放輕動作，免得壞了她的濃妝。

她以充滿活力的語調開場：「我們的片頭音樂真是太動聽、太有感情、太有愛啦！今天我們請到的是哪位嘉賓呢？現在就請大家掌聲歡迎我們的陽醫生！陽醫生今天要把全世界滿滿的愛帶給各位！他不但教我們怎麼填飽肚子，更要讓我們充實心靈。有美好的心靈，生活才會有動力！早啊，陽醫生。」

路易斯在這二十分鐘內示範了青花菜豆腐炒牛肉的作法，一面和主持人有說有笑，把牛肉、青花菜、紅椒、青蔥、豆腐、豆豉醬、醬油逐一放進平底鍋之餘，還不忘盛讚這些食材各有哪些益處。「有了這些材料之後呢，我們現在來加一樣舉世無雙的秘魯食材。」他邊說邊加進秘魯黃辣椒，瞬間變出一道中秘合璧的菜。「大家別忘了，這裡的中國男人會做一手好菜給女人吃，因為秘魯不是有句話說嗎，『肚子飽了人就開心。』」

「原民女力」接著感性收尾：「我們的節目是為了所有秘魯同胞，為了我們心愛的人。我們要告訴大家怎麼吃得營養、吃得健康、吃得精緻，又不用花大錢，不過我們總是會綜合秘魯和中國的概念，我們有康多兀鷲，也有中國的龍。」

這時她把我拉到鏡頭前。夸拍我，阿傑則拍夸拍我的樣子。套句安迪・沃荷的名言——這下子我在秘魯電視上也出了十五分鐘的名啦。

接著換路易斯發言，這段話已經成了他的註冊商標：「秘魯的各位觀眾、各位鄉親父老，雖然我在這裡為大家示範做菜，還是想特別強調一下這個節目另外要傳達的價值觀。我從中國老祖宗那裡學到的價值觀，和秘魯的兄弟們教給我的價值觀是一樣的，那就是友愛。全世界沒有幾個地方，能找得到這種友好、慷慨、包容的精神。」

身穿紅色繡花唐裝的他，對著鏡頭打躬作揖，依序用粵語、中文和西語說：Doh tse（粵語「多謝」），秘魯。謝謝，秘魯。Muchas gracias（西語「多謝」），秘魯。

後記

《譚榮輝的中菜烹飪課》（*Ken Hom's Chinese Cookery*）於一九八四年在ＢＢＣ首次登場，一炮而紅。根據節目內容而出的書，也名列ＢＢＣ出版部門的暢銷食譜書。

此後譚榮輝寫了三十六本食譜書，也繼續在ＢＢＣ的黃金時段節目中現身。透過ＢＢＣ的海外授權，全世界都看得到他的節目。他憑一己之力，讓中國菜在英國走入平民生活，人人都可掌勺下廚。也正因此，目前全英國百分之六十五的家庭有中式炒鍋。

但他從沒開過餐廳，而是走遍世界推廣中國菜。他的家在法國和泰國，卻為了工作總是飛來飛去。他不僅密切關注全球各地的餐廳，也極為關切對海外華人不斷變化的處境。

我和譚榮輝只見過一次面——那是二〇〇六年的巴黎，我從阿姆斯特丹過去，和他在貝爾維爾區（Belleville，巴黎第二個中國城）的某間中式寮國菜餐廳共進午餐。那次會面後過了幾年，我們在芝加哥一間餐廳巧遇，之後就斷了聯絡。二〇二一年這本書快寫完的時候，我覺得不妨再聯絡他看看。那時正逢新一波疫情肆虐全球，我們只能透過 Zoom 視訊聊天——他在曼谷，我在多倫多。

我問他頭一次去香港的感覺如何，他回以：「我馬上就覺得回到自己家。」

「都長到三十歲了才回家呀。」我故意開他玩笑。

「我簡直不敢相信。每個人都長得跟我好像，都講廣東話，我也聽得懂。所有的東西，聞到的、吃到的，我都好有感覺。真的太妙了。」

「你是廣東人養大的孩子，你的根自然會對這些東西有感應，就好像你有隻腳始終牢牢扎在中國的土裡。」

「就是這點救了我呀。我在芝加哥的唐人街長大，一直覺得自己是外國人。我小時候只吃中國菜。我媽說得對：我們中國人的廚藝就是比較厲害。」

八〇年代的香港光鮮亮麗，一切講究現代化，和他父母當年離開時已迥然不同。他應該會發現自己平日講的粵語有滿滿的台山土包子口音——他用的詞彙和句法應該也會比較老派，說不定還會碰見聞所未聞的新詞和俚語。

凡是海外華人都會覺得回到故鄉有種特殊的意義。我十三歲那年也有相同的體驗，那是我首次回到香港。我離開香港時才十個月大，還在祖母懷裡。後來第一次去中國，來到北京的天安門廣場，那種回家的感受再度襲上心頭——二十六歲的我，在一個從來不認識的國家，有了家的感覺。

我有三種國籍：英國（雖然是海外公民）、新加坡、加拿大。但無論我有幾種護照，歷經幾種文化，我心底很清楚自己是中國人，或者講得更具體一點，是漢人。

譚榮輝講起自己之前的經歷：「好笑的是我去中國，當地人總是問我，我為什麼覺得自己是中國人？我說因為美國從來沒完全接納我，身為中國人是我精神上的寄託。」

「中國當地人總是用奇怪的眼光看我們。」我說：「他們眼裡只把我們當外國人，看不見我們的種族。所以說你、我這樣的人沒有大漢族主義心態，不會以漢人為世界的中心，自以為是『龍的傳人』之類的。」

那，身為中國人代表什麼？是指我們的國籍？還是種族？是表示我們在中國境內出生，還是習慣吃中國菜？

正因為我們沒有中心，唯有設法繞著外圍走出自己的路。所有的海外華人都是在這種邊緣化的處境找出方向，無論我們走向何處。

❖

譚榮輝十一歲起就在叔叔的廚房工作，高中時期已正式掌勺，但他七〇年代初去加州柏克萊念大學時，再也不想下廚了。

「我只是在自己廚房裡開烹飪課，維持生計而已。」他在我們視訊通話時說：「我從沒想過會發展成事業。但烹飪很有療癒效果，我得以藉由分享自己的文化來謀生。」

「我那時候就住在柏克萊耶。」我說。

「早知道你就可以來上我的課嘛。」他呵呵笑道。

「你八〇年代初在英國有個電視烹飪節目大受歡迎，一炮而紅。他們當時是怎麼找到你的？」

「我在香港有間烹飪學校。BBC就找上門來了。」

「什麼？你教香港人怎麼做中國菜？」我不敢相信自己的耳朵。

「不是不是。那應該算是『美食旅遊』的前身吧。」他又呵呵笑起來：「我在旺角有間廚房，就把美國人帶過來上烹飪課。」

他還安排校外教學：帶學生到傳統市場買活雞；去新界直接向漁民買海鮮，再請碼頭旁的餐廳現做；還去沙田某間以燒乳鴿聞名的餐廳用餐，讓西方人嘗試帶著鴿子頭的全鴿。（據說香港是全世界人均鴿子消費量最多之地。）

「這些學生都不敢相信。他們這輩子從來沒有這種體驗。」他興奮地說：「我認為香港有些菜真的是世界第一。」

「我常提到香港的吃。」我說：「我形容『真正的』中國菜可以達到什麼境界的時候，就會講到香港；還有就是談到我小時候跟吃有關的記憶。」

「所以你這個拍片的企畫才會這麼精采啊。我們吃的東西會告訴我們自己是誰，來自哪裡。」

「中國菜」一詞涵蓋的範圍比西歐大上四倍，也代表超過十億人的飲食習慣。這十多億人之中，包含五十六種族群——除了漢族占大多數外，還包括滿族、蒙古族、朝鮮族等等。因此或許可說，其實並沒有所謂的「中國菜」，何況世界各地都有與不同文化融合的中國菜，論範圍與數量毫不遜色。

「我覺得我們中國人非常務實，適應力也很強。」譚榮輝說：「不管到了哪裡，我們都有辦法過下去。」

「就像中國菜和秘魯菜結合成一種獨特的菜，叫『chifa』。」我打了個比方。「要這樣變通才能生存。」

譚榮輝也舉他那邊的例子：「英國的華人移民會頂下當地的炸魚薯條店，賣炸魚薯條還澆上咖哩。為什麼？因為大家就是想吃這個，他們要什麼，就給他們什麼。有錢賺、付得了帳單就行。」

「沒錯。我在倫敦只吃中國菜和印度菜。」既然聊到咖哩，我忍不住多講一句。「便宜又好吃。點什麼就會吃到什麼，出不了錯。」

❖

七十二歲的譚榮輝完全不顯老態，神采奕奕，光頭晶亮，超健康的小麥膚色，配上少林武僧般剛中帶柔的體格，只有肚子微凸而已。他在自傳《讓世界愛上中國美食》（*My Stir-fried Life*）中寫到有次在曼谷機場，某個女生竟把他誤認成達賴喇嘛。

他在英國已是家喻戶曉的名人。至今他依然宣稱對英國和英國人的愛始終不渝。英國人欣然接納他登堂入室，尤其是自家廚房。

但他對美國也有同樣的心情嗎？

美國是他的出生地，這陣子正因反黑與反亞裔的種族主義動盪不安。他說很慶幸自己搬到法國，因為法國不像美國有種族主義的歷史。他還有一點很幸運的是，從大學起到離開美國前的歲月都在柏克萊度過。柏克萊和美國其他地方極為不同，「十分包容、開放」，讓他免於童年經歷過的那種歧視。

也正因此，他在美國首次巡迴宣傳新書期間，總有人問他：「你英語怎麼說得這麼好？」令他大吃一驚。

「這種事我們都碰過呀，一直都這樣。」我安慰他。

「法國沒人講這種話。」他回我：「其實我到歐洲各地，他們都把我當成來自某種古文明的人，儘管我並不是。」

或許歐洲人懂得尊重歷史，美國這麼年輕的國家還不懂。華人尤其比較會把事情放長遠來看。據說法國文化部長安得烈．馬樂侯（André Malraux）曾問中國總理周恩來對法國大革命的看法，周的答案日後成為名句：「言之過早。」

「我在美國老是碰到人家跟我說：『你不可能是美國人啦。』次數實在太多了，數都數不清。我都回說：『真的嗎？我是在亞利桑那州的土桑（Tucson）出生的。』我從小就在種族主義的環境中長大，但也沒別的地方可去。我就是美國人嘛。」

種族主義是北美所有亞裔人士都得面對的問題，這真要拜《排華法案》、黃禍、川普口中的「功夫感冒」（kung flu）之賜。大概只有再來一個李小龍才救得了我們吧。

那，了解自己的根源，有什麼感覺？

「我媽應該會說人永遠不能忘本。所以很多年輕的亞裔美國人對於這波反亞裔仇恨非常震驚。他們一直自認是美國人，突然間，天啊，事情怎麼變成這樣？」

譚榮輝和許多人一樣，不僅愛上法國，更於一九九七年搬去永久定居。「我愛法國。除了亞洲，我只想住在這裡。離開美國一直是我的目標。」

他曾在九〇年代初出任國泰航空的顧問，設計機上菜單，也與空廚團隊合作。卸任後他就在世界各地飛來飛去掌勺，「陸、海、空全都做過了。」

後來曼谷的東方酒店（Oriental Hotel，也就是毛姆〔W. Somerset Maugham〕和康拉德〔Joseph Conrad〕都住過的那間酒店）請他去當客座主廚。任期結束，曼谷也成了他的第二個家──「那邊生活費用不像香港和新加坡那麼高。」更何況泰國菜正符合他的喜好：夠辣。

❖

對我來說，家就是找到一個讓你覺得有歸屬感的社群──身、心、靈三方面的歸屬。

我有六個家：一是祖先的故鄉九江，只是我從未去過。二是深受東西方文化薰陶的香港，也是我的出生地。三是新加坡，我在那裡長大，至今依然記得小時候吃的沙嗲、羅惹（rojak）、海南雞飯，還有林林總總不同文化的飲食。到了中學時期，東京成了我第四個家，日本棒球和義式西部片伴我度過許多美好時光。第五個家是加州柏克萊，我在那邊學會聽爵士樂，也開始認識亞裔美國人的身分認同政治。如今我的家在多倫多，也投入此地的亞裔加人社會運動，表達自己的看法。

我曾在俄亥俄州的克里夫蘭讀大學。朋友們對我這種多重又多元的語言、地理和文化背景，只覺一頭霧水。我那間兄弟會會館有兩個亞裔人，他們的背景就單純得多，一個是夏威夷來的日裔美國人，一個是華裔美國人，家就在學校附近的俄亥俄州楊斯頓市（Youngstown）。

「那你到底從哪兒來？」他們會這樣問我，而我的答案總是：「哪裡都行，我是國際人。」

至於夸，和我一起走遍世界的這段經歷，為他留下難以磨滅的印象。他在香港出生，但香港於他而言就像露營場、轉運站，無法令人產生認同感。不過他對加拿大也沒有認同感，成長歲月中「一直覺得自己是個怪人」。

九〇年代他在加國和香港兩邊都待過，做過不同的工作。他曾說香港就像爛女友——和她在一起只想走人，走了卻又想念她。

現在的夸則說：「拍過這系列影片之後，我心裡平靜很多，因為我發現了一種歸屬感，對整個地球的歸屬感。我想當個地球公民。」

這就要講到我認識的另一個地球公民：渡邊潤。他是日本人，四歲時因為父親獲聘為馬來西亞公衛體系的外科醫師，全家搬到馬來西亞。他在巴西住過一陣子，我就是那時認識他。之後他和華裔馬來西亞人結婚，搬到吉隆坡，在一間日商公司工作。

十年後我與他在馬來西亞重逢。他家在馬六甲，我就和他去那邊一間餐廳吃娘惹（Nyonya）午餐。娘惹菜源自土生華人（Peranakans）——也就是六百多年前沿著馬六甲海峽定居的華人，與當地的印尼人和馬來西亞人通婚後生下的後代。他們的家常菜因此集中國菜與當地香料、食材與烹飪技術之大成。

這才是「貨真價實」的融合（fusion）菜式啊。我們吃了許多我小時候最愛吃的菜，像是檳城叻沙（Penang laksa）——這是以魚湯為底的海鮮湯麵，香氣四溢、湯頭濃郁、酸中帶辣。還有摩摩喳喳（Bubur cha-cha）——也就是在椰奶中加入香蘭葉調味，和西谷米、地瓜、芋頭等配料。

我已經進入美食的極樂世界，一切圓滿啦。

渡邊從某個角度可說是現代的土生華人，或者像他對我說的：「我正在變成馬來西亞人。」他想說的和阿根廷「春捲大王」江福清一樣——他把自己當成這個地球的一分子。

但或許，與「做個地球公民」相較之下，我在感情上更有共鳴的是世界各地的海外華人，也可以說：我們是同一個世界的人。

就好比我對土耳其王家的心情。我覺得和他們之間有種情感上的連結。王家子女身為華人移民第二代，在異鄉成長歲月中必須面對與承受的種種，我很能感同身受：從他們的經歷、教育，到初抵異鄉的格格不入，卻又迅速找到自己的歸屬感——不是對一個國家，而是對這個世界。

王家一家人散居多國，受多元文化薰陶，有各種身分認同。人或許在土耳其定了下來，但情感上與臺灣和中國分不開。一個家要保有中華文化傳統並不容易——尤其對下一代而言，因為講到愛與婚姻，國家或文化的界線便不存在。

或許這就是我們在後現代世界生存的方式，每個人都拼著自己的身分拼圖，盡力把零碎的片段拼成完整的畫面。

❖

「這裡的生活很正常。」譚榮輝指的是新冠肺炎疫情下的泰國。「今天報上說疫情開始以來只有九十六人死亡。這可是七千萬人的國家耶。」

疫情讓世人看見亞洲與西方國家對社會與社群的態度截然不同——亞洲的集體主義與西方個人主義恰恰相反。

「美國人會說他們的個人自由與自主受威脅，他們有權『不』戴口罩。」我感嘆。

「那些人想的都是我、我、我。」他說：「你猜怎麼著？亞洲人什麼都照規矩來，從一開始就戴口罩。完全沒人抱怨『我們為什麼要戴』。戴上口罩就是保護別人。」

或許亞洲人確實比較守規矩，也可能只是比較敬重權威。又或者請恕我直說——亞洲人比較聽話，知道要順從父母、老師、長輩。但即使如此，還是無法解釋何以不屬亞洲的紐西蘭和澳洲能成功抗疫，至少不贏不輸。

他接著說：「醫生交代的就要聽。假如你不聽，看醫生幹麼？我真的會被這些人氣死。連我法國那些朋友都講，亞洲人戴口罩，是因為人家說什麼我們就照做。這個嘛，我不同意。我們照著做，是因為我們知道怎麼做才是為大家好。」

「真希望疫情趕快結束，那時我們又可以到處旅行、吃吃喝喝了。」我對他說。

「等你到曼谷來看我，我要帶你去嘗嘗超讚的街頭小吃。全世界別的地方吃不到的。然後你一定要到法國來，我家在西南部，過來坐坐，我做拿手菜給你吃，北京烤鴨。」

在法國鄉下吃北京烤鴨？真希望那天趕快到。

謝辭

這本書若沒有許多人的協助，將無付梓之日。要致謝的人有太多。

首先要感謝 Talin Vartanian 在本書初期的編輯作業，並提供有用的建議。妮可（Nicole）在初稿階段協助審閱，查核書中「與中國相關的事」是否正確。關嫣嫣（Michelle Kuan）幫我仔細看過全部書稿，也針對優缺點提供意見。還要感謝幾位朋友各自看過不同章節的稿子，包括：王家莉（Angie Wong）、聶宗典（Dora Nipp）、理查．方（Richard Fung）、Paul Jewell、Anthony Pierre、Frédéric Geisweiller、Monika Mérinat、Frank Wania、渡邊潤、Luz Victoria Chang de Siu。

特別感謝作者經紀公司「Westwood Creative Artists」的經紀人 Chris Casuccio 對我的信心，為我在寫作過程中指引方向。也承蒙 Letecia Rose 引介，讓我和 Chris 結緣。

謝謝加拿大出版社 Douglas & McIntyre 的團隊：主編 Anna Comfort O'Keeffe 願意冒險嘗試簽下頭一次出書的作者；Pam Robetson 把不同的故事串妥為刪修梳理，成為邏輯連貫的整體。另有勞 Caroline Skelton 鉅細靡遺的編輯與事實查核，和 Iva Cheung 的好眼力。

諸多先進與我之間的交流，成為本書的靈感泉源，包括譚榮輝、李國緯、梁經倫（Alvin Leung）、甄文達等重量級名廚；楊玉華、劉玉珍、李競等傑出飲食作家；陳奕麟（Allen Chun）、謝天宇（Glenn Deer）、曹美寶（Lily Cho）、陸華祖（Walton Look Lai）、余全毅（Henry Yu）、彭雅儀（Jenny Banh）等優秀學者。彭雅儀和劉海銘（Haiming Liu）主編的《美國的中餐廳：社會、文化與消費》（*American Chinese Restaurants: Society, Culture and Consumption*）一書中，收錄了另一種版本的〈阿根廷最後探戈〉。謝謝你們。

感謝你，安東尼．波登，無論你在何方。

這本書記錄了我四年來尋訪海外華人的經歷，書名則取自二〇〇四年紐約「美國華人博物館」（Museum of Chinese in America）的同名展覽，我在這次展覽中首度公開播映《中餐館》這一系列的紀錄片。

因為這系列的拍片作業，我有幸能與攝影團隊多次遊歷各國。成員有攝影指導夸，和他的組員斯紹華、馬克．瓦利諾、阿傑．諾朗哈。他們必須在壓力極大的情況下拍攝，還得忍耐舟車勞頓、又小又擠的中餐館廚房、不太正宗的中國菜、最低等級的住宿，更經歷過一次土石流、兩次炸彈警報、問東問西的邊界衛兵、咄咄逼人的維安人員、SARS大流行、第二次巴勒斯坦起義，在約旦河西岸可能還遇過一、兩個埋伏的狙擊手。好在我們沒人受傷，也不曾身陷牢獄之災。

謝謝梁嘉儀（Carrianne Leung）、海瑟．迪．佩薩、王樂麗、法比歐拉．卡斯塔涅達．張等人辛苦蒐集資料、穿針引線、貢獻寶貴的研究成果；以及在拍片現場擔任口譯的毛範麗、露茲．艾爾格蘭提、郭偉雄。沒有你們就沒有這本書。

同時也要向我在多倫多的電影製作團隊成員致謝，他們都是說故事的高手——包括提供故事構想的副製片人謝慧玲（Linda Tse）、與我合寫旁白腳本的 Susan Martin、透過剪接確立全片樣貌的 Zinka Bejtic 和 Ricardo Acosta。

此外有一群幕後英雄負責聽打與翻譯，他們是多倫多團隊的得力助手：Laura Cowell、Frances Kushner、Sherry Xie、Maureen Nolan、Una So、Shulamit Elmaleh、Rehan Shahabun、Marilyne Wong、Rehan Nisanyan、Xinlan Wang、Zoey Chen。我們拍攝的訪談不僅片長頗為可觀，語種更是繁多，有英語、粵語、中文、客語、西語、法語、葡語、希伯來語、阿拉伯語、土耳其語、挪威語、瑞典語，還有模里西斯的克里奧語，有勞他們耗時費力聽打成書面文字，特此致謝。

感謝所有受訪的中餐館老闆和他們的親友，以及曾在書中出現、與我相遇的旅人。你們講的是原汁原味的原創故事。

阮汶（Marietta）、肇文（Nicholas）、肇英（Saskia），你們常納悶自己的丈夫和爸爸上哪兒去，為何一出門就那麼久不見人影——我希望這本書能證明：你們的愛與耐心是值得的。

謹以本書獻給陳善昌（一九四四－二〇一八），他與我一同踏入媒體界，探索無限的可能，並和我與柳坡（Paul Levine）一同創辦《亞裔加人》雜誌。也正是這本雜誌，催生七〇年代末促進改善亞裔加人處境的社會運動。

也以本書紀念朱藹信（一九四九－二〇一七）。他不僅邀請我參與他創辦的「加國亞裔文學節」（LiterAsian festival），更讓我相信「用圖像說故事」和「用筆寫故事」同等重要。他是亞裔加人文壇的良師。

圖文授權說明

第三章節錄安東尼．周作詞之〈感受這氣氛〉，「洗衣店音樂」（Laundry Music）發行；安東尼．皮耶（Anthony Pierre）聽打記錄。

第五章引用曾繁興所著《客家史詩》部分文字。原書由模里西斯「英文創意寫作總統基金」（The President’s Fund for Creative Writing in English）出版。

本書所有照片均由帝須電影公司（Tissa Films）提供。

菜單

索引

供應的餐點（food served at），13-14
開業經過（opening of），16-17，19-20
賣給他人（sale of），11-12
新疆（Xinjiang），158, 160-61
楊玉華（Young, Grace），265, 334
粵語俚語（Cantonese slang），175
粵劇（Cantonese opera），204
粵劇名伶（Cantonese opera singers），204
聖弗南多丘（San Fernando Hill），51, 62
聖本托（São Bento），216
聖彼得魚（St. Peter's fish），32-33
聖保羅（São Paulo），x, xvii, 214-17, 220, 225-26, 231, 235, 239, 242, 287, 294
聖特爾莫區（San Telmo），286, 302-03
聖路易斯號（搭載猶太難民的船隻）（St. Louis [boat]），35
聖瑪利亞號（哥倫布出航時搭乘的船）（Santa María [boat]），80
葉添盛（Yeh, Samuel），xvii, 268, 270-71, 280。另見：國園旅館（Hotel Valentino）
葉森盛（Yeh, Samson），4, 271-76, 278-79, 282。另見：國賓餐廳（New Embassy Restaurant）
路易士港（模里西斯）（Port Louis），94
路易斯・陽（Yong Tataje, Luís），vi, 306-10, 312-13, 317-22
上《生活大小事》節目（on *Cosas de la Vida* program），321-22
與布蘭卡的婚姻生活（marriage with Blanca），319-320
農產品運銷中心（CEAGESP market），216
鄒省華文學校（Tamatave Chinese School），135, 138, 149
鄒省華僑學校（Chinese Association School），149
鄒省華僑總會（Congrégation Chinoise de Tamatave），129
「嘉年華的中國人」（El chino del carnaval），192, 193
榴槤（durian），81
漢人（Han Chinese），37, 61, 93, 105, 160, 325
瑪莉亞娜村（巴西聖保羅）（Vila Mariana, São Paulo），217
甄文達（Yan, Martin），253, 334
福克蘭戰爭（Falklands War），297
福建省（Fujian province），94, 159, 275, 283
福滿樓（Lille Buddha），xii-xiii, 177, 180, 183, 186。另見：王志福（Wong, Michael）
廚師（chef），178
內、外場員工（kitchen staff），179-83（外場），185-89（內場）
種族主義（racism）
反亞裔（anti-Asian），328
反黑（anti-Black），328
排華（anti-Chinese），209-10, 244-45, 294, 314-16, 328-29
種族隔離制度（apartheid），83, 109-11, 115-16, 118-24, 126

國家圖書館出版品預行編目 (CIP) 資料

吃飯沒？: 探訪全球中餐館，關於移民、飲食與文化認同的故事 / 關卓中（Cheuk Kwan）著 ; 張茂芸譯 . -- 初版 . --
臺北市 : 大塊文化出版股份有限公司 , 2024.05
面 ; 公分 . --（from ; 193）
譯自 : Have you eaten yet? : stories from Chinese restaurants around the world
ISBN 978-626-7388-91-4（平裝）

1.CST: 餐飲業 2.CST: 飲食風俗 3.CST: 中國文化

483.8 113004768